THE SERIES OF TEACHING MATERIALS FOR THE 14TH FIVE-YEAR PLAN OF "DOUBLE-FIRST CLASS" UNIVERSITY PROJECT

"双一流"高校建设"十四五"规划系列教材

PRINCIPLE AND APPLICATION OF
BUILDING INFORMATION MODELING

建筑信息模型 （BIM）原理及应用

主　编　徐　杰
副主编　陈默君　吴玉璇

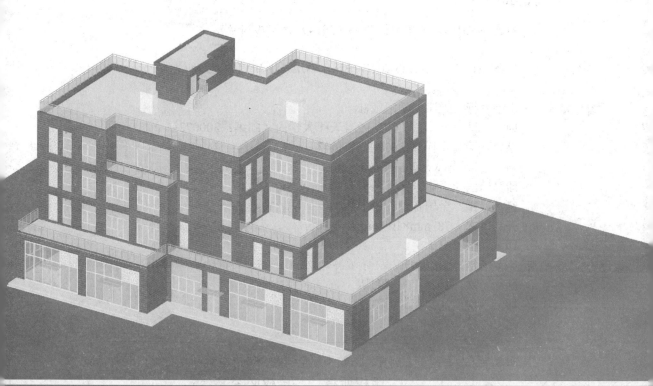

天津大学出版社
TIANJIN UNIVERSITY PRESS

内容简介

本书结合目前 BIM 技术的发展和广泛应用，以 BIM 基本信息、BIM 操作及其在项目全寿命周期中的应用为出发点进行编写。全书共分 3 篇，即概论、操作和进阶，具体内容包括 BIM 基本信息、BIM 应用软件与 BIM 实施标准、Revit 建模软件基础、建筑全专业设计软件 PKPM-BIM 操作流程、BIM 与工程项目的结合、国产数字化云平台介绍等。

本书配套有清晰的教学视频和相关 PPT，既可以作为高等院校土木工程、智能建造等专业的教材，也可以作为房地产开发、建筑施工、工程造价等领域相关技术人员的参考书，还可以为高校开设 BIM 课程提供借鉴。本书提供专门的技术支持 QQ 群 (761067471)，读者在阅读本书的过程中有什么疑问可以通过该 QQ 群获得帮助。

图书在版编目（CIP）数据

建筑信息模型（BIM）原理及应用 / 徐杰主编；陈默君，吴玉璇副主编. —天津：天津大学出版社，2024.3

"双一流"高校建设"十四五"规划系列教材

ISBN 978-7-5618-7670-1

Ⅰ.①建… Ⅱ.①徐… ②陈… ③吴… Ⅲ.①建筑设计—计算机辅助设计—应用软件—高等学校—教材 Ⅳ.①TU201.4

中国国家版本馆CIP数据核字（2024）第047974号

JIANZHU XINXI MOXING (BIM) YUANLI JI YINGYONG

出版发行	天津大学出版社
地　　址	天津市卫津路92号天津大学内（邮编：300072）
电　　话	发行部：022-27403647
网　　址	www.tjupress.com.cn
印　　刷	天津泰宇印务有限公司
经　　销	全国各地新华书店
开　　本	787mm×1092mm　1/16
印　　张	21.5
字　　数	537千
版　　次	2024年3月第1版
印　　次	2024年3月第1次
定　　价	89.00元

前　言

在党的二十大报告中,习近平总书记明确提出:"教育、科技、人才是全面建设社会主义现代化国家的基础性、战略性支撑。必须坚持科技是第一生产力、人才是第一资源、创新是第一动力,深入实施科教兴国战略、人才强国战略、创新驱动发展战略,开辟发展新领域新赛道,不断塑造发展新动能新优势。"(习近平:《高举中国特色社会主义伟大旗帜　为全面建设社会主义现代化国家而团结奋斗——在中国共产党第二十次全国代表大会上的报告》,人民出版社,2022,第33页)这直接指明了未来相当长一段时期内我国科教及人才事业发展的根本方向。

随着物联网、大数据、云计算和建筑信息模型(BIM)等技术的发展,传统建造模式已经不符合时代发展的要求,依托信息化技术革命的智能建造成为建筑行业的发展趋势。当前,国家推动创新驱动发展,共建"一带一路",实施"中国制造2025""互联网+"等重大战略,在建设工程领域以新技术(BIM技术)、新业态(智能建造)、新模式(全过程工程咨询管理)、新产业(装配式建筑产业)为代表的新建筑经济蓬勃发展,对工程科技人才提出了更高要求,迫切需要加快土木类工程技术人才的教育改革和创新。

智能建造不仅仅代表着工程建造技术的变革创新,更是从产品形态、建造方式、经营理念等方面重塑建筑业。传统建筑生产过程是围绕直接形成实物建筑产品展开的,设计单位提供二维平面设计图纸,施工单位根据图纸施工,得到实物产品。而建筑产品是三维的,具有较高的复杂性和不确定性,依据二维图纸的设计、施工过程不可避免地存在错漏碰缺,这就造成建筑品质缺陷和资源浪费等问题。BIM技术的产生实现了建筑业生产模式的变革。中国建筑设计业经历的第一次变革是"甩图板",即由绘图板、丁字尺等传统手工绘图方式提升为现代化、高效率、高精度的CAD作图方式。而现在中国建筑设计业迎来了又一次变革,即"甩图纸",这就是BIM时代。

这些年无论在国内还是在国外,BIM技术都发展得如火如荼,各国分别出台了一系列有关BIM技术的政策,促进其推广及普及。BIM技术的推广应用是智能建造的基础。BIM 技术有很多优势，包括具有协调性、可视化、优化性、模拟性和可出图性等特点，其以强大的技术支撑贯穿项目整个生命周期，可以实现全寿命周期的信息化管理。另外，从 BIM 技术的应用实践来看，单纯的 BIM 技术应用越来越少，更多的是将 BIM 技术与通用信息化技术、管理系统等其他专业技术融合以实现集成应用，从而发挥更大的价值。

本着"立足教学、面向转型、产学研结合"的原则，本书覆盖了建筑与土木工程全领域，涵盖了工程项目建设全过程，力争成为环境真实、系统全面、扩展性强的综合性工程创新教材。本书由天津大学牵头，联合北京构力科技有限公司和天津市建筑设计研究院有限公司编写，全面贯彻产学研相结合、基础训练与创新创业活动相结合、强化建造之基与交叉学科训练相结合、学校特色与部颁专业规范相结合等理念，深入研究信息技术与工程智能建造深入融合的趋势，把握智能建造专业人才能力的要求，根据学校优势、校企合作和既有特色知识结构，着力打造面向智能建造的创新型教材，满足高校、企业对人才培养的需求，助力发展新质生产力。

本书由徐杰担任主编，陈默君、吴玉璇担任副主编，其他参与编写的人员还有北京构力科技有限公司的马尚、徐柘艳、张秋博、李攀和天津市建筑设计研究院有限公司的向敏、刘振、薛雪、刘信男。此外，天津大学建筑学院贡小雷，天津大学环境科学与工程学院赵靖、董丽华，东南大学徐照，哈尔滨工业大学籍多发，大连理工大学崔瑶和河北工业大学王玲在本书智能建造全生命周期设计方面做出了实质性的贡献。天津大学研究生赵正阳、杨坚、刘重阳、刘志涛等也为本书的编写做了大量辅助工作。

在本书编写过程中，承蒙天津大学教务处和天津大学新工科教育中心领导的指导与关怀，在此深表谢意！同时也要感谢天津大学建筑工程学院的各位同事为本书编写提供宝贵意见和大力支持！还要感谢出版社的编辑在本书的策划、编写与统稿中所给予的帮助！

虽然编者为编写本书倾尽全力，但因编者知识水平有限，加之时间仓促，书中可能还存在疏漏和不足之处，恳请读者批评指正。

编者

2023 年 12 月 7 日

于天津大学北洋园

目　录

第1篇　概　论

第2篇　操　作

第3篇　进　阶

第1篇 概 论

第 1 章　BIM 基本信息

1.1　BIM 的概念

BIM 的全称是 Building Information Modeling（建筑信息模型），它是由美国佐治亚理工学院（Georgia Tech）建筑与计算机专业的查克·伊斯曼（Chuck Eastman）博士提出的一个概念。BIM 是一种数据化管理工具或技术，主要起共享和传递信息的作用。BIM 把一个工程项目的所有信息，包括设计过程、施工过程、运营维护（简称"运维"）管理过程的信息，全部整合到一个建筑模型中，如图 1-1 所示。

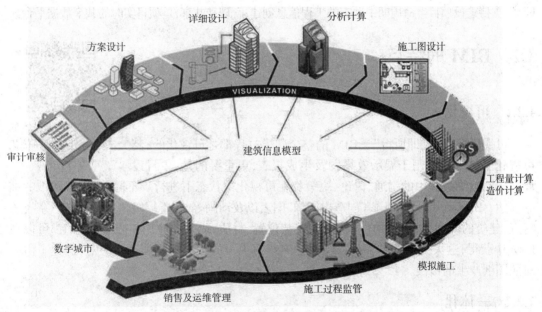

图 1-1　BIM 技术的工程项目全过程应用

美国国家 BIM 标准对 BIM 的定义是："BIM 是建设项目的数字化模型，其兼具物理特性与功能特性，且从建设项目的最初概念设计开始到运维阶段，贯穿建设项目整个生命周期，是用于做出任何决策的可靠的、共享的信息资源。"

《建筑信息模型应用统一标准》（GB/T 51212—2016）将 BIM 定义为：建筑信息模型（Building Information Modeling，Building Information Model，BIM），是指在建设工程及设施全生命期内，对其物理和功能特性进行数字化表达，并依此设计、施工、运营的过程和结果的总称。

实现 BIM 的前提是：在建设项目生命周期的各个阶段，不同的项目参与方在 BIM 建模过程中插入、提取、更新及修改信息，以支持和反映各参与方的职责。BIM 是基于公共标准化协同作业的共享数字化模型。BIM 既是模型结果（Product），也是建模过程（Process）。

BIM 是一种多维（三维（3D）空间、四维（4D）时间、五维成本、N 维更多应用）模型信息集成技术，可以使建设项目的所有参与方（包括政府主管部门、业主、设计单位、施工单位、监理单位、造价单位、运营管理单位、项目用户等）在项目从概念产生到完全拆除的整个生命周期内都能够在模型中操作信息和在信息中操作模型，从而从根本上改变从业人员依靠符号、文字形式的图纸进行项目建设和运营管理的工作方式，实现在建设项目全生命周期内提高工作效率和质量、减少错误、降低风险的目标。

BIM 的含义可总结为以下三点。

（1）BIM 是以三维数字技术为基础，集成了建筑工程项目各种相关信息的工程数据模型，是对工程项目设施实体与功能特性的数字化表达。

（2）BIM 是一个完善的信息模型，能够连接建筑工程项目生命周期不同阶段的数据、过程和资源，是对工程对象的完整描述，提供可自动计算、查询、组合拆分的实时工程数据，可供建设项目各参与方使用。

（3）BIM 具有单一工程数据源，可解决分布式、异构工程数据之间的一致性和全局共享问题，支持建设项目生命周期中动态的工程信息创建、管理和共享，是项目实时的共享数据平台。

1.2　BIM 的特点

1.2.1　可视化

可视化即"所见即所得"。BIM 的整个建模过程都是可视化的，其可视化的结果可以用于展示效果图及生成报表，更重要的是，项目设

基于现代信息技术的建筑全生命期一体化设计 - 展示

计、建造、运维过程中的沟通、讨论、决策都在可视化的状态下进行。不同于 CAD 图纸的抽象表达，BIM 利用计算机语言创造出图像、图表以及动画等，完整展现了虚拟建筑。基于该特点，建筑的几何、物理及构件属性（如安装位置、材质、成本和使用年限等信息）都可以在BIM 中获得，这大大增强了工程人员对建筑工程项目的全面理解和高效应对，避免了由于对照图纸产生的错误。

1.2.2　一体化

一体化指的是 BIM 可进行从设计到施工再到运营，贯穿工程项目全生命周期的一体化管理。BIM 技术的核心是数据库，数据库不仅包含建筑师的设计信息，而且容纳从设计到建成使用，甚至是使用周期终结的全过程信息。BIM 可以持续提供项目设计范围、进度以及成本信息，这些信息完整、可靠并且完全协调。BIM 能在综合数字环境中保持信息不断更新并可供访问，建筑师、工程师、施工人员以及业主可以清楚全面地了解项目。这些信息在建筑设计、施工和管理的过程中能使项目质量提高，收益增加。BIM 在整个建筑行业从上游到下游的各个企业间不断完善，从而实现项目全生命周期的信息化管理，最大化实现 BIM 的价值。

在项目前期，可以利用 BIM 对建筑各构件进行碰撞检查（又称碰撞检测）分析，及时更改不良设计。在项目施工阶段，BIM 为各利益方提供即时交流平台，通过共享和完善施工数据，减少信息不对称带来的不必要损失。一旦发现问题，各参与方能够快速获取准确信

息,组织协调,制定相应的补救措施。此外,BIM 还能在运营管理阶段提高项目的收益和成本管理水平,为开发商销售、招商和业主购房提供了极大的便利。

1.2.3　参数化

参数化建模(图 1-2)指的是通过参数(变量)而不是数字建立和分析模型,简单地改变模型中的参数值就能建立和分析新的模型。

BIM 的参数化设计分为两个部分:参数化图元和参数化修改引擎。参数化图元指的是 BIM 中的图元以构件的形式出现,构件之间的不同通过参数的调整反映出来,参数保存了图元作为数字化建筑构件的所有信息;参数化修改引擎指的是参数更改技术使用户对建筑设计或文档部分做的任何改动都可以自动地在其他相关联的部分反映出来。在参数化设计系统中,设计人员根据不同的工程关系和几何关系来制定不同的设计方案。参数化模型由赋予模型的参数控制,不管通过什么方式(直接修改参数或者通过图形界面修改模型)对参数进行修改,则含有此参数的模型或者图表全部自动随之变动,避免了额外的人工参与,大大提高了工作效率和工作质量。

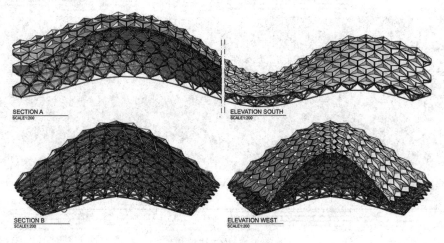

图 1-2　参数化建模

1.2.4　仿真性

1. 建筑物性能分析

建筑物性能分析即基于 BIM 技术,建筑师在设计过程中赋予所创建的虚拟建筑模型大量建筑信息(几何信息、材料性能、构件属性等),然后将 BIM 导入相关性能分析软件,就可得到相应的分析结果。如在设计阶段可以对建筑模型进行热能传导和日照模拟,分析其可持续性。一些原本需要专业人士花费大量时间输入大量专业数据的过程,如今可自动轻松完成,从而大大缩短了工作周期,提高了设计质量,优化了为业主提供的服务。

建筑物性能分析主要包括能耗分析、光照分析、设备分析、绿色建筑分析等。

2. 施工仿真

1)施工进度模拟

将 BIM 与施工进度计划相结合,把空间信息与时间信息整合在一个可视的 4D 模型中,可直观、精确地反映整个施工过程。当前,建筑工程项目管理中常用表示进度计划的甘特图,其专业性强,但可视化程度低,无法清晰描述施工进度以及各种复杂关系(尤其是动态变化过程)。而基于 BIM 技术的施工进度模拟(图 1-3)可直观、精确地反映整个施工过程,进而缩短工期,降低成本,提高质量。

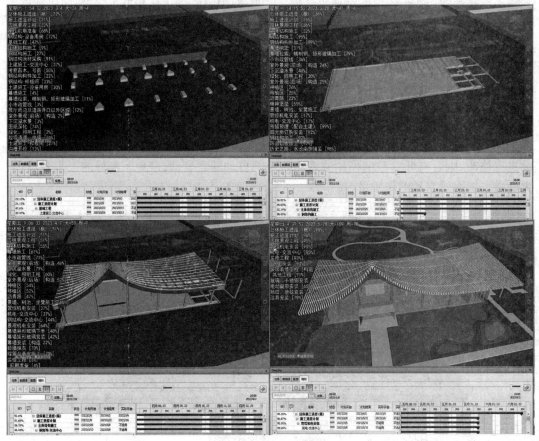

图 1-3　施工进度模拟

2)施工方案模拟、优化

施工方案模拟、优化指的是通过 BIM 对项目重点及难点部位的施工方案进行模拟,通过对模拟出的方案进行可视化分析、优化,验证复杂建筑施工工艺流程(如施工模板工艺、玻璃装配施工工艺、高支模模板施工工艺等)的可建造性,从而提高施工计划的可行性。施工方可进一步对原有安装方案进行优化和改善,以提高施工效率和施工方案的安全性。

3)工程量统计

BIM 在建模过程中可把建筑各部位构件的信息集成到模型中,用户可以即时导出所需的工程量数据。基于这些数据,计算机可快速对各种构件进行统计分析,这大大减少了烦琐的人工操作和潜在错误,实现了工程量信息与设计文件的统一。通过 BIM 所获得的准确的工程量数据,可用于设计前期的成本估算、方案比选、成本比较,开工前预算和竣工后决算。

3. 运维仿真

传统运维主要依靠人员主观判断和手工记录,需要依赖人的经验,工作效率低下,受到人为因素影响,不能有效发现现场的不安全行为及不安全状态,存在安全隐患。这时基于 BIM 的设备运维应运而生,基于 BIM 的设备运维实现了 BIM 和设备信息的绑定,实现了扫描点检、数据查询、人员定位和检修指导等功能,实现了基于 BIM 的改扩建安全管理、应急响应和应急管理。

BIM 与物联网技术结合,使得日常能源管理监控变得更加方便。通过安装具有传感功能的电表、水表、煤气表,系统可实现建筑能耗数据的实时采集、传输、初步分析、定时定点上传等基本功能,并具有较强的扩展性。此外,系统还可实现室内温湿度的远程监测,分析房间内的实时温湿度变化,配合节能运行管理;及时收集所有能源信息,通过开发的能源管理功能模块对能源消耗情况自动进行统计分析,并对异常能源使用情况进行警告或标识。这种方法改变了传统点检主要依靠人员主观判断和手工记录的方式,可尽量消除人为因素影响,有效发现现场的不安全行为及不安全状态,便于及时落实整改,消除安全隐患,从而提高安全管控的及时性、准确性,可靠落实安全责任,切实保障系统安全。

1.2.5　协调性

协调一直是建筑业工作中的重点内容,不管是施工单位还是业主及设计单位,都在做着协调及配合的工作。基于 BIM 进行工程管理,有助于项目各参与方在各阶段开展组织协调工作。

1. 设计协调

设计协调指的是在设计阶段,通过 BIM 三维模型和控件,对全专业的设计过程进行协调管理,并通过碰撞检测提前了解并解决机电专业之间、机电与土建专业之间的碰撞问题,从而克服传统方法容易造成的设计缺陷,提升设计质量,减少后期修改,降低成本及风险。

2. 施工协调

施工协调指的是基于 BIM 对施工现场的进度、施工面、物料管理等各方面进行协调管理,同时借助以往的经验和知识,极大地缩短施工前期的技术准备时间,并帮助各级各类人员深入理解设计意图和施工方案。以前,施工进度通常是由技术人员或管理层敲定的,容易出现下级人员信息断层的情况。

3. 成本预算、工程量估算协调

成本预算、工程量估算协调指的是 BIM 可以为造价工程师提供各设计阶段准确的工程量、设计参数和工程参数,造价工程师将这些工程量和参数与技术经济指标结合,可以计算出准确的估算、概算值,并运用价值工程和限额设计等手段对设计成果进行优化。基于 BIM 生成的工程量不是简单的长度和面积的统计,专业的 BIM 造价软件可以进行精确的 3D 布尔运算和实体减扣,从而获得更符合实际的工程量数据,并且可以自动形成电子文档,便于交换、共享、远程传递和永久存档。BIM 在准确率和速度上都较传统统计方法有很大的提高,有效降低了造价工程师的工作强度,显著提高了造价工程师的工作效率。

4. 运维协调

BIM 系统包含多方信息,如厂家价格信息、竣工模型、维护信息、施工阶段安装深化图等,且能够把成堆的图纸、报价单、采购单、工期图等统筹在一起,呈现出直观、实用的数据信息,基于这些信息人们可以进行运维协调。运维管理方可以在施工方提供的基于 BIM 的竣工模型的基础上,对模型进行充实和完善,建立运维管理系统,将模型相关属性信息与运维管理系统进行整合,实现资产信息共享和对资产的高效管理。管理人员可以应用 BIM 合理安排建筑物的空间,管理空间变更需求,并计算相关成本;可以应用 BIM 的数字信息仿真模拟功能,进行防灾计划和灾害应急模拟,提高公众的安全意识。例如,管理人员可以应用 BIM 统计人流量、车流量,以便统筹安排预警系统,科学地制定应急措施。

1.2.6　优化性

一个项目从立项开始,到设计、施工,没有一个环节是完美无缺的,而整个过程其实就是一个不断优化的过程。BIM 提供了建筑物的实际信息,包括几何信息、物理信息、规则信息,还提供了建筑物变化以后的信息。BIM 及其配套的各种优化工具提供了对复杂项目进行优化的可能:把项目设计和投资回报分析结合起来,计算出设计变化对投资回报的影响,使业主知道哪种项目设计方案更有利于自身的需求;对设计施工方案进行优化,可以带来显著的工期和造价改进。

1.2.7　可出图性

图纸是一个项目最根本的依据,运用 BIM 技术,人们不仅能够进行建筑平、立、剖面图及详图的输出,还可以出碰撞检查报告及构件加工图等。

1. 施工图纸输出

整合建筑、结构、电气、给排水、暖通等专业的 BIM,可进行管线碰撞检测,出综合管线图、综合结构留洞图(预埋套管图)、碰撞检查报告和建议改进方案。

BIM 的可出图性与传统的建筑图纸存在较大的差距。BIM 能够全方位展示、协调、模拟和优化建筑模型,通过一系列的操作实现出图。

2. 预制构件

预制构件深化设计的 BIM 应用与其他专业深化设计类似,即通过 BIM 工具对预制构件的复杂节点及细部、拆分等进行深化。利用 BIM 进行深化设计的内容包含预制构件平面布置图、拆分图、设计图以及节点设计等。

1.2.8　信息完备性

信息完备性体现在 BIM 可对工程对象进行 3D 几何信息和拓扑关系的描述以及完整的工程信息描述,如:对象名称、结构类型、建筑材料、工程性能等设计信息;施工工序、进度、成本、质量以及人力、机械、材料资源等施工信息;工程安全性能、材料耐久性能等维护信息;对象之间的工程逻辑关系等。

1.3　BIM 的发展历程及其在国内外的发展状况

1.3.1　BIM 的发展历程

BIM 作为对包括工程建设行业在内的多个行业的工作流程、工作方法的一次重大变革,其雏形最早可追溯到 20 世纪 70 年代。如前文所述,查克·伊斯曼博士在 1975 年提出了

BIM 的概念；20 世纪 70 年代末至 80 年代初，英国也进行了类似于 BIM 的研究与开发工作，当时，欧洲习惯把它称为产品信息模型（Product Information Model），而美国通常称之为建筑产品模型（Building Product Model）。

1986 年，罗伯特·艾什（Robert Aish）在发表的一篇论文中，第一次使用"Building Information Modeling"一词，他描述了今天我们所知的 BIM 论点和实施的相关技术，并应用 RUCAPS 建筑模型系统分析了一个案例来表达他的概念。

21 世纪以前，由于受到计算机软硬件水平的限制，BIM 仅能作为学术研究的对象，很难在工程实际应用中发挥作用。

21 世纪以后，计算机软硬件水平的迅速提高以及人们对建筑生命周期的深入理解，推动了 BIM 技术不断前进，BIM 技术变革风潮便在全球范围内席卷开来。

1.3.2　BIM 在国外的发展状况

1. BIM 在美国

美国是较早启动建筑业信息化研究的国家，发展至今，其 BIM 研究与应用都走在世界前列。

目前，美国大多数建筑项目已经开始应用 BIM（图 1-4），BIM 的应用点种类繁多（图 1-5）。美国存在各种 BIM 协会，也出台了各种 BIM 标准。美国政府自 2003 年起，实行国家级 3D-4D-BIM 计划；自 2007 年起，规定所有重要项目要通过 BIM 进行空间规划。美国有以下几大与 BIM 相关的机构。

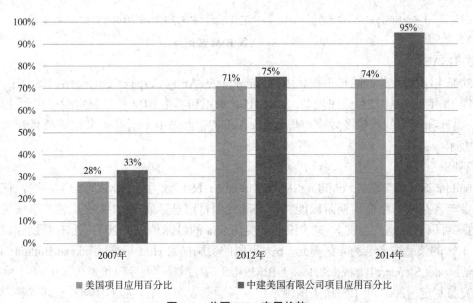

图 1-4　美国 BIM 应用趋势

1）GSA

2003 年，为了提高建筑领域的生产效率、提升建筑业信息化水平，美国总务署（General Services Administration，GSA）下属的公共建筑服务（Public Building Service）部门的首席设计师办公室（Office of the Chief Architect，OCA）推出了全国 3D-4D-BIM 计划。从 2007 年起，GSA 要求所有大型项目都需要应用 BIM，最低要求是空间规划验证和最终概念展示都需要提交 BIM。GSA 鼓励所有项目采用 3D-4D-BIM 技术，并且根据项目承包商应用这些技术的程度，给予不同程度的资金支持。目前，GSA 正在探索在项目生命周期中应用 BIM 技术，包括空间规划验证、4D 模拟、激光扫描、能耗和可持续发展模拟、安全验证等，并陆续发布各领域的系列 BIM 指南（在官网可下载），对于规范 BIM 在实际项目中的应用起到了重要作用。美国 BIM 应用点如图 1-5 所示。

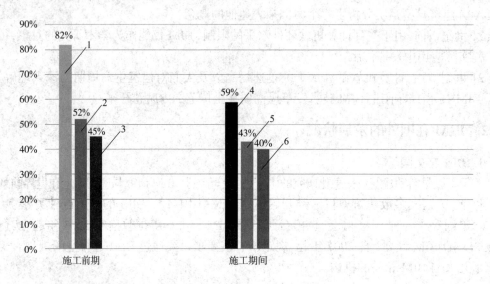

1—专业间协调；2—设计意图可视化；3—可行性评估；4—场地规划；5—预制件安装；6—进展监测

图 1-5　美国 BIM 应用点

2）USACE

2006 年 10 月，美国陆军工程兵团（United States Army Corps of Engineers，USACE）发布了为期 15 年的 BIM 发展路线规划，为 USACE 采用和实施 BIM 技术制定战略规划，以提升规划、设计和施工的质量及效率。规划中，USACE 承诺未来所有军事建筑项目都将使用 BIM 技术。

3）bSa

buildingSMART 联盟（buildingSMART alliance，bSa）致力于 BIM 的推广与研究，使项目所有参与者在项目生命周期阶段能共享准确的项目信息。通过 BIM 收集和共享项目信息与数据，可以有效地节约成本、减少浪费。美国 bSa 的目标是在 2020 年之前，帮助建设部门减少 31% 的浪费或者节约 4 亿美元。bSa 下属的美国国家 BIM 标准（National Building Information Model Standard-United States，NBIMS-US）项目委员会，专门负责美国国家 BIM 标准的研究与制定。2007 年 12 月，美国国家建筑科学院发布了第一版 NBIMS-US 的第一部分，其主要包括关于信息交换和开发过程等方面的内容，明确了 BIM 过程和工具的各方定义、相互之间数据交换要求的明细和编码，使不同部门可以开发充分协商一致的 BIM 标准，更好地实现协同。2012 年 5 月，美国国家建筑科学院发布了第二版 NBIMS-US。第二版 NBIMS-US 通过开放投稿、民主投票确定标准的内容，因此也被称为第一份基于共识的 BIM 标准。

2. BIM 在英国

与大多数国家不同,英国政府强制要求使用 BIM。2011 年 5 月,英国内阁办公室发布了《政府建设战略》(Government Construction Strategy)文件,明确要求:到 2016 年,政府要求实现全面协同的 3D-BIM,并对全部的文件进行信息化管理。

政府强制要求使用 BIM 的文件得到了英国建筑业 BIM 标准委员会(AEC(UK)BIM Standard Committee)的支持。迄今为止,英国建筑业 BIM 标准委员会已发布了英国建筑业 BIM 标准(AEC(UK)BIM Standard)、适用于 Revit 的英国建筑业 BIM 标准(AEC(UK)BIM Standard for Revit)、适用于 Bentley 的英国建筑业 BIM 标准(AEC(UK)BIM Standard for Bentley Product),目前还在制定适用于 ArchiCAD、Vectorworks 的 BIM 标准,这些标准的制定为英国的建筑业企业从 CAD 过渡到 BIM 提供了切实可行的方案和程序。

英国 BIM 认知和使用情况如图 1-6 所示。

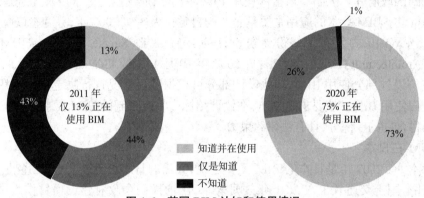

图 1-6 英国 BIM 认知和使用情况

3. BIM 在新加坡

在 BIM 这一术语引进之前,新加坡当局就注意到信息技术对建筑业的重要作用。早在 1982 年,新加坡建筑管理署(Building and Construction Authority, BCA)就有了人工智能规划审批(Artificial Intelligence Plan Checking)的想法。2000—2004 年,BCA 发展了建筑与房地产网络(Construction and Real Estate Network, CORENET)项目,用于电子规划的自动审批和在线提交,这是世界首创的自动化审批系统。2011 年,BCA 发布了新加坡 BIM 发展路线规划(BCA's Building Information Modeling Roadmap),该规划明确提出要推动整个建筑业在 2015 年前广泛使用 BIM 技术。为了实现这一目标,BCA 分析了面临的挑战并制定了相关策略(图 1-7)。

图 1-7 新加坡 BIM 发展策略

在创造需求方面,新加坡政府部门带头在所有新建项目中明确提出 BIM 需求。2011年, BCA 与一些政府部门合作确立了示范项目。BCA 强制要求提交建筑 BIM 模型（2013年起）、结构与机电 BIM 模型（2014 年起）,最终在 2015 年前实现所有建筑面积大于 5 000平方米的项目都必须提交 BIM 模型的目标。

BCA 鼓励新加坡的大学开设 BIM 课程,为毕业学生组织密集的 BIM 培训,为行业专业人士设立 BIM 专业学位。

4. BIM 在北欧国家

北欧国家（如挪威、丹麦、瑞典和芬兰）是一些主要的建筑信息技术软件厂商所在地,它们是全球最早一批采用基于模型的设计的国家。北欧国家冬天漫长多雪,这使得建筑的预制化非常重要,也促进了包含丰富数据、基于模型的 BIM 技术的发展,并使这些国家及早地进行了 BIM 的部署。

北欧四国政府并未强制要求全部使用 BIM,由于当地气候的要求以及先进建筑信息技术软件的推动, BIM 技术的应用主要是企业的自觉行为。如 2007 年,芬兰参议院房地产公司（Senate Properties）发布了一份建筑设计的 BIM 要求（Senate Properties' BIM Requirements for Architectural Design, 2007）:自 2007 年 10 月 1 日起, Senate Properties 的项目仅强制要求建筑设计部分使用 BIM,其他设计部分可根据项目情况自行决定是否采用 BIM,但目标是全面使用 BIM。该要求还提出,在设计招标中将有强制的 BIM 要求,这些 BIM 要求将成为项目合同的一部分,具有法律约束力。

5. BIM 在日本

在日本,有 2009 年是日本的 BIM 元年之说,大量的日本设计公司、施工企业开始应用BIM,而日本国土交通省也在 2010 年 3 月表示,已选择一个政府建设项目作为试点,探索BIM 在设计可视化、信息整合方面的价值及实施流程。

2010 年,日本经济新闻社调研了设计院、施工企业及建筑相关行业的 517 位从业人士,了解他们对 BIM 的认知度与应用情况。结果显示, BIM 的知晓度从 2007 年的 30% 上升至2010 年的 76%。2008 年的调研结果显示,人们采用 BIM 的最主要原因是 BIM 有绝佳的展示效果。2010 年,人们采用 BIM 主要是为了提升工作效率,仅有 7% 的业主要求施工企业应用 BIM,这表明日本企业应用 BIM 更多是出于企业自身的选择与需求。

日本 BIM 相关软件厂商认识到, BIM 需要多个软件来互相配合,这是数据集成的基本前提,因此日本多家 BIM 软件厂商在国际协同联盟日本分会的支持下,以福井计算机株式会社为主导,成立了日本国产解决方案软件联盟。此外,日本建筑学会于 2012 年 7 月发布了日本 BIM 指南,在 BIM 团队建设、BIM 数据处理、BIM 设计流程及应用 BIM 进行预算、模拟等方面为日本的设计院和施工企业提供指导。

6. BIM 在韩国

2010 年 1 月,韩国国土交通海洋部发布了《建筑领域 BIM 应用指南》,该指南为开发商、建筑师和工程师申请 4 大行政部门、16 个都市以及 6 个公共机构的项目提供采用 BIM必须注意的方法及要素指导。

2010 年 4 月,韩国公共采购服务中心（Public Procurement Service, PPS）发布了 BIM 路线图（图 1-9）,内容包括:2010 年,在 1~2 个大型工程项目中应用 BIM;2011 年,在 3~4 个大型工程项目中应用 BIM;2012—2015 年,超过 500 亿韩元的大型工程项目都要采用 4D-BIM

技术(3D+成本管理);2016 年前,全部公共工程应用 BIM。

2010 年 12 月,PPS 发布了《设施管理 BIM 应用指南》,对方案设计、施工图设计、施工等阶段中的 BIM 应用进行指导,并于 2012 年 4 月对其进行了更新。

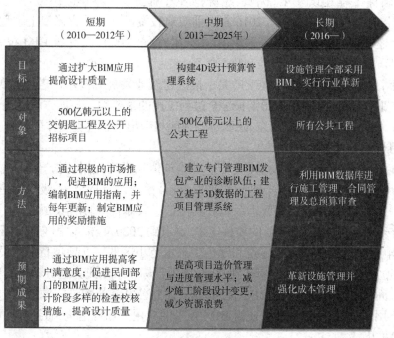

图 1-8　BIM 路线图

1.3.3　BIM 在我国的发展状况

近年来,随着我国社会经济的快速发展,建筑业发展迅速,越来越多的新技术、新理念应运而生。其中,BIM 技术异军突起,在国内建筑领域中逐渐普及,设计单位、政府相关单位、施工企业、科研院校等开始重视并推广 BIM 技术。国内 BIM 的发展还是比较迅速的,特别是近几年,相关部门、机构相继出台了一系列支持 BIM 发展的政策。

2011 年 5 月,中华人民共和国住房和城乡建设部(简称"住房城乡建设部")发布的《2011—2015 年建筑业信息化发展纲要》明确指出:在施工阶段开展 BIM 技术的研究与应用,推进 BIM 技术从设计阶段向施工阶段的应用延伸,降低信息传递过程中的衰减;研究基于 BIM 技术的 4D 项目管理信息系统在大型复杂工程施工过程中的应用,实现对建筑工程有效的可视化管理;加强建筑企业信息化建设,促进建筑业技术进步和管理水平提升,基本实现建筑企业信息系统的普及应用。这拉开了 BIM 在中国应用的序幕。

2012 年 1 月,住房城乡建设部《关于印发 2012 年工程建设标准规范制订修订计划的通知》宣告了中国 BIM 标准制定工作的正式启动,其中包含五项 BIM 相关标准:《建筑信息模型应用统一标准》《建筑信息模型存储标准》《建筑信息模型设计交付标准》《建筑信息模型分类和编码标准》《制造工业工程设计信息模型应用标准》。其中,《建筑信息模型应用统一标准》的编制采取"千人千标准"的模式,邀请行业内相关软件厂商、设计院、施工单位、科研院所等近百家单位参与标准研究项目、课题、子课题的研究。从此,工程建设行业的 BIM 热度日益高涨。

2013 年 8 月，住房城乡建设部发布的《关于征求关于推荐 BIM 技术在建筑领域应用的指导意见（征求意见稿）意见的函》首次提出了工程项目全生命期质量安全和工作效率的思想，并要求确保工程建设安全、优质、经济、环保，确立了近期（至 2016 年）和中长期（至2020 年）的目标，同时明确指出，2016 年以前政府投资的 2 万平方米以上大型公共建筑以及申报绿色建筑项目的设计、施工采用 BIM 技术；截至 2020 年，完善 BIM 技术应用标准、实施指南，形成 BIM 技术应用标准和政策体系。

2014 年，住房城乡建设部发布的《关于推进建筑业发展和改革的若干意见》再次强调BIM 技术在工程设计、施工和运行维护等全过程应用的重要性。各地方政府关于 BIM 的讨论更加活跃，上海、北京、广东、山东、陕西等各地区相继出台了各类具体的政策，推动和指导BIM 的应用与发展。

2015 年 6 月，住房城乡建设部《关于推进建筑信息模型应用的指导意见》明确了 BIM的发展目标：到 2020 年末，建筑行业甲级勘察、设计单位以及特级、一级房屋建筑工程施工企业应掌握并实现 BIM 与企业管理系统和其他信息技术的一体化集成应用。该指导意见首次引入全寿命期集成应用 BIM 的项目比率，要求到 2020 年末，以国有资金投资为主的大中型建筑、申报绿色建筑的公共建筑和绿色生态示范小区的新立项项目勘察设计、施工、运营维护，集成应用 BIM 的项目比率达到 90%，该项目标在后期成为地方政策的参照目标；在保障措施方面，添加市场化应用 BIM 费用标准，建立公共建筑构件资源数据中心及服务平台、BIM 应用水平考核评价机制，使得 BIM 技术的应用更加规范化，做到有据可依，不再是空泛的技术推广。

2016 年，住房城乡建设部发布了"十三五"纲要——《2016—2020 年建筑业信息化发展纲要》，相比于"十二五"纲要，"十三五"纲要引入了"互联网+"概念，以 BIM 技术与建筑业发展深度融合，塑造建筑业新业态为指导思想，实现企业信息化、行业监管与服务信息化、专项信息技术应用及信息化标准体系的建立，达到基于"互联网+"的建筑业信息化水平升级。

2017 年 5 月，住房城乡建设部颁发了《建筑信息模型施工应用标准》（GB/T 51235—2017），这是针对 BIM 出台的第一部国家标准。BIM 技术的应用需要 BIM 专业软件提供技术上的支撑，我国在经过多年的沉淀后开发出了一系列优秀的 BIM 平台软件。

2021 年 9 月，住房城乡建设部发布了国家标准《建筑信息模型存储标准》（GB/T51447—2021），该标准自 2022 年 2 月 1 日起实施。

2022 年 3 月，住房城乡建设部发布了《"十四五"住房和城乡建设科技发展规划》，其中BIM 被提及 15 次，CIM（城市信息模型）被提及 9 次。该文件明确提出，加大力度推进智能建造与 BIM 技术在建筑业的深度应用，进一步提升产业链现代化水平。

总的来说，国家政策的制定是一个逐步深化、细化的过程，从普及概念到工程项目全过程的深度应用，再到相关标准体系的建立完善，由点到面，逐渐完成 BIM 技术应用的推广工作。

BIM 在香港的发展主要靠行业自身的推动。早在 2009 年，香港便成立了香港 BIM 学会。2010 年，香港的 BIM 应用已经完成从概念到实用的转变，处于全面推广的最初阶段。自 2006 年起，香港房屋署已率先试用 BIM；为了成功地推行 BIM，自行订立 BIM 标准、用户指南，组建资料库等。这些资料为模型建立、档案管理以及用户之间的沟通创造了良好的环境。2009 年 11 月,香港房屋署发布了 BIM 应用标准并提出 2014—2015 年该项技术将覆盖香港房屋署的所有项目。

2007 年,台湾大学与欧特克(Autodesk)公司签订了产学合作协议,重点研究建筑信息模型与动态工程模型设计。2009 年,台湾大学土木工程系成立了工程信息仿真与管理研究中心,促进 BIM 相关技术与应用的经验交流、成果分享、人才培训与产学研合作。2011 年 11 月,台湾大学 BIM 中心与淡江大学合作,出版了《工程项目应用建筑信息模型之契约模板》一书,并特别提供合同范本与说明,补充了现有合同内容在应用 BIM 上之不足。高雄应用科技大学土木工程系也于 2011 年成立了工程资讯整合与模拟(BIM)研究中心。此外,其他高校也对 BIM 进行了广泛的研究,推动了台湾民众对 BIM 的认知与应用。

台湾当局对 BIM 的推动有两个方向。首先,对于建筑产业界,希望其自行引进 BIM 应用。新建的公共建筑和公有建筑,其拥有者为台湾为局各单位,工程发包、监督都受台湾为局管辖,被要求在设计阶段与施工阶段都以 BIM 完成。其次,一些城市也在积极学习其他地方的 BIM 模式,为 BIM 发展打下基础。另外,台湾为局也举办了一些关于 BIM 的座谈会和研讨会,共同推动 BIM 的发展。

第2章 BIM 应用软件与 BIM 实施标准

2.1 BIM 应用软件分类

BIM 应用软件是指基于 BIM 技术的应用软件,亦即支持 BIM 技术应用的软件。一般来讲,它应该具备四个特征,即面向对象、基于三维几何模型、包含其他信息和支持开放式标准。

查克·伊斯曼等将 BIM 应用软件按功能分为三大类: BIM 环境软件、BIM 平台软件和 BIM 工具软件。在本书中,我们习惯将其分为 BIM 基础软件、BIM 工具软件和 BIM 平台软件。

1. BIM 基础软件

BIM 基础软件是指可用于建立能被多个 BIM 应用软件使用的 BIM 数据的软件。例如,基于 BIM 技术的建筑设计软件可用于建立建筑设计 BIM 数据,且该数据能被用在基于 BIM 技术的能耗分析软件、日照分析软件等 BIM 应用软件中。除此以外,基于 BIM 技术的结构设计软件及机电专业(MEP)设计软件也包含在这一大类中。目前,实际使用的这类软件有美国 Autodesk 公司的 Revit 软件(其中包含建筑设计软件、结构设计软件及 MEP 设计软件),工业设计和基础设施常用的 Bentley 软件,单专业建筑事务所选择的 ArchiCAD 软件,以及完全异型、预算比较充裕的项目选择的 Digital Project 或 CATIA 软件。

2. BIM 工具软件

BIM 工具软件是指利用 BIM 基础软件提供的 BIM 数据,开展各种工作的应用软件,例如,利用建筑设计 BIM 数据,进行能耗分析和日照分析的软件,生成二维图纸的软件等。目前,实际使用的这类软件有美国 Autodesk 公司的 Navisworks 软件。这是一款适用于建筑、工程和施工专业人士和团队的项目审查和管理软件。Navisworks Manage 提供 5D 模拟分析、冲突检测、高级协调和模拟工具。有的 BIM 基础软件除了提供建模功能,还提供一些其他功能,所以本身也是 BIM 工具软件。例如, Revit 软件还提供生成二维图纸等功能,所以它既是 BIM 基础软件,也是 BIM 工具软件。

3. BIM 平台软件

BIM 平台软件是指能对各类 BIM 基础软件和 BIM 工具软件产生的 BIM 数据进行有效的管理,以便支持建筑全生命周期 BIM 数据共享的应用软件。该类软件一般为基于网络(Web)的应用软件,支持工程项目各参与方及各专业工作人员之间通过网络高效地共享信息。目前,实际使用的这类软件有美国 Autodesk 公司于 2012 年推出的 BIM 360 软件。该软件作为 BIM 平台软件,包含一系列基于云的服务,支持基于 BIM 技术的模型协调和智能对象数据交换。此外,匈牙利图软(Graphisoft)公司的 Delta Server 软件,也提供类似功能。

当然,各大类 BIM 应用软件还可以再细分。例如, BIM 工具软件可以再细分为基于 BIM 技术的结构分析软件、能耗分析软件、日照分析软件、工程量计算软件等。

　　针对建筑全生命周期中 BIM 技术的应用,此处以现行 BIM 应用软件分类框架(图 2-1)为例进行具体说明。图中包含的应用软件类别的名称,绝大多数是传统的非 BIM 应用软件已有的,例如,建筑设计软件、算量软件、钢筋翻样软件等。这些类别的应用软件与传统的非 BIM 应用软件不同,它们均是基于 BIM 技术的。另外,有的应用软件类别的名称与传统的非 BIM 应用软件根本不同,如 4D 进度管理软件、5D-BIM 施工管理软件和 BIM 模型服务器软件。

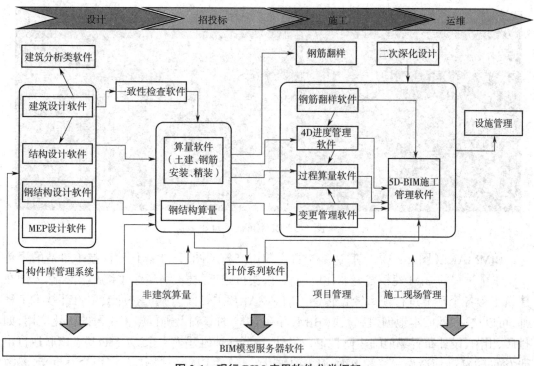

图 2-1　现行 BIM 应用软件分类框架

　　其中,4D 进度管理软件是在三维几何模型的基础上,附加施工时间信息(例如,某结构构件的施工时间为某时间段)形成 4D 模型,进行施工进度管理。这样可以直观地展示三维模型随施工时间的变化,更直观地展示施工进程,从而更好地辅助施工进度管理。5D-BIM 施工管理软件则是在 4D 模型的基础上,增加成本信息(例如,某结构构件的建造成本),从而进行更全面的施工管理。这样一来,施工管理者就可以方便地获得项目对包括资金在内的施工资源的动态需求,从而可以更好地进行资金计划、分包管理等工作,以确保施工的顺利进行。BIM 模型服务器软件即上述提到的 BIM 平台软件,用于进行 BIM 数据的管理。

2.2　主流的几款国产 BIM 应用软件

　　BIMBase 平台是北京构力科技有限公司开发的拥有完全自主知识产权的国产 BIM 基础平台(图 2-2),由三维图形引擎、BIM 专业模块、

BIMBase 平台介绍

BIM 资源库、多源数据转换工具、二次开发包等组成，基于自主三维图形内核 P3D，致力于解决行业信息化领域"卡脖子"问题，实现核心技术自主可控。该平台重点实现图形处理、数据管理和协同工作，由三维图形引擎、BIM 专业模块、BIM 资源库、多源数据转换工具、二次开发包等组成。PKPM-BIM 是基于 BIMBase 研发的建筑领域全专业设计软件，包含建筑、结构、给排水、暖通、电气、绿建专业，将建模—计算—出图全流程打通，以信息数据化、数据模型化、模型通用化的 BIM 理念，探索 BIM 技术在项目全生命周期的综合应用。

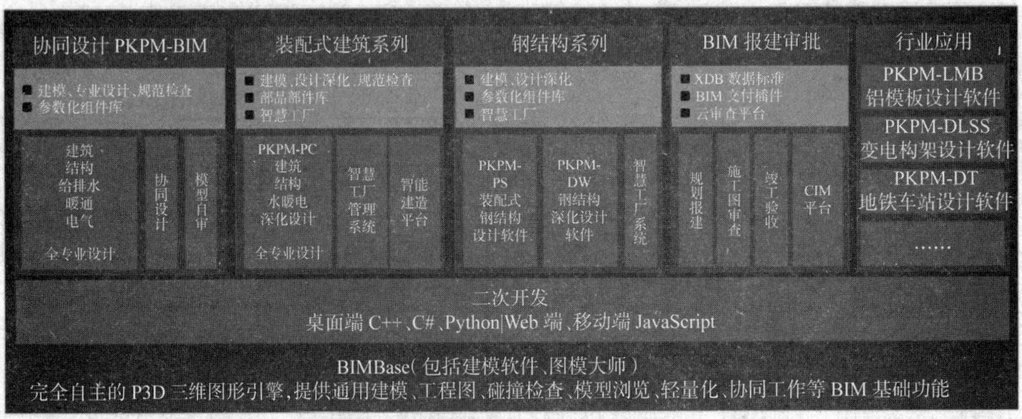

图 2-2　BIMBase 平台

BIMMAKE（图 2-3）是广联达基于自主知识产权的图形、参数化建模技术打造的聚焦于施工全过程的 BIM 建模及专业化应用软件，支持施工建模、钢筋翻样和施工深化，方便在建筑工程各个环节进行模型数据传递。BIMMAKE 主要面向施工企业及项目部技术工程师，可以快速、低成本地创建和获取 BIM，并在 BIM 的基础上进行施工阶段的深化应用，如排砖、出图、设计布置场地临边防护等。另外，广联达数维建模平台 GDMP 基于广联达自主研发的 BIM 几何造型引擎和 BIM 渲染引擎开发，包括 BIM 数据定义、图形交互框架、参数化建模引擎、协同建模引擎、数据格式交换、开放的二次开发接口 API（应用程序编程接口）和可扩展的技术框架等，支持构件三维图形建模应用。

BIM 设计平台马良 XCUBE（图 2-4）是中设数字技术股份有限公司研发的，从基础核心底层、数据层到应用层的新一代高性能三维几何造型技术软件和 BIM 设计基础软件平台。马良 XCUBE 以空间定义建模算法、多专业自动化装配、二三维协同设计和实时渲染技术，实现多行业方案设计、多专业参数化建模和快速出图的集成式设计；打通城市空间、建筑业、制造业等多种数据源；底层预留丰富的数据接口，与飞腾、麒麟等国产硬件和操作系统完美适配，构建可持续、高质量发展的国产化软件产业生态。

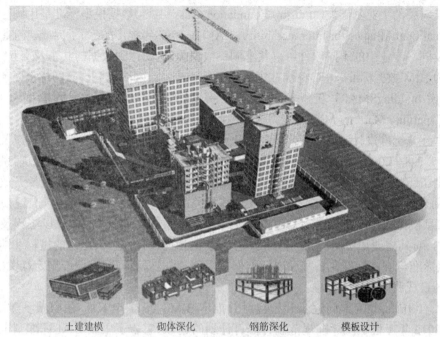

图 2-3　BIMMAKE

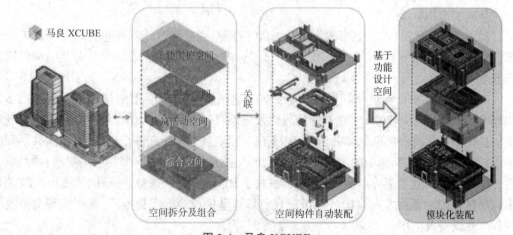

图 2-4　马良 XCUBE

2.3　BIM 实施标准

2.3.1　BIM 相关标准的发展

截至目前,不同软件的信息共享与调用主要是由人工完成的,解决信息共享与调用问题的关键在于出台相关标准。有了相对统一的标准,也就有了系统之间交流的桥梁和纽带,数据就能在不同系统之间流转起来。

建筑对象的工业基础类（Industry Foundation Class, IFC）数据模型标准是由国际协同联盟（International Alliance for Interoperability, IAI）在 1995 年提出的，为了促成建筑业中不同专业以及同一专业中的不同软件可以共享同一数据源，从而达到数据的共享及交互。

作为 BIM 数据标准，IFC 标准在国际上已日趋成熟，在此基础上，美国提出了 NBIMS。NBIMS 由 buildingSMART 联盟发布，提出了一套衡量 BIM 应用程度的模型和工具，即 CMM（Capability Maturity Model，能力成熟度模型），用来评估 BIM 的实施过程。

中国建筑标准设计研究院提出了适用于建筑生命周期各个阶段的信息交换以及共享的标准 JG/T 198—2007，该标准参照国际 IFC 标准，将建筑信息模型定义为"建筑信息完整协调的数据组织，便于计算机应用程序进行访问、修改或添加。这些信息包括按照开放工业标准表达的建筑设施的物理和功能特点以及其相关的项目或生命周期信息"。近期发布的《建筑信息模型应用统一标准》（GB/T 51212—2016）将 BIM 定义为"在建设工程及设施全生命期内，对其物理和功能特性进行数字化表达，并依此设计、施工、运营的过程和结果的总称"。此标准与 IFC 标准在技术和内容上保持一致，并根据我国国家标准制定相关要求，旨在将其转换成我国的国家标准。

2012 年开始，政府部门逐步开始接触并推广 BIM。2012 年 1 月，住房城乡建设部《关于印发 2012 年工程建设标准规范制订修订计划的通知》宣告了中国 BIM 标准制定工作的正式启动，其中包含五项 BIM 相关标准：《建筑信息模型应用统一标准》《建筑信息模型存储标准》《建筑信息模型设计交付标准》《建筑信息模型分类和编码标准》《制造工业工程设计信息模型应用标准》。

2014 年，上海发布了"城市轨道交通 BIM 应用系列标准"，该标准包含轨道交通工程建筑信息模型建模指导意见、交付标准、应用技术标准、族创建标准、设施设备分类与编码标准等五个分册。

2015 年，住房城乡建设部发布《关于推进建筑信息模型应用的指导意见》（图 2-5）；2016 年，发布《2016—2020 年建筑业信息化发展纲要》（图 2-6）；2016 年，发布国家标准《建筑信息模型应用统一标准》，本标准对 BIM 在工程项目全寿命期各个阶段的建立、共享和应用进行统一规定，包括模型的数据要求、模型的交换及共享要求、模型的应用要求、项目或企业具体实施的其他要求等。后来，越来越多关于 BIM 的政策、规范、标准陆续推出，BIM 技术应用从试点示范逐步向全国各城市房建、市政、基础设施等工程推广，真正实现全国范围内各行业的普及应用。

2019 年 1 月 7 日，国家工程建设标准化信息网发布了《住房城乡建设部关于发布行业标准〈建筑工程设计信息模型制图标准〉的公告》，批准《建筑工程设计信息模型制图标准》为行业标准，编号为 JGJ/T 448—2018，自 2019 年 6 月 1 日起实施。

2021 年 4 月 19 日，由住房城乡建设部信息中心主办的《中国建筑业信息化发展报告（2021）》编写报告会召开（图 2-7），主题聚焦智能建造，旨在展现当前建筑业智能化实践，探索建筑业高质量发展路径，大力发展数字设计、智能生产、智能施工和智慧运维，加快建筑信息模型技术研发和应用。

公文名称：住房城乡建设部关于印发推进建筑信息模型应用指导意见的通知

索 引 号：000013338/2015-00111
发文单位：中华人民共和国住房和城乡建设部
文　　号：建质函[2015]159号
实施日期：

分　　类：工程质量安全监管
发文日期：2015-06-16
主 题 词：
废止日期：

住房城乡建设部关于印发推进建筑信息模型应用指导意见的通知

选择字体：[大 - 中 - 小]　发布时间：2015-07-01 14:48:08　分享：

各省、自治区住房城乡建设厅，直辖市建委（规委），新疆生产建设兵团建设局，总后基建营房部工程局：

　　为指导和推动建筑信息模型（Building Information Modeling, BIM）的应用，我部研究制定了《关于推进建筑信息模型应用的指导意见》，现印发给你们，请遵照执行。

中华人民共和国住房和城乡建设部
2015年6月16日

图 2-5　住房城乡建设部发布《关于推进建筑信息模型应用的指导意见》

公文名称：住房城乡建设部关于印发2016 - 2020年建筑业信息化发展纲要的通知

索 引 号：000013338/2016-00279
发文单位：中华人民共和国住房和城乡建设部
文　　号：建质函[2016]183号
实施日期：

分　　类：建筑市场监管
发文日期：2016-08-23
主 题 词：
废止日期：

住房城乡建设部关于印发2016 - 2020年建筑业信息化发展纲要的通知

选择字体：[大 - 中 - 小]　发布时间：2016-09-19 10:14:40　分享：

各省、自治区住房城乡建设厅，直辖市建委（规委），新疆生产建设兵团建设局：

　　为贯彻落实《中共中央 国务院关于进一步加强城市规划建设管理工作的若干意见》及《国家信息化发展战略纲要》，进一步提升建筑业信息化水平，我部组织编制了《2016-2020年建筑业信息化发展纲要》。现印发给你们，请结合实际贯彻执行。

　　附件：2016-2020年建筑业信息化发展纲要

中华人民共和国住房和城乡建设部
2016年8月23日

相关链接：

图 2-6　住房城乡建设部发布《2016—2020 年建筑业信息化发展纲要》

聚焦智能建造 探索高质量发展路径
《中国建筑业信息化发展报告(2021)》编写工作正式启动

选择字体：［大·中·小］ 发布时间：2021-04-15 10:19:50 分享：

4月9日，由住房和城乡建设部信息中心主办的《中国建筑业信息化发展报告(2021)》(以下简称报告)编写启动会以网络视频会议的方式召开，标志着中国建筑业信息化领域具有权威性和广泛影响力的年度报告编写工作正式启动。今年报告主题聚焦智能建造，旨在展现当前建筑业智能化实践，探索建筑业高质量发展路径。

会议由住房和城乡建设部信息中心张光明副处长主持，住房和城乡建设部信息中心尚少岩主任、住房和城乡建设部原总工程师王铁宏、清华大学马智亮教授及中国建筑股份有限公司信息化管理部杨富春副总经理、广联达科技股份有限公司王先军副总裁等报告编委会委员参加了会议，并与各章编委共同探讨智能建造内涵、实现路径及落地应用，围绕报告主题、内容大纲等介绍了编写思路，提出了写作要求。各参编单位也积极表态，将组建高水平参编团队，展现智能建造最具价值应用场景，为行业提供参考和借鉴。

尚少岩主任在发言中指出，我国建筑业正走向以新型工业化变革生产方式、以数字化推动全面转型、以绿色化实现可持续发展的创新发展新时代。全国住房和城乡建设工作会议要求，加快发展"中国建造"，推动建筑产业转型升级。加快推动智能建造与新型建筑工业化协同发展，大力发展数字设计、智能生产、智能施工和智慧运维，加快建筑信息模型（BIM）技术研发和应用，建设建筑产业互联网平台，完善智能建造标准体系，推动自动化施工机械、建筑机器人等设备研发与应用，开展智能建造试点。今年报告以"智能建造"为主题，希望多维度深入解读和呈现当前我国智能建造应用现状，为推动行业信息化进程发挥积极作用和影响力。

政企学研多方合作 推动建筑业高质量发展

"十三五"时期，建筑业支柱产业作用不断增强，我国建筑业在规模上已达到世界领先水平，但发展质量还有待提升。今年报告围绕智能建造应用与发展，聚焦推动建筑业高质量发展的重要技术支撑，将展现智能建造全过程创新应用，通过充分调研，总结设计、生产、施工、运维等阶段运用智能化、数字化技术和装备提升项目建造水平的实践经验，归纳分析信息技术与建造技术深度融合的应用模式，推动建筑业转型升级和绿色、创新发展。

报告编写团队汇聚了来自政企学研领域，如河北省、四川省、贵州省等地方住建主管部门，清华大学、青岛理工大学等院校，中国建筑集团及其下属单位、北京城建集团、上海建工集团、北京市建筑设计研究院有限公司、中国建筑设计研究院有限公司等行业企业，以及广联达、广州粤建三和、北京构力科技、博锐尚格、广东博智林机器人有限公司等30余家单位近70位行业专家、领域带头人共同撰写，将呈现目前智能建造典型应用以及前沿探索。

根据工作计划，报告将于今年四季度正式出版发布。届时，报告将为建筑业从业者提供智能建造权威解读，并为智能建造的深入开展提供借鉴和指导，进一步推动建筑业信息化的高质量发展。

图 2-7 《中国建筑业信息化发展报告（2021）》编写工作正式启动

2022 年 3 月 1 日，住房城乡建设部印发的《"十四五"住房和城乡建设科技发展规划》提出要推动工程勘察设计行业数字转型，提升发展效能，推进 BIM 全过程应用（图 2-8）。

公文名称：住房和城乡建设部关于印发"十四五"住房和城乡建设科技发展规划的通知
索 引 号：000013338/2022-00108　　分　类：标准定额（标准科技）
发文单位：住房和城乡建设部　　发文日期：2022-03-01
文　号：建标〔2022〕23号　　主 题 词：
实施日期：　　废止日期：

住房和城乡建设部关于印发"十四五"
住房和城乡建设科技发展规划的通知

选择字体：［大·中·小］ 发布时间：2022-03-11 16:16:59 分享：

各省、自治区住房和城乡建设厅，直辖市住房和城乡建设（管）委，北京市规划和自然资源委，新疆生产建设兵团住房和城乡建设局：

现将《"十四五"住房和城乡建设科技发展规划》印发给你们，请认真贯彻落实。

住房和城乡建设部
2022年3月1日

（此件主动公开）

图 2-8 住房城乡建设部印发《"十四五"住房和城乡建设科技发展规划》

总的来说,BIM 标准的出台为实现具有中国自主知识产权的 BIM 系统工程奠定了坚实基础。

2.3.2　BIM 实施标准及流程的制定

BIM 技术已经融入项目的各个阶段与层面,并起着重要的作用。在 BIM 实施前期,应制定相应的 BIM 实施标准,对 BIM 模型的建立及应用进行规划。BIM 实施标准主要内容包括明确 BIM 建模专业,明确各专业部门负责人,明确 BIM 团队任务分配,明确 BIM 团队工作计划,制定 BIM 建立标准。

现有的很多 BIM 标准涉及许多领域和阶段,但是由于每个施工项目的复杂程度不同、施工方法不同、企业管理模式不同,仅仅依照单一的标准难以使 BIM 实施过程中的模型精度、信息传递接口、附带信息参数等内容保持一致,由此对工程的 BIM 实施造成一定困扰。

为了有效地利用 BIM 技术,企业有必要在项目开始阶段建立针对性强、目标明确的企业级乃至项目级 BIM 实施办法与标准,全面指导项目 BIM 工作的开展。英国和中国的部分标准如图 2-9 至图 2-12 所示。

图 2-9　英国国家标准

图 2-10　中国《建筑信息模型(BIM)智能化产品分类和编码标准》

UDC	
中华人民共和国国家标准	**GB**
P	GB/T 51212-2016

建筑信息模型应用统一标准

Unified standard for building information modeling

2016 - 12 - 02 发布   2017 - 07 - 01 实施

中华人民共和国住房和城乡建设部
中华人民共和国国家质量监督检验检疫总局   联合发布

ICS 35.240.99	
中国建筑业协会团体标准	**团体标准**
P07	T/CCIAT 0038—2021

商业综合体绿色设计BIM应用标准

Standard for building information modeling in
commercial complex green design

2021 - 08 - 23 发布   2021 - 10 - 01 实施

中 国 建 筑 业 协 会   发 布

图 2-11   中国《建筑工程信息模型应用统一标准》   **图 2-12   中国《商业综合体绿色设计 BIM 应用标准》**

　　BIM 实施标准中的 BIM 建模要求、审查要求、优化要求等，可作为企业级、项目级 BIM 标准建立的参考依据。

　　依照 BIM 标准，BIM 工作流程、碰撞检查流程、施工阶段流程及机电专业深化设计流程分别如图 2-13 至图 2-16 所示。

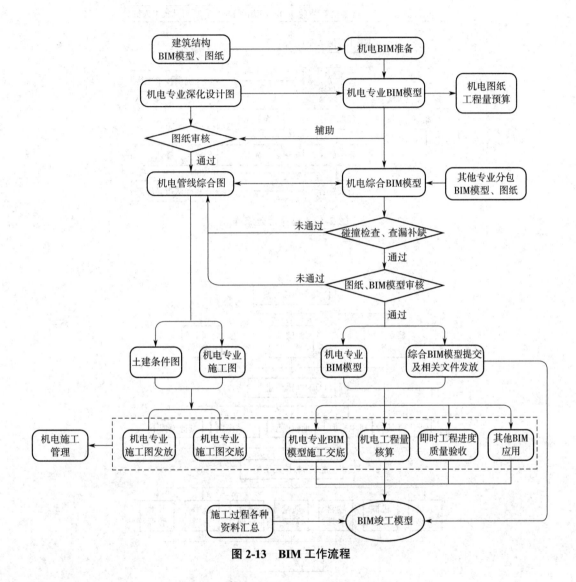

图 2-13　BIM 工作流程

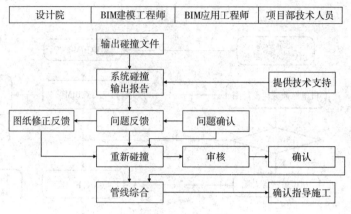

图 2-14　碰撞检查流程

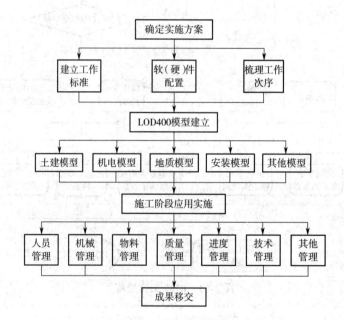

图 2-15　施工阶段流程

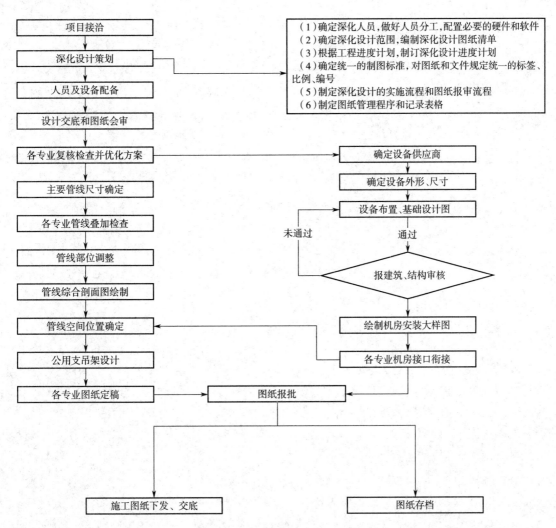

图 2-16　机电专业深化设计流程

第2篇 操 作

第 3 章 Revit 建模软件基础

3.1 Revit 软件简介

3.1.1 Revit 概述

BIM 是一个比较宽泛的概念,而 Revit 是实现这个概念所使用的一个工具。Revit 不仅拥有快速的建模能力,而且能够提供结构计算、碰撞检测、成本估算等各方面的信息。使用 Revit 进行建筑设计,不但能增加专业知识,而且可以对建筑有更深的理解。

1. Revit 模型元素类别

1)模型图元

模型图元(Model Element)用于生成建筑物几何模型,表示物理对象的各种图形元素,代表着建筑物的各类构件。

模型图元是构成 Revit 信息模型最基本的图元,也是模型的物质基础,它分为主体图元和构件图元两类。

(1)主体图元:包括墙、楼板、屋顶、天花板、场地等。主体图元属于预设性质,是 Revit 中常用的基础部分,用户不能直接设置外观、参数等信息,只可对系统图元的基础参数进行修改。以楼板部件为例,其参数组成如图 3-1 所示,在应用过程中用户只能修改软件自带的材质、厚度参数。

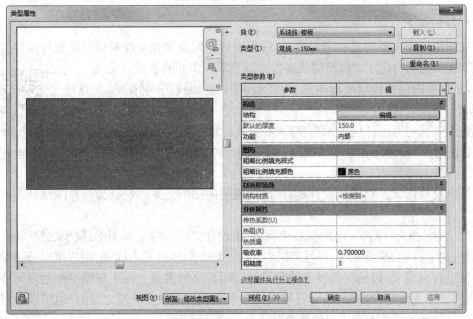

图 3-1 楼板部件的参数组成

（2）构件图元：主体图元之外的所有图元。构件图元一般在模型中不能独立存在，必须依附主体图元才可以存在，如门、窗、管件、电气设备、家具等。构件图元是建筑模型中其他所有类型的图元，用户可以对相关参数进行修改，比较灵活，能够满足工程上的各种设计需求。以门窗为例，门窗的创建必须依附主体图元墙体，一旦墙体删除，这些依附的构件图元也会被删除。图 3-2 为门图元的类型属性信息，用户可以修改其材质和尺寸等属性信息。

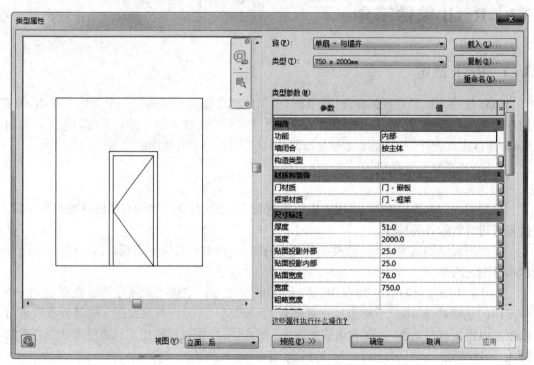

图 3-2 门图元的类型属性信息

2）视图图元

视图图元是模型图元的图形表达，它为用户提供直接观察建筑信息模型与模型互动的手段。视图图元决定了对模型的观察方式以及不同图元的表现方法。

Revit 视图包括楼层平面视图、天花板视图、立面视图、剖视图、三维视图、图纸、明细表、报告等。

视图图元与其他任何图元相互影响，会及时根据其他图元进行更新，实现了视图的协同。图 3-3 是不同视图中同一图元的显示，它们之间相互关联。

视图的协同

3）注释符号图元

注释符号图元是对建筑设计进行标注、说明的图形元素。它分为注释图元和基准图元两类。

（1）注释图元：保持一定的图纸比例，只出现在二维的特定视图中，属于二维图元，如尺寸标注、文字标注、荷载标注、符号等（图 3-4）。对于标注的元素样式，用户可以通过编辑属性类型进行自定义，以满足各种本地化设计应用程序的需要。由于与模型中的图元彼此关联，当模型图元发生改变时，注释符号图元会发生相应的改变。反之，用户也可以通过改变注释符号图元的属性改变模型的信息。

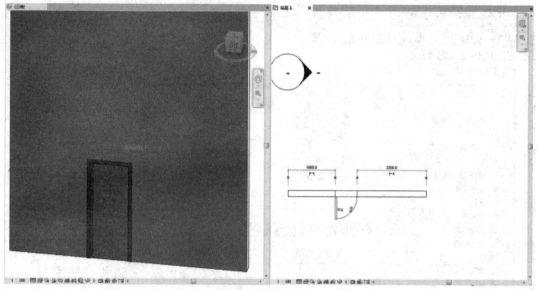

图 3-3　不同视图中同一图元的显示

图 3-4　注释图元

（2）基准图元：主要包括轴网、标高、参考平面等。基准图元属于项目建立初期的关键要素，在应用过程中对工作平面基准的设置十分重要。基准图元就是设计过程中应用到的基准面。在建模过程中，也需要参考平面辅助定位。

2. 族

1）族的概念

族是 Revit 中建筑构件的基础，是一个由各种参数组成的参数化构件，一个项目由各种各样参数的族构成。模型中的所有构件（门、窗、墙等）图元，都是使用族创建的，因此族是建模设计的基础，同时也是参数信息的载体。

2）族的分类

（1）系统族：已经在项目中预定义并且只能在项目中创建和修改的族类型，如墙、楼板、天花板等。系统族不能作为外部文件载入或者创建。

（2）标准构件族：通常加载在项目样板中，在建模需要的时候可以调用。可以通过族编辑器在项目中对标准构件族进行创建和修改，也可以将其保存后加载到其他项目中，进行重复利用。

（3）内建族：在当前项目中新建的族。与标准构件族不同，内建族只能存储在当前的项目文件里，不能单独存成".rfa"文件，也不能用在别的项目文件中。

3）相关概念

（1）类别：在 Revit 中，通过对象类别来管理这些族。在项目任意视图中，打开"可见性 / 图形替换"对话框，如图 3-5 所示，在对话框中可以查看 Revit 包含的详细类别名称。

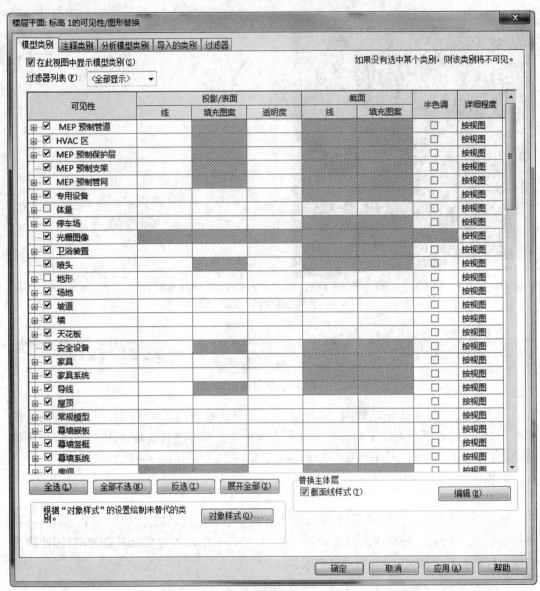

图 3-5 "可见性 / 图形替换"对话框

（2）类型：图元具有同一参数要求的信息，比如尺寸大小是一样的。

（3）实例：某图元特有的信息，比如具体的某一个位置信息。

以上概念可用图 3-6 表示。

3. 参数化设计

参数化建模指的是通过参数（变量）而不是数字建立和分析模型，简单地改变模型中的参数值就能建立和分析新的模型。参数化设计包括参数化图元和参数化修改引擎。

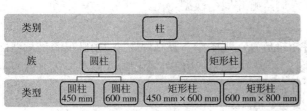

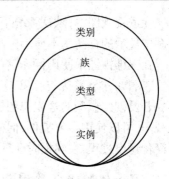

图 3-6　类别、族、类型与实例

Revit 的参数类型如下。

项目参数:定义后添加到项目多类型图元中的信息容器。项目参数只能在当前项目中使用,不能与其他项目共享。

共享参数:参数定义,可用于多个族或项目中。

类型参数(属性):同一组类型参数由一个族中的所有图元共用,修改类型属性的值会影响该族或项目中的参数定义。

实例参数(属性):视图元在建筑或项目中的位置而异。修改实例属性的值只影响选择集内的图元或者将要放置的图元。

参数化设计是 BIM 的一个重要特性,因为有了丰富的构件信息,所以就方便了模型完成以后对模型信息的运用(如材料清单统计、设施清单统计、技术交底、进度信息把控、施工模拟、碰撞检查、构件信息管理等)和对模型的进一步优化。

4. Revit 2019 新功能

1)组织和管理视图

Revit 允许整理工作空间和模型打开的视图。整理打开的视图有助于了解设计及更轻松地对模型进行编辑。

2)使用 AND 条件创建视图过滤器

视图过滤器提供了一种强大的方法,可使用图元参数值来控制图元可见性。例如,如果要查找并亮显所有防火等级为 2 小时并且为结构剪力墙的墙,可使用视图过滤器。

3)使用 OR 条件创建视图过滤器

在创建基于规则的视图过滤器时,OR 过滤器可以灵活地用过滤器选择并亮显不共享相同参数值的图元。

4)使用嵌套的规则集创建视图过滤器

在为视图创建基于规则的过滤器时,可以将 AND 规则集与 OR 规则集嵌套在一起。通过嵌套规则集,可以创建强大的过滤器,它们可指定图元之间的复杂关系。

5)使用填充图案

可在材质定义的图形属性中设置填充图案。为这些图元的任意一个定义填充图案时,可以为前景指定一个填充图案和颜色,为背景指定另一个填充图案和颜色。

6)在三维视图中使用标高

在三维视图中工作时,显示标高可帮助人们了解模型中图元的位置。标高可以在正交视图和透视视图中显示。

在透视视图中，默认情况下不显示标高。打开标高类别的可见性，才能显示标高。透视视图中显示的标高从不显示标高标头，且始终绘制为实线。

在三维视图中使用标高，有助于人们了解并展示模型。

7）使用未裁剪透视视图

若要创建模型的透视视图，需将相机放置在视图中。默认情况下，相机视图是裁剪的透视视图，可以使用导航控件，但模型图元在视图的裁剪边缘处被截断。使用未裁剪透视视图可简化建模过程，在建模时无须参照其他视图。

3.1.2 Revit 2019 工作界面

1. 软件的安装

从 Autodesk 官网获取软件安装包，注意选择需要的版本并下载，本书针对 Revit 2019 进行介绍。Revit 安装包文件相对较大，注意预留计算机内存，Revit 2019 兼容 Windows 7/8/10（64 位）系统。对软件安装包进行解压，进行软件离线或者在线安装。

弹出"解压到"界面，点击"确定"按钮（图 3-7）。

图 3-7 "解压到"界面

正在解压，请耐心等待（图 3-8）。

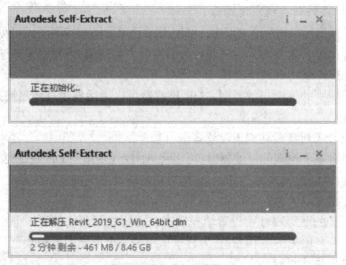

图 3-8 "正在解压"界面

解压完成后，进入安装界面，点击"安装"按钮（图 3-9）。

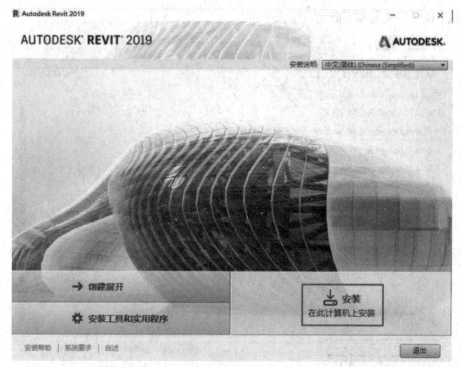

图 3-9　安装界面

弹出安装许可协议界面,勾选"我接受",然后点击"下一步"按钮(图 3-10)。

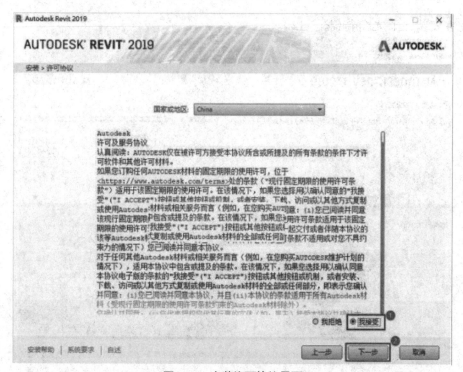

图 3-10　安装许可协议界面

选择安装路径,默认安装在 C 盘,点击"浏览"按钮可更改软件安装路径(图 3-11)。注意：安装路径文件夹名称不能包含中文字符！

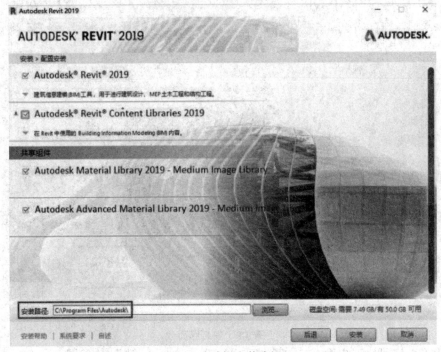

图 3-11　选择安装路径

正在安装，请耐心等待（图 3-12）。

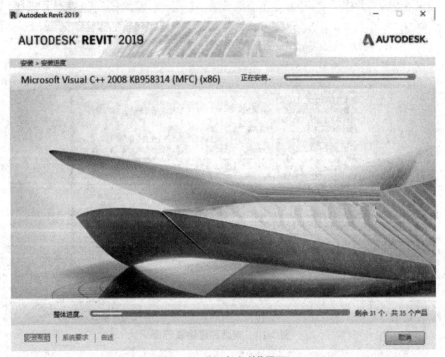

图 3-12　"正在安装"界面

安装完成后,点击"立即启动"按钮(图 3-13),进入初始化界面(图 3-14)。

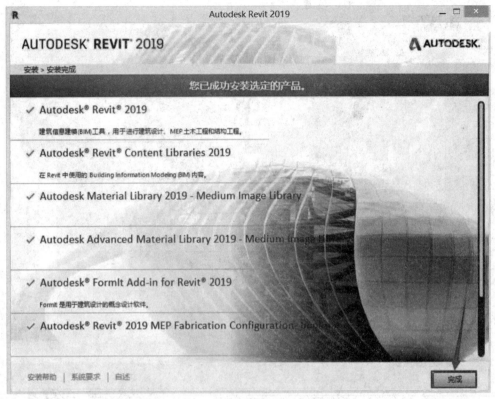

图 3-13　安装完成界面

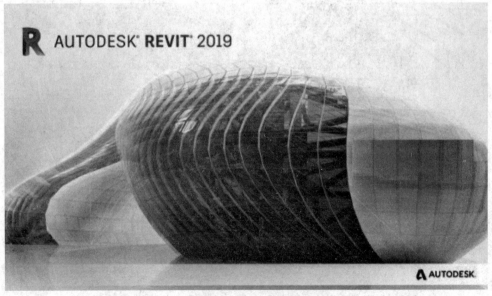

图 3-14　初始化界面

点击"输入序列号"进行激活（图3-15和图3-16）。

图 3-15　输入序列号

图 3-16　激活

输入序列号和产品密钥进行激活后（图 3-17），点击"完成"按钮跳转到 Revit 2019 工作界面。

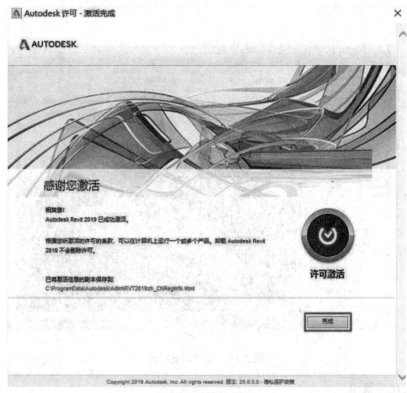

图 3-17　激活完成

2. 工作界面

初次打开 Revit 2019 的工作界面，可看到项目、族和资源三个区域（图 3-18）。用户可以根据需求，创建项目和族，或者打开样本文件、历史文件以及软件自带的可查看资源。

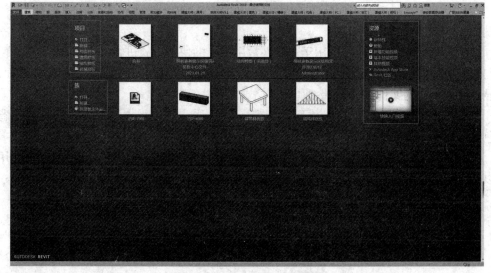

图 3-18　Revit 2019 工作界面

在"最近使用的文件"界面的"项目"文件中，打开"建筑样例项目"进入操作环境界面，如图 3-19 所示。下面将对操作环境界面中各个功能区进行介绍。

图 3-19　操作环境界面

3. 应用程序菜单

应用程序菜单包括新建、打开、保存、导出等命令，能够实现对项目和族文件的新建、保存和导出为其他格式。

点击应用程序菜单（图 3-20）的"选项"按钮，在弹出的"选项"对话框中，可以对 Revit 进行一些设置。

"常规"选项（图 3-21）用于对"保存提醒间隔""日志文件清理""默认视图规程"等进行设置。

"用户界面"选项（图 3-22）用于对软件常用操作的快捷方式进行查看、编辑及新建。取消勾选"启动时启用'最近使用的文件'页面"，退出 Revit 后再次进入，仅显示空白界面；若要显示最近使用的文件，重新勾选即可。

"图形"选项（图 3-23）主要用于修改背景颜色，用户可以根据喜好设置绘图区的背景颜色等。

"文件位置"选项（图 3-24）主要用于显示最近使用过的样板文件及其存储位置，用户可以根据需要更改存储路径。

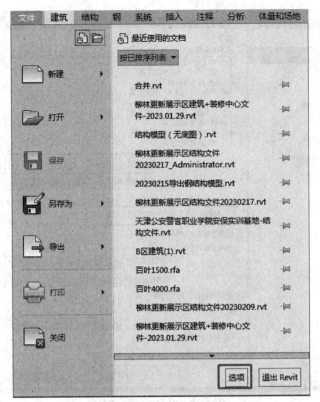

图 3-20 应用程序菜单

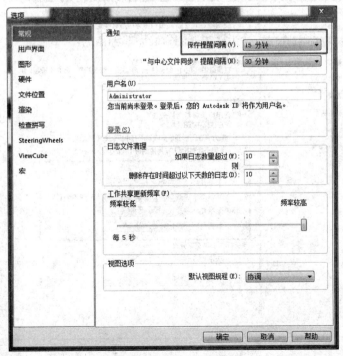

图 3-21 "常规"选项

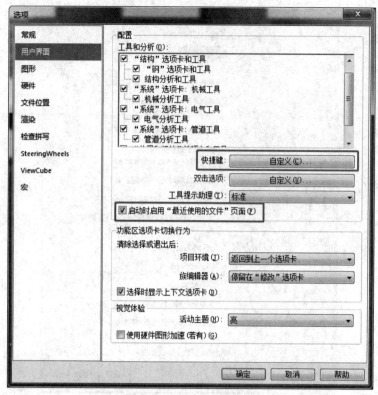

图 3-22 "用户界面"选项

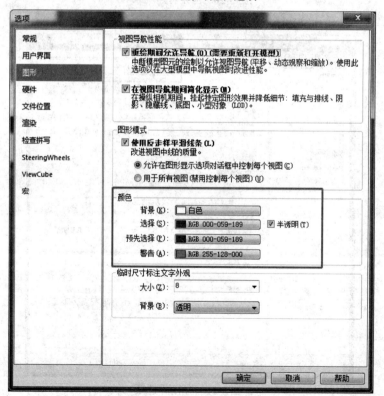

图 3-23 "图形"选项

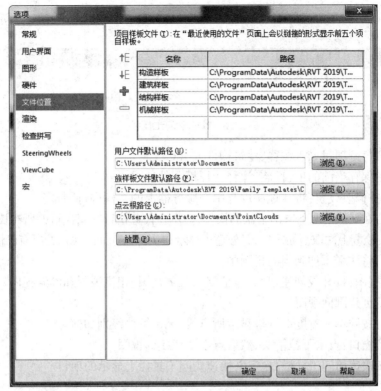

图 3-24　"文件位置"选项

4. 功能区

功能区(图 3-25)提供了建模的所有命令与工具。这些命令与工具根据类别,分别放置在不同的选项卡中,如建筑、结构、系统、钢等。

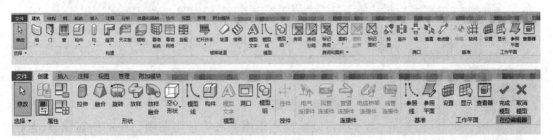

图 3-25　功能区

5. 快速访问工具栏

除可以在功能区内单击工具或命令外, Revit 还提供了快速访问工具栏,用于执行最常使用的命令。默认情况下,快速访问工具栏包含图 3-26 所示内容。

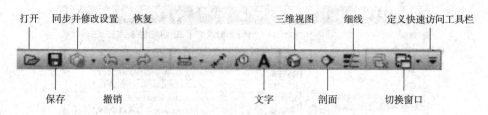

图 3-26　快速访问工具栏

（1）打开：打开项目、族、注释、建筑构件或 IFC 文件。

（2）保存：保存当前的项目、族、注释或样板文件。

（3）同步并修改设置：将本地文件与中心服务器上的文件进行同步。

（4）撤销：在默认情况下取消上次的操作，显示在任务执行期间执行的所有操作的列表。

（5）恢复：恢复上次取消的操作，另外还可显示在执行任务期间执行的所有已恢复操作。

（6）文字：将注释添加到当前视图中。

（7）三维视图：打开或创建视图，包括默认三维视图、相机视图和漫游视图。

（8）剖面：创建剖面视图。

（9）细线：按照单一宽度在屏幕显示所有线，无论缩放级别如何。

（10）切换窗口：点击下拉箭头，然后点击要切换的视图。

（11）定义快速访问工具栏：自定义快速访问工具栏上显示的项目。

6. 选项栏

选项栏默认位于功能区下方，用于设置当前正在执行的操作的细节。选项栏的内容类似于 AutoCAD 的命令提示行，其内容因当前所使用的工具或所选图元的不同而不同。图 3-27 所示是使用墙工具时选项栏的设置内容。

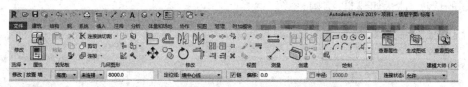

图 3-27　使用墙工具时选项栏的设置内容

图 3-28　项目浏览器

7. 项目浏览器

项目浏览器用于组织和管理当前项目中的所有信息，包括项目中所有的视图、明细表、图纸、族、组、链接的 Revit 模型等资源。

Revit 按逻辑层次关系组织这些项目资源，以方便用户管理。展开各分支时，将显示下一层级的内容。图 3-28 所示为项目浏览器包含的项目内容。项目浏览器中，项目类别前显示"+"表示该类别还包括子类别项目。在 Revit 中进行项目设计时，最常用的操作就是利用项目浏览器在各视图间切换。

8. 属性面板

在属性面板中可以查看和修改用来定义 Revit 中图元实例

属性的参数。

以墙体为例,"属性"面板中的参数包括定位线、底部约束、底部偏移等实例参数(图 3-29)。在"属性"面板中点击"编辑类型",可以对类型属性进行修改,如墙体厚度、墙体材质等(图 3-30)。

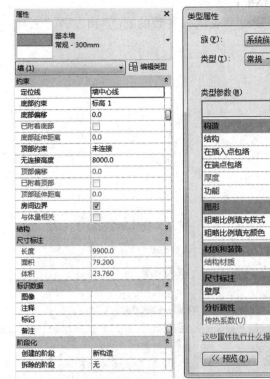

图 3-29　属性面板

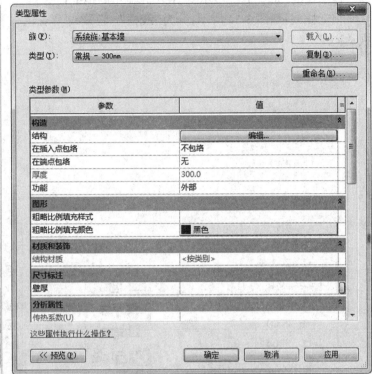

图 3-30　"类型属性"对话框

打开 Revit 属性栏的方法:①在绘图区域任意位置单击鼠标右键,选择"属性"命令;②使用快捷键 Ctrl+1;③在"视图"选项卡下,单击"用户界面"命令,勾选"属性"选项;④使用快捷键 PP。

9. 绘图区域

Revit 窗口中的绘图区域显示当前项目的楼层平面视图、图纸和明细表。在 Revit 窗口中,每当切换至新视图时,都会在绘图区域创建新的视图窗口,且保留所有已打开的其他视图。

默认情况下,绘图区域的背景颜色为白色。在"选项"对话框的"图形"选项卡中,可以将视图中的绘图区域背景反转为黑色。点击"视图"选项卡下"窗口"面板中的"平铺视图"工具,可设置所有已打开视图的排列方式为平铺(图 3-31)。

图 3-31　设置视图排列方式为平铺

10. 视图控制栏

视图控制栏位于 Revit 窗口底部的状态栏上方,通过它可以快速修改绘图区域的显示样式、比例、详细程度、视觉样式等。

比例:如图 3-32 所示,代表视图的显示比例,可自定义。

详细程度:如图 3-33 所示,代表图元显示的精细程度。

视觉样式:如图 3-34 所示,分为"线框""隐藏线""着色""一致的颜色"和"真实"五种视觉样式。

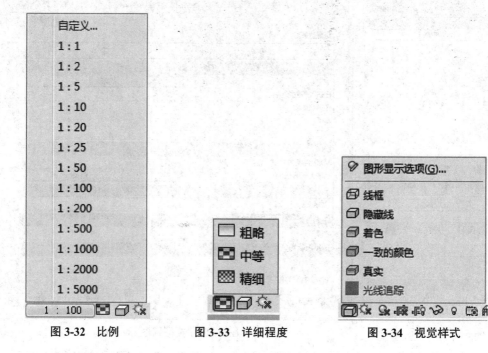

图 3-32　比例　　　　图 3-33　详细程度　　　　图 3-34　视觉样式

图 3-34 下方各图标的含义如下。

关闭 / 打开日光路径 :控制日光路径的开关。

关闭 / 打开阴影 :控制阴影的开关。

关闭 / 显示裁剪区域 :控制剪裁区域的开关。

不显示 / 显示剪裁区域 :控制剪裁区域的显示,如果不显示,剪裁区域也存在。

临时隐藏 / 隔离 :如果为了临时操作方便而需要隐藏或单独显示某些图元,则可以选用此命令。隔离类别:在当前视图中只显示与选中图元类别相同的所有图元,隐藏不同类别的其他所有图元。隐藏类别:在当前视图中隐藏与选中图元类别相同的所有图元。隔离图元:在当前视图中只显示选中图元,隐藏选中图元以外的所有对象。隐藏图元:在当前视图中隐藏选中图元。重设临时隐藏 / 隔离:恢复显示所有图元。

3.1.3　Revit 2019 基本术语和操作方法

1. Revit 文件类型

（1）项目样板文件（后缀为".rte"）。项目样板文件包含项目单位、标注样式、文字样式、线型、线宽、线样式、导入 / 导出设置等内容。为规范设计和避免重复设置,对于 Revit 自带的项目样板文件,用户可根据自身的需求、内部标准先行设置,并保存成项目样板文件,便于新建项目文件时选用。Revit 自带的样板文件包括构造样板、建筑样板、结构样板、机械样板,用户根据专业可以选择不同的样板文件建模。

（2）项目文件（后缀为".rvt"）。这是 Revit 的主文件格式,包含项目所有的建筑模型、注释、视图、图纸等内容。通常基于项目样板文件创建项目文件,编辑完成后保存为后缀为".rvt"的文件,作为设计所用的项目文件。

（3）族样板文件（后缀为".rft"）。创建不同类别的族要选择不同的族样板文件。比如建一个门的族要使用"公制门"族样板文件,这个"公制门"的族样板文件是基于墙设置的,因为门构件必须安装在墙中。再比如建承台族要使用"公制结构基础"族样板文件,这个族样板文件是基于结构标高设置的。

（4）族文件（后缀为".rfa"）。用户可以根据项目需要选择族文件,以便随时在项目中调用。Revit 在默认情况下提供了族库,里面有常用的族文件。当然,用户也可以根据需要自己建族,还可以调用网络中共享的各类型族文件。

2. 新建和保存项目

1）创建基于样板文件的 Revit 文件

方法一:在工作界面中,单击"项目"下方的"×× 样板"选项,如图 3-35 所示,即以默认样板文件为项目样板,新建一个项目文件。

方法二:单击工作界面"项目"下方的"新建"选项,弹出"新建项目"对话框,在"样板文件"下拉列表中选择"建筑样板",单击"确定"按钮,如图 3-36 所示。

图 3-35　方法一

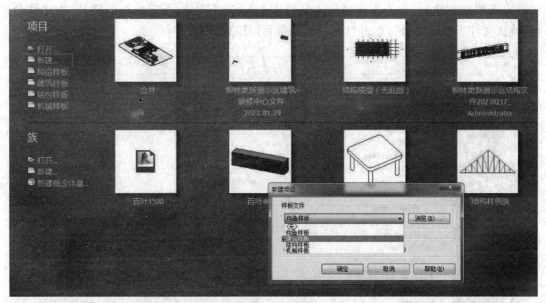

图 3-36　方法二

方法三:在应用程序菜单中选择"新建"→"项目"命令,选择所需的样板文件新建项目即可（图 3-37）。

图 3-37　方法三

2）保存项目

　　完成项目创建后，单击快速访问工具栏中的"保存"图标，指定保存的路径，为文件命名，确认文件类型为".rvt"，点击"保存"按钮即可（图 3-38 ）。

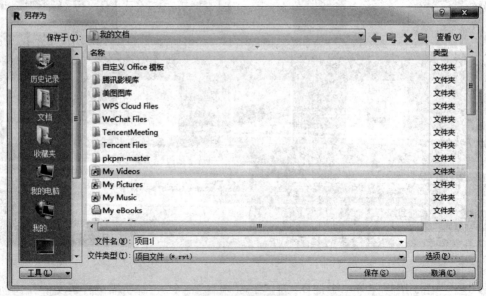

图 3-38　保存项目

　　Revit 本身自带一个模型文件版本管理功能,以便使用之前备份项目的最新修改。当用
户保存文件时, Revit 会自动在上次保存的文件
名后增加一个 4 位数的保存次数。例如,第 1
次保存的项目文件名为"项目 1.rvt",再次保存
文件,上次保存的文件名就变为"项目 1.0001.
rvt",再保存就会再增加一个"项目 1.0002.rvt"
文件,如此递增直至达到设定的最大备份数。
达到最大备份数后, Revit 开始删除早期的备份
文件。如何控制 Revit 保存时自动产生的备份
数量呢? 只要在保存的时候单击"选项"按钮
进行最大备份数设置即可(图 3-39)。最终完
成的项目文件,后缀有数字的都可以删除,只保
留不带后缀的作为项目成果提交。

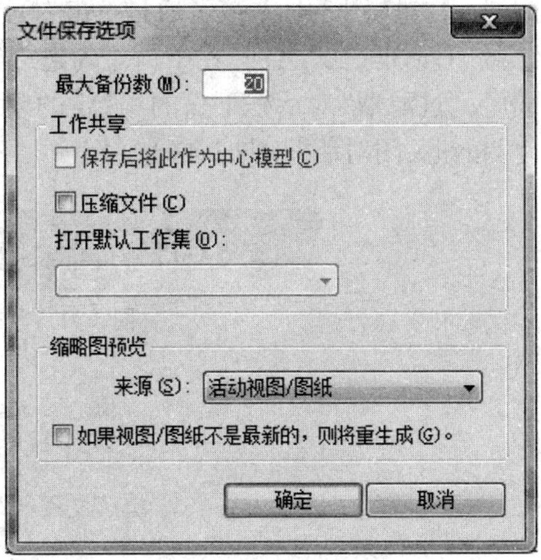

图 3-39　设置最大备份数

3. 图元的选择和编辑

1)图元的选择

(1)单选和多选 。单选,用鼠标左键单击图元即可选中一个目标图元;多选,需要按住
键盘上的 Ctrl 键进行选择,若按住 Shift 键点击图元可以从选择中删除。

(2)框选。框选有两种:一种是从左上角往右下角框选,图元完全在框内时才能够被选
中,只有部分在框内时无法被选中;另一种是从右下角往左上角框选,图元只要有部分在框内
就会被选中。这两种框选的方法有很大的区别。

(3)选择全部实例。如果需要选择某个类型的全部实例,可以在项目浏览器的"族"中
找到该类型,或者单击一个图元后,单击鼠标右键,点击"选择全部实例",即可在当前视图
或整个项目中选中这一类图元(图 3-40)。

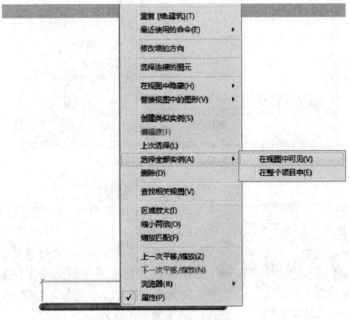

图 3-40　选择全部实例

（4）按过滤器选择。框选多个图元后，最下面状态栏右侧的"过滤器"会显示当前选择的图元数量（图 3-41），或者通过点击"修改 / 多个"选项卡中的"过滤器"（图 3-42）打开"过滤器"对话框，在"类别"栏中通过勾选或者取消勾选图元类别即可过滤选择图元。设置完成后，"过滤器"对话框下面的"选定的项目总数"会自动统计新选择的图元总数，单击"确定"按钮关闭对话框（图 3-43）。

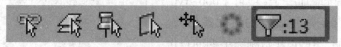

图 3-41　状态栏右侧的"过滤器"

图 3-42　"修改 / 多个"选项卡中的"过滤器"

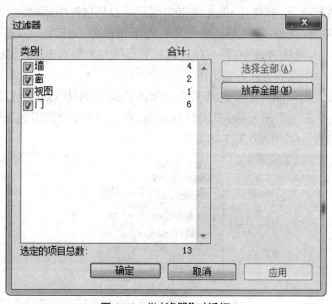

图 3-43　"过滤器"对话框

2）图元的编辑

在 Revit 软件中，常用的图元修改命令（图 3-44）有以下几种。

（1）移动和复制：通过选择基点的方式将选中的图元移动或复制到指定位置。应注意移动图元时，相连的图元会互相限制（如相交的墙），使其无法正常移动。

图 3-44　图元修改命令

（2）对齐：选择一个平面或模型表面作为对齐目标，再选择一个平面或模型表面作为移动实体。

（3）镜像：用于创建选定图元的镜像。可通过拾取现有的线、边、图元表面或自行绘制轴线作为镜像轴来完成镜像图元的创建。

（4）修剪/延伸图元：通过选择目标（线、边）的方式将线性图元修剪/延伸到目标位置。修剪/延伸为角：选择两个交叉或未交叉的线性图元，使其相交成角。

（5）锁定、解锁、删除：添加锁定（图钉）可使选中的图元不能被删除或移动，使用解锁可解除锁定，不需要的图元在选中后选择删除命令可将其删除。

（6）偏移：选中一个线性图元（线、墙、梁），将其复制或移动到指定位置。应注意该命令无法对面、独立类图元（如参照平面、柱子）产生作用。

（7）旋转：选中一个图元使其围绕指定的原点（默认为图元中心）旋转。应注意相连的图元会互相限制（如相交的墙），使其无法正常旋转。

（8）拆分：对一个线性图元（线、墙、梁）进行打断。应注意该命令无法对面、独立类图元（如参照平面、柱子）产生作用。

（9）用间隙拆分：可直接打断出指定间距。应注意该命令仅能对墙使用。

（10）阵列：可对选中图元进行线性（直线方向）和半径（环绕）阵列，复制出大量重复的所选图元。使用方式同"复制"和"旋转"。

（11）缩放：可以对选中的线、墙、图像和导入的 DWG 等图元进行缩小或放大。当导入的 CAD 图纸比例与所标识的有差距但不明显时，可通过此命令调整图纸。

4. 视图导航

利用 Revit 提供的视图导航工具，可以对视图进行缩放、平移等操作控制。打开视图，在绘图区域滚动鼠标中键即可缩放视图，按住中键不放即可拖动视图。

同时，导航栏也提供相同的视图操作，如图 3-45 所示，导航栏有"控制盘"和"缩放控制"两个工具，以及导航栏设置。

控制盘的使用方法如下。

（1）在二维视图中，点击"控制盘"工具，在光标前会出现控制盘，

图 **3-45**　导航栏

其包含三个部分："缩放""回放""平移"（图 3-46（a））。将光标移到某一命令时，该命令就会以紫色显示，用鼠标左键点击不放该命令，就可以使用该命令。"回放"用于查看之前的操作过程。

（2）在三维视图中，点击"控制盘"工具，在光标前会出现控制盘，其包含八个部分："缩放""动态观察""平移""回放""中心""漫游""环视""向上/向下"（图 3-46（b））。将光标移到某一命令时，该命令就会以绿色显示，用鼠标左键点击不放该命令，就可以使用该命令。

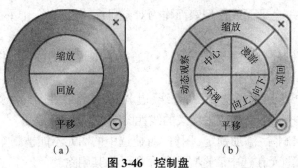

图 3-46　控制盘

（a）二维视图中的控制盘　（b）三维视图中的控制盘

缩放控制的使用方法：点击"缩放控制"工具，按住鼠标左键在绘图区域拖动一个矩形，此矩形区域将快速充满整个绘图区域。通过"缩放控制"工具的下拉列表可以更改缩放效果，如图 3-47 所示。

导航栏设置：可以设置导航栏上显示的工具，以及导航栏位置和导航栏的透明度，如图 3-48 所示。

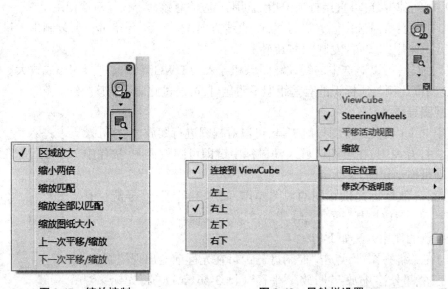

图 3-47　缩放控制　　　　　　**图 3-48　导航栏设置**

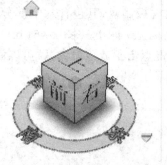

图 3-49　ViewCube 工具

ViewCube 工具只能在三维视图中显示和使用，方便将视图定位至东南、顶部等常用三维视点（图 3-49）。默认 ViewCube 工具显示在三维视图窗口的右上角。ViewCube 立方体的各定点、边、面和指南针的指示方位，代表三维视图中不同的视点方向，单击立方体或指南针的各个部位，可以在各方向视图中切换，按住 ViewCube 或指南针上任意位置并拖动鼠标，可以旋转视图。

5. 图形显示控制

1）视图"属性"面板中的"可见性 / 图形替换"对话框

在视图"属性"面板中单击"可见性 / 图形替换"后方的

"编辑"按钮（图 3-50），会弹出相应的对话框（图 3-51），勾选上的类别即代表模型中会显示。"可见性/图形替换"对话框的主要作用是控制模型类别、注释类别、分析模型类别、导入的类别等的显示（图 3-51）。

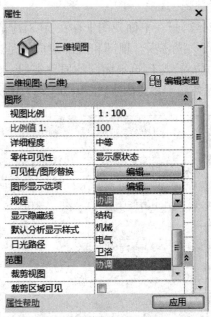

图 3-50　"属性"面板

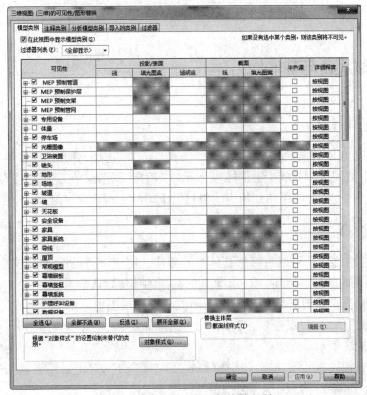

图 3-51　"可见性/图形替换"对话框

2）视图"属性"面板中的"规程"选项

"规程"选项的影响不大，但是"规程"设置不对会导致构件看不见。这里不多介绍，用户在用的时候可以直接将"规程"修改为"协调"（图 3-50）。

3）平面视图中的"视图范围"选项

"视图范围"选项（图 3-52）只在平面视图中存在，在对应的选项卡中共有四个参数，分别是"顶部""剖切面""底部""标高"。顶部和底部对应的是这一视图所能看见的高度范围，而剖切面对应的是剖切位置，与建筑平面图的原理类似。标高对应的是底部以下的内容。底部标高和视图深度标高属于参照内容，也可以理解为次要显示内容。

图 3-52　"视图范围"选项

3.2　建筑标高与轴网

3.2.1　设置项目信息

启动 Revit，在工作界面点击"项目"下方的"新建"选项，弹出"新建项目"对话框，在"样板文件"下拉列表中选择"建筑样板"，单击"确定"按钮。在应用程序菜单中选择"文件"→"保存"命令，将文件存储到相应的根目录下，并以"样例文件建筑"命名。

3.2.2　新建标高

新建标高

保存项目文件之后，可以进行标高体系的创建。使用标高工具，可定义垂直高度或建筑内的楼层标高。Revit 创建的标高的单位默认为米。

（1）添加标高。这时必须处于剖面视图或者立面视图中。单击项目浏览器中的"立面"子目录，双击东、南、西、北立面中的任意一个，本例中打开南立面，如图 3-53 所示。

（2）对已有标高进行重命名。选择标高名称"标高 1"，双击后编辑输入"F1"。按照同样的方法修改"标高 2"为"F2"（图 3-54）。

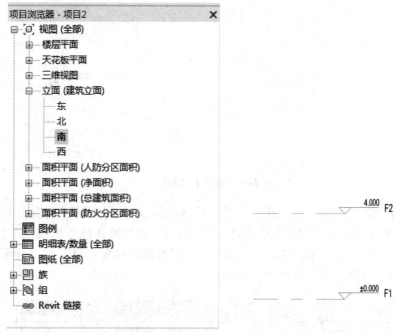

图 3-53 选择打开南立面   图 3-54 对已有标高进行重命名

（3）设置 F2 标高，使其与图纸一致。从立面图可以看出，二层标高为 4.200 m。

方法一：双击标高数值"4.000"，直接输入"4.2"，使 F2 标高对应 4.200 m（图 3-55）。

方法二：单击 F2 的标高线，绘图区域显示临时尺寸线"标高间距数值"为"4000"，如图 3-56 所示，修改"4000"为"4200"。

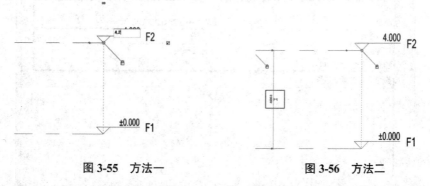

图 3-55 方法一   图 3-56 方法二

（4）绘制 F3 标高，单击"建筑"选项卡下"基准"面板中的"标高"工具，进入绘制标高的模式，从绘图区域左侧起单击鼠标绘制起点，直到右侧再次单击鼠标，作为标高的终点。此时生成的标高默认名称为"F3"，按照上面的方法，修改标高为"8.100"。既可以通过临时尺寸线调整，也可以通过修改标高数值实现（图 3-57）。

（5）对照附件中综合维修用房施工图中立面图的各标高线尺寸设置，调整数值，完成其他标高线的绘制。

图 3-57　设置 F3 标高

（6）更改标高类型属性。单击其中任意一条标高线，在左侧"属性"面板中单击"编辑类型"，在弹出的"类型属性"对话框中依次勾选"端点 1 处的默认符号""端点 2 处的默认符号"（图 3-58），使标高线两端都显示标高名称。同时可以根据项目需要，对标高线的线宽、颜色、线型图案等属性进行修改，此处不再一一介绍。

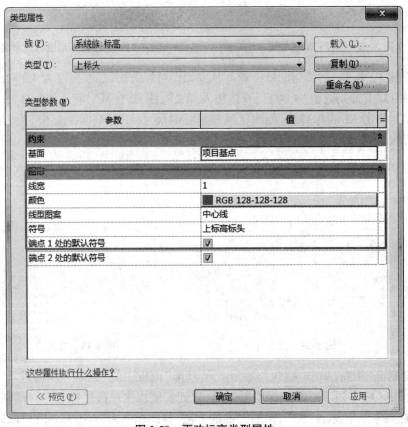

图 3-58　更改标高类型属性

3.2.3　新建轴网

新建轴网

　　轴线是确定建筑物主要结构构件的位置及标志尺寸的基准线,同时也是施工放线的依据。轴线分为横向定位轴线和纵向定位轴线,横向定位轴线和纵向定位轴线组成轴网。

　　（1）添加轴网。轴网需要在平面图中绘制。在项目浏览器中单击"视图"下的"楼层平面"子目录,双击打开下级菜单中的任意一个楼层平面,本案例选择打开"F1"平面视图（图 3-59）。

　　（2）选择"建筑"选项卡下"基准"面板中的"轴网"工具（图 3-60）,单击后弹出"轴网修改及控制"面板。其中,"修改 | 放置轴网"选项卡提供了直线、起点 - 终点 - 半径弧、圆心 - 端点弧、拾取线等绘制方式。

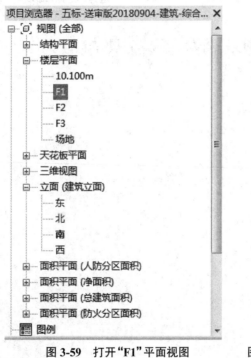

图 3-59　打开"F1"平面视图

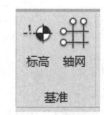

图 3-60　选择"轴网"工具

　　（3）本案例选择直线绘制方式。移动鼠标指针至绘图区域左下角空白处,单击作为轴线起点,向上移动鼠标指针,将显示轴线预览,并给出当前轴线方向与水平方向的临时尺寸角度标注。当绘制的轴线沿垂直方向延伸时,系统会自动捕捉垂直方向,并给出垂直捕捉参考线。沿垂直方向移动鼠标指针至左上角位置,单击鼠标左键,完成第一条轴线的绘制,并自动生成轴线标号①,如图 3-61 所示。

　　（4）通过复制的方式建立其他竖向轴线。选择轴线①,自动切换至"修改 | 轴网"上下文选项卡,选择"复制"工具（图 3-62）进入复制状态,如图 3-63 所示。在"修改 | 轴网"选项栏中勾选"约束"和"多个"。单击轴线①上任意一点作为复制基点,向右移动鼠标指针时在指针与基点之间出现临时尺寸标注,直接用键盘输入"7200"作为复制间距并按回车键。重

复此操作生成包含轴线①～⑩的竖向轴网。

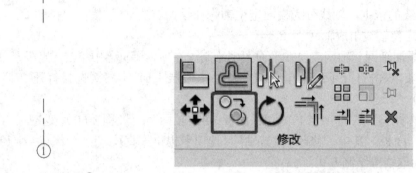

图 3-61　绘制轴线①　　　　　　　**图 3-62　选择"复制"工具**

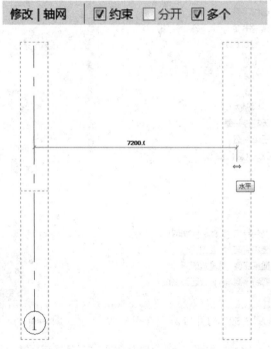

图 3-63　建立其他竖向轴线

（5）参照以上操作绘制水平轴线Ⓐ，轴线Ⓑ～Ⓓ通过复制的方式绘制，由此完成轴网绘制（图 3-64）。按照附图自行绘制其他轴网。轴网间距参考图纸。

（6）更改轴网属性（图 3-65）。单击其中任意一条轴线，在左侧"属性"面板中单击"编辑类型"，在弹出的"类型属性"对话框中依次勾选"平面视图轴号端点 1（默认）""平面视图轴号端点 2（默认）"，使轴线两端都显示轴线名称。同时可以根据项目需要，对轴线中段、轴线末段宽度、轴线末段颜色等属性进行修改，此处不再一一介绍。

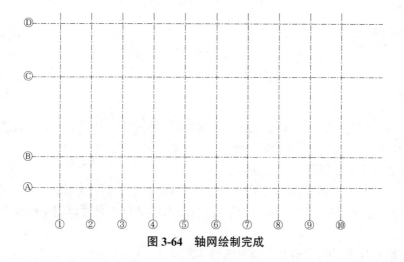

图 3-64　轴网绘制完成

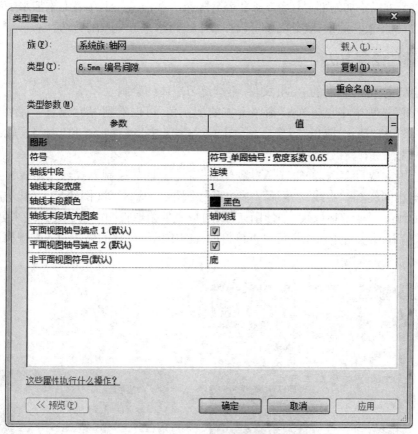

图 3-65　更改轴网属性

3.3　墙体的绘制

3.3.1　墙体的概述

在 Revit 中,墙体模型可以通过功能区中的"墙"命令来创建,"墙"命令的使用与结构梁类似,Revit 提供了建筑墙、结构墙和面墙三个墙体创建工具。

建筑墙:主要用于绘制建筑中的隔墙。

结构墙:绘制方法与建筑墙完全相同,但使用结构墙工具创建的墙体,可以在结构专业中为墙图元指定结构受力计算模型,并为墙配置钢筋,因此该工具可以用于创建剪力墙等墙图元。

面墙:根据体量或者常规模型表面生成墙体图元。

墙有两个可以添加的部分:墙饰条和墙分隔条。墙饰条用于在墙上添加水平或垂直的装饰条,例如踢脚板和冠顶;墙分隔条可以在墙上进行水平或垂直的剪切。

3.3.2　墙体的绘制方法

基于绘制完标高、轴网的 Revit 文件,继续练习墙体的绘制。

在"建筑"选项卡中点击"墙"命令下方的倒三角,可以看到"墙:建筑""墙:结构""面墙""墙:饰条"和"墙:分隔条"五个命令(图 3-66)。其中"墙:饰条"和"墙:分隔条"命令在平面视图中无法选择,在三维视图中方可选择。

根据选用的项目案例,首先选择"墙:建筑"命令。墙的绘制方式与其他线性构件的绘制方式基本相同,包括"直线""矩形""多边形""圆形""弧形"等(图 3-67)。其中需要注意的是两个工具:一个是"拾取线",使用该工具可以直接拾取视图中已创建的线来创建墙体;另一个是"拾取面",使用该工具可以直接拾取视图中已经创建的体量面或常规模型面来创建墙体。

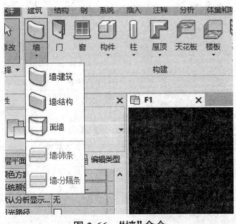

图 3-66　"墙"命令

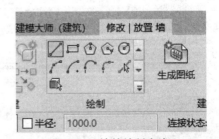

图 3-67　墙的绘制方式

绘制墙体时,首先选择墙体的类型。Revit 软件自带多种类型的墙体,如不包含项目所需墙体,则需新建墙体类型,如图 3-68 所示。

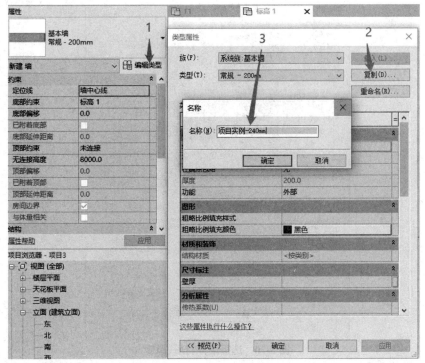

图 3-68　新建墙体类型

其次设置新建墙体的材质、厚度等相关类型属性。选择新建墙体类型,点击"编辑类型",在弹出的"类型属性"对话框中点击"编辑"(图 3-69)。在弹出的"编辑部件"对话框中选择相应的墙体材质及厚度,完成后点击"确定"按钮(图 3-70)。

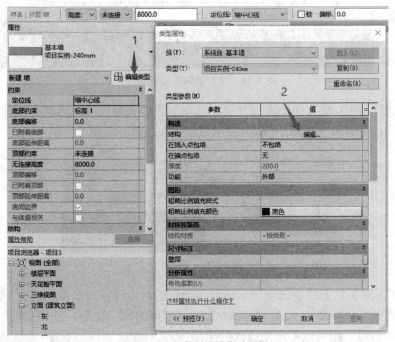

图 3-69　"类型属性"对话框

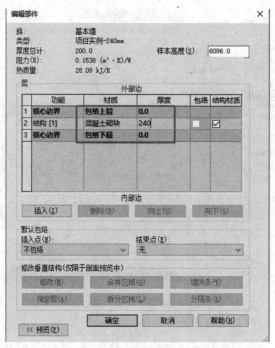

图 3-70　选择墙体材质、厚度

再次，修改墙体的实例属性，即图 3-71 中框出的所有选项。

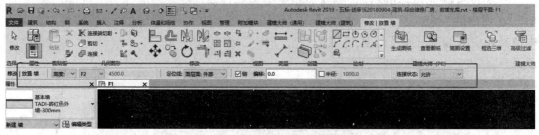

图 3-71　修改墙体的实例属性

（1）"高度"（图 3-72）：这个选项是可以选择的，有"高度""深度"两个选项，"高度"表示该墙体在当前平面向上绘制，"深度"表示该墙体在当前平面向下绘制。

图 3-72　"高度"

（2）"F2"（图 3-73）：这个选项表示该墙体绘制的目标深度或高度，如选择"F2"则表示该墙体是由当前工作标高 F1 绘制到标高 F2，即该墙体的底标高为 F1，顶标高为 F2；如选择"未连接"（图 3-74），则表示不定义墙体的顶部标高，只定义墙体的高度，绘制墙体时，由当前工作标高直接按照设定的墙体高度(即 4 200 mm)生成墙体。

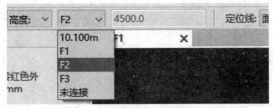

图 3-73 "F2"

图 3-74 "未连接"

（3）"定位线"（图 3-75）：在绘制墙体的时候,应选择定位线。定位线分为六种："墙中心线""核心层中心线""面层面:外部""面层面:内部""核心面:外部""核心面:内部"。核心层就是"编辑部件"对话框中两个核心边界中间的墙体层次（图 3-70 ）。

①"墙中心线"（图 3-76 ）。

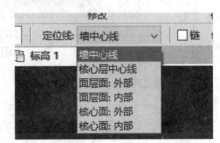

图 3-75 "定位线"

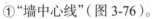
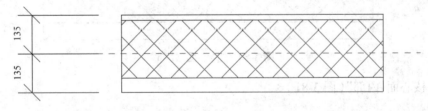

图 3-76 "墙中心线"

②"核心层中心线"（图 3-77 ）。

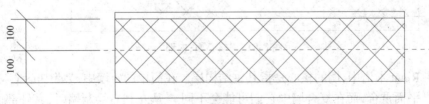

图 3-77 "核心层中心线"

③"面层面：外部"（图3-78）。

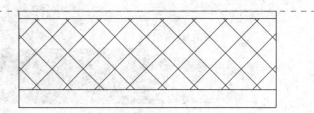

图3-78　"面层面：外部"

④"面层面：内部"（图3-79）。

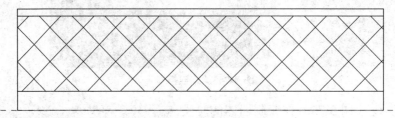

图3-79　"面层面：内部"

⑤"核心面：外部"（图3-80）。

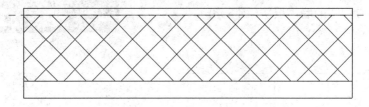

图3-80　"核心面：外部"

⑥"核心面：内部"（图3-81）。

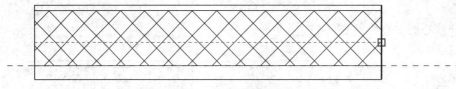

图3-81　"核心面：内部"

注：在Revit术语中，墙的核心是指其主结构层。在简单的砖墙中，"墙中心线"和"核心层中心线"平面重合，而在复合墙中它们可能会不同。从左到右绘制墙时，其外部面（面层面：外部）默认情况下位于顶部。在上文中，"定位线"值指定为"面层面：外部"，光标位于虚参照线处，并且墙是从左到右绘制的。

放置墙后，其定位线便永久存在，即使修改其他类型的墙体也是如此。修改现有墙的"定位线"属性的值不会改变墙的位置。但是，使用空格键或屏幕上的翻转控制柄" "↕ 来

切换墙的内部 / 外部方向时,定位线为墙翻转所围绕的轴。 因此,如果修改"定位线"值,然后修改方向,则可能会改变墙的位置。

（4）"链":绘制墙体的时候如果勾选了"链",则可以进行连续绘制,否则每画一段墙体都必须手动指定墙体的起点与终点。简单来讲就是,当勾选了"链"的时候,绘制相连的两段墙体只需要点击鼠标三下,因为第二段墙体的起点与第一段墙体的终点是在一起的(图3-82);而当不勾选"链"的时候,绘制相连的两段墙体就必须点击鼠标四下,每段墙体必须点击鼠标指定起止点的位置(图 3-83)。

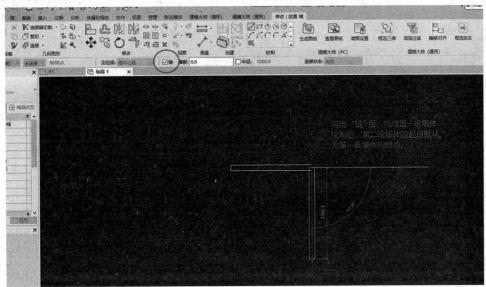

图 3-82　勾选"链"

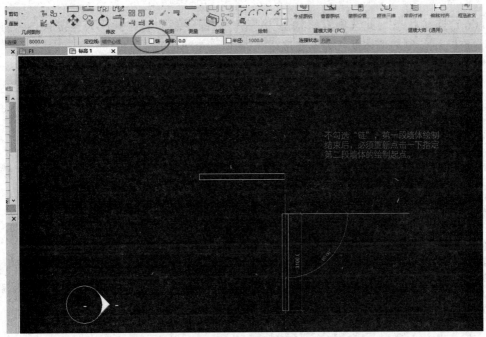

图 3-83　不勾选"链"

（5）"偏移"（图3-84）：当绘制的墙体不在参照线上，距参照线有一定距离时，需要调整墙体的偏移值，然后绘制，如偏移方向与所需方向不一致，可通过空格键调整墙体偏移的方向。

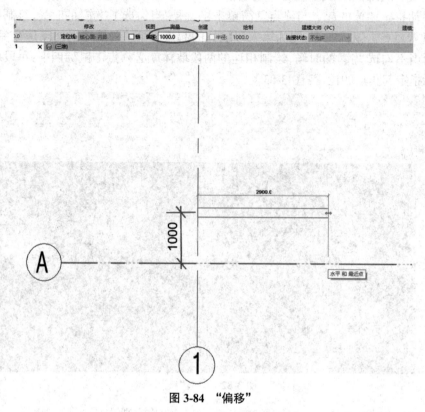

图3-84　"偏移"

（6）"连接状态"：此选项默认状态为"允许"，即绘制的墙体默认为连接状态，如选择"不允许"，则绘制的墙体默认为不连接状态，如图3-85所示。

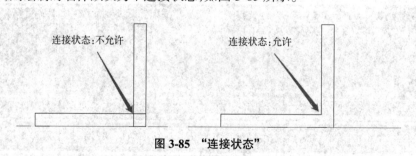

图3-85　"连接状态"

最后，修改墙体的偏移值（图3-86）。当要创建的墙体（比如女儿墙、挑檐以及其他设计造型等）高度不在预设好的楼层标高时，需要调整偏移值。

注：此选项与"未连接"选项有区别，当不希望创建的墙体与预设楼层标高关联时，可选"未连接"选项，这样当楼层标高需要修改时，墙的高度保持不变。而采用修改墙体偏移值的方式，墙体会根据楼层标高的变化而变化。

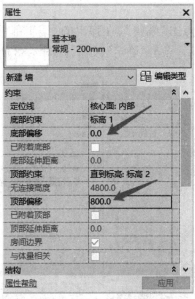

图 3-86　修改墙体的偏移值

墙体的绘制

3.3.3　项目实例

本节结合项目实例进行讲解。

以首层③轴与⑧轴相交处为例，通过图纸发现，此处墙体为 200 mm 厚的加气混凝土砌块隔墙，软件中无所需墙体类型，所以先创建所需墙体的类型。

1. 创建墙体类型

选择"墙:建筑"命令，在"属性"面板中点击"编辑类型"，弹出"类型属性"对话框，通过"复制"命令生成新的墙体类型，将名称修改为"项目实例 -200mm- 加气混凝土砌块"，然后点击"确定"按钮，如图 3-87 所示。

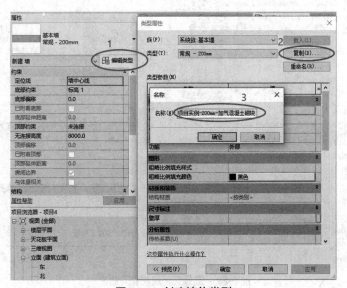

图 3-87　创建墙体类型

2. 修改墙体类型属性

在"类型属性"对话框中点击"编辑"，在弹出的"编辑部件"对话框中调整墙体的材质和厚度等类型属性，修改完成后，点击"确定"按钮，如图 3-88 所示。

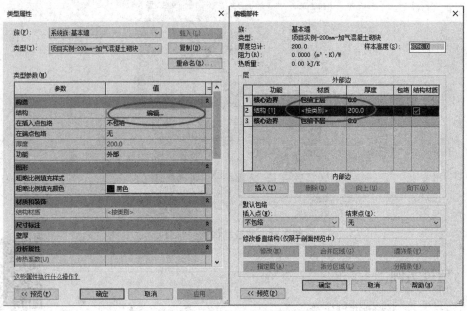

图 3-88　修改墙体类型属性

注意：Revit 软件材质库中没有加气混凝土砌块的材质，需新建材质。在材质浏览器中点击材质球，然后选择"新建材质"命令生成新的材质（图 3-89），名称为"默认为新材质"，点击鼠标右键，选择"重命名"命令，将材质名称修改为"加气混凝土砌块"，同时可以在右侧"图形"选项卡中修改材质的颜色、填充图案等，如图 3-90 所示。

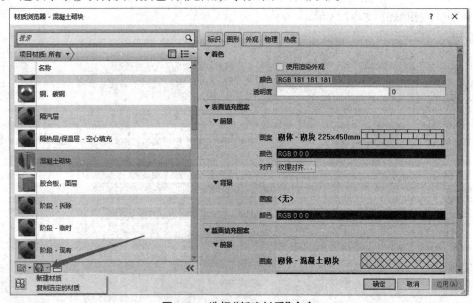

图 3-89　选择"新建材质"命令

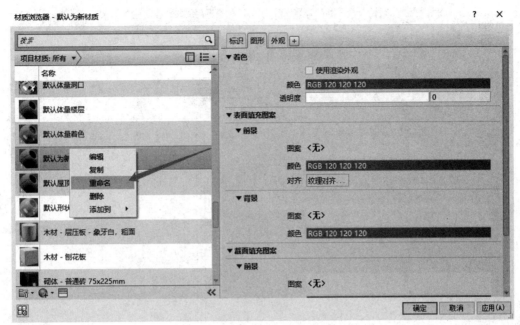

图 3-90　修改材质名称

3. 修改墙体实例属性

首先绘制③轴处竖向墙体,根据设计图纸,此处墙体底标高为 F1,顶标高为 F2,沿③轴居中设置,根据相关信息,依次在软件中设置,为保证新建墙体不露出上层楼板,将顶部偏移值修改为"-100"或"-150"(根据结构板底标高确定偏移值),如图 3-91 所示。

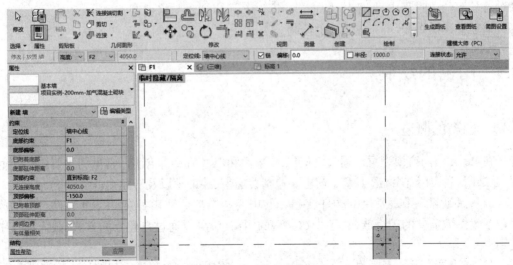

图 3-91　修改墙体实例属性

4. 绘制墙体

上述操作完成后,按照设计图纸绘制墙体(图 3-92)。

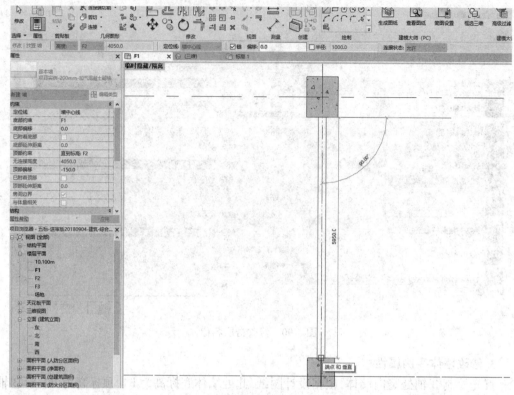

图 3-92　绘制墙体

同理，绘制横向墙时，因墙边与轴线平行，定位线选择"面层面：外部"或"面层面：内部"，在实际绘制过程中，如墙体方向与图纸不符，可以通过空格键调整。

重复上述操作，即可完成墙体的绘制。

3.4　门窗的绘制

3.4.1　门窗的概述

在 Revit 中门窗模型可以通过功能区的"门"和"窗"命令来创建，常见门主要包括普通门、装饰门、卷帘门、门洞等类型。窗主要包括普通窗、装饰窗以及转角窗等类型。

门和窗是建筑中最常用的构件，在 Revit 中门和窗都是可载入族。Revit 软件自带的族库包括大多数需要的门窗族，对于少数异型的门窗族，可以通过自建族的方式，载入项目中使用。

门、窗族是依附于墙体的，所以在创建门窗之前，需先将门窗依附的墙体创建出来。

3.4.2　门窗的创建

基于绘制完墙体的 Revit 文件，继续练习门窗的创建。

先创建门，在"建筑"选项卡中点击"门"命令，可以看到在项目中已经默认载入了"单

扇 - 与墙齐"的单开门族,如果需要其他类型的门族,可以通过图 3-93 所示的方法进行载入。默认的族文件存放在"建筑 - 门"文件夹中。

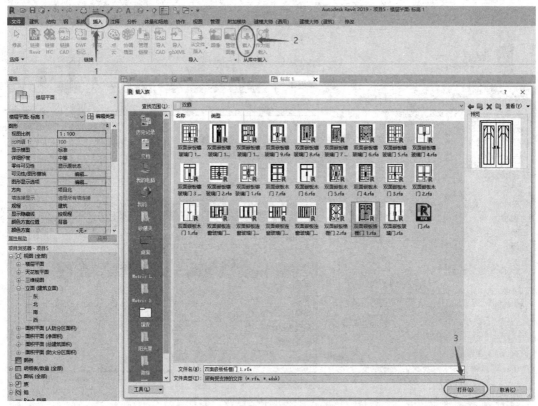

图 3-93　载入门族

　　放置门之前需修改门的类型属性,在"属性"面板中点击"编辑类型",在弹出的对话框中复制新的门类型,修改门名称,按图纸尺寸调整门的材质、宽度、高度等信息(图 3-94)。大多数情况下,门的底标高与工作标高一致,即"属性"面板中的底高度默认为 0,如遇水电井等特殊部位,门的底标高需上返,这时可按照设计要求,将底高度修改为需要的数值。

　　门的开启方向可以在放置门时,通过移动鼠标并配合空格键调整到与设计一致,当然也可以在放置门后通过平面图形中显示的翻转按钮进行调节。

　　如在平面中有标记的需求,可以在放置门时,点选"在放置时进行标记"(图 3-95),这样在添加门的同时,可以在当前视图将门对应的标记绘制出来。

　　平面标记需调整时,可以选中需要调整的门,点击"编辑类型",在"类型标记"处调整(图 3-96),平面中对应的门标记会自动调整。

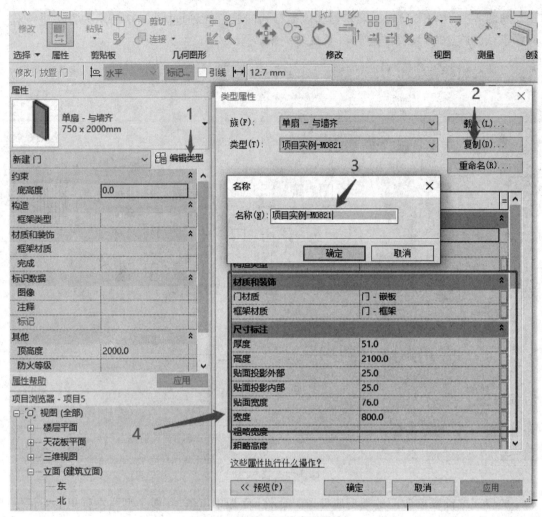

图 3-94　修改门的类型属性

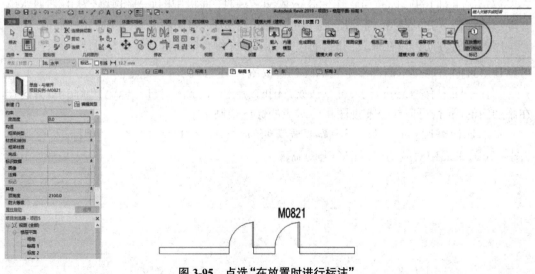

图 3-95　点选"在放置时进行标注"

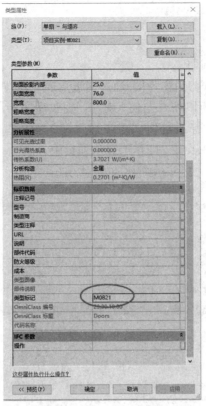

图 3-96　平面标注调整

窗的绘制方式与门大体一致,仅需根据设计要求调整底高度值即可(图 3-97),不同窗族在创建时的默认底标高不一致,在放置时,需着重注意。

图 3-97　调整底高度

门窗的添加

3.4.3 项目实例

本节结合项目实例进行讲解。

以首层南立面（Ⓐ轴位置）门窗为例，通过图纸发现，门窗样式与样板文件中自带的族文件不一致，所以需要先载入对应门窗类型的族。

单击"建筑"→"窗"→"普通窗"→"组合窗"（图 3-98），选择"组合窗 - 双层双列（平开 + 固定）- 上部单扇.rfa"文件，点击"打开"，载入项目中。

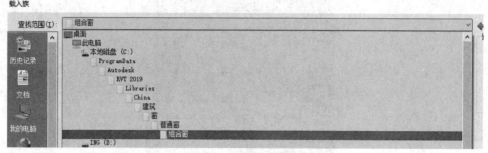

图 3-98　载入窗族

在"建筑"选项卡中选择"窗"命令，在"属性"面板中点击"编辑类型"，通过"复制"命令生成新的窗类型，将名称修改为"项目实例 -C1225"，点击"确定"按钮（图 3-99 ）。

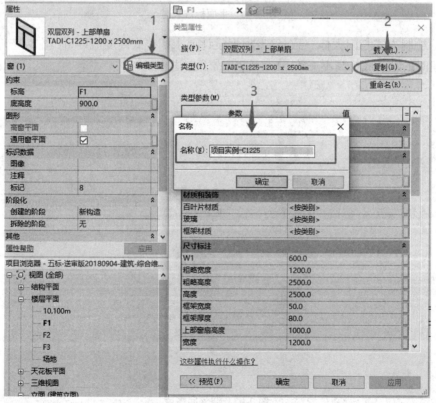

图 3-99　创建窗类型

　　将窗族的"宽度"修改为"1200","高度"修改为"2500","上部窗扇高度"修改为"1000",如图 3-100 所示。

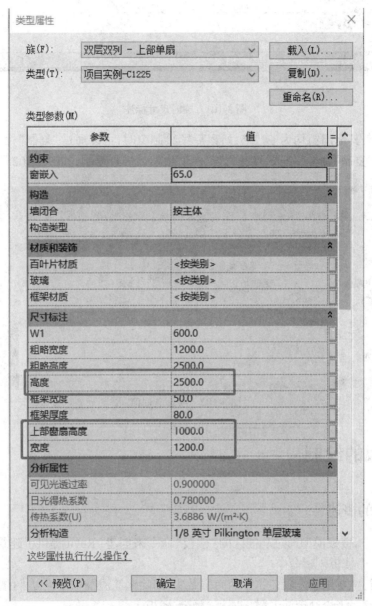

图 3-100　修改窗的类型属性

　　注:设计图纸对各部分材质有明确标注时,需将材质调整成与设计图纸一致。
　　窗户底标高为 0.9 m,窗族默认底高度为"900",两者一致,不需要调整。
　　移动鼠标至Ⓐ轴对应墙体位置,点击鼠标左键,放置窗。完成后,族左右两侧均会出现临时尺寸标注(图 3-101),可以通过修改临时尺寸标注,调整族位置。

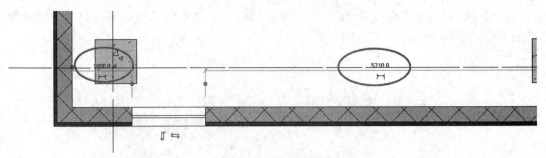

图 3-101　临时尺寸标注

　　该立面上，其他门窗均为 C1225，所以后续绘制窗时，可以通过"复制"命令。选中要复制的窗，选择"复制"命令，勾选"约束"与"多个"，然后进行复制，如图 3-102 所示。

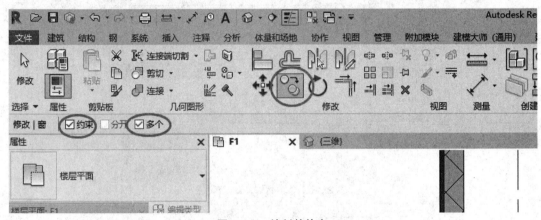

图 3-102　绘制其他窗

3.5　楼板的绘制

3.5.1　楼板的概述

　　在 Revit 中，楼板模型通过功能区的"楼板"命令来创建，Revit 提供了建筑楼板、结构楼板和面楼板三个楼板创建命令。

　　建筑楼板：主要用于绘制建筑中的面层做法，即除钢筋混凝土楼板以外的其他面层。

　　结构楼板：用于绘制钢筋混凝土楼板等承重楼板。

　　面楼板：根据体量或者常规模型表面生成楼板图元，一般用于异型楼板的创建。

　　此外，还有楼板边缘的命令，用于将概念体量模型的楼层面转换为楼板模型图元，该方式只适用于通过体量创建楼板模型。

3.5.2　楼板的绘制方法

　　基于绘制完门窗的 Revit 文件，继续练习楼板的创建。

1. 平楼板的创建

创建平楼板:在平面视图中,单击"建筑"选项卡下"构建"面板中"楼板"下拉列表中的"楼板:建筑"(图 3-103)。

在"属性"面板中选择或使用以下方法之一绘制楼板边界。

拾取墙:默认情况下,拾取墙处于活动状态,在绘图区域中选择用作楼板边界的墙(图 3-104)。

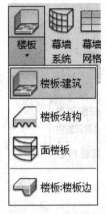

图 3-103　创建平楼板

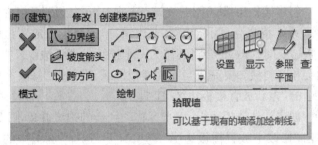

图 3-104　拾取墙

绘制边界:单击"修改|创建楼层边界"选项卡下"绘制"面板中的"直线""矩形""多边形""圆形""弧形"等工具,根据状态栏提示绘制边界。

在选项栏中,输入楼板边缘的偏移值(图 3-105)。在使用"拾取墙"命令时,可选择"延伸到墙中(至核心层)",输入楼板边缘到墙核心层的偏移值。

将楼层边界绘制成闭合轮廓后,单击"修改|创建楼层边界"选项卡下"模式"面板中的"√",即完成编辑(图 3-106)。

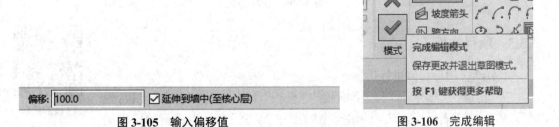

图 3-105　输入偏移值　　　　　　　　　图 3-106　完成编辑

2. 楼板修改

(1)选择楼板,在"属性"面板中修改楼板的类型、标高等。注意:可使用过滤器选择楼板。

(2)编辑楼板草图。在平面视图中,选择楼板,然后单击"修改 | 楼板"选项卡下"模式"面板中的"编辑边界"工具。可用"修改"面板中的"偏移""移动""删除"等工具对楼板边界进行编辑(图 3-107),或用"绘制"面板中的"直线""矩形""弧形"等工具绘制楼板边

界（图 3-108）。

图 3-107 "修改"面板

图 3-108 "绘制"面板

修改完毕，单击"修改|创建楼层边界"选项卡下"模式"面板中的"√"，即完成编辑。

3. 楼板边缘

创建楼板边缘：单击"建筑"选项卡下"构建"面板中"楼板"下拉列表中的"楼板：楼板边"，系统将高亮显示楼板水平边缘，单击鼠标以放置楼板边缘，也可以单击模型线。单击楼板边缘时，Revit 会将其作为一个连续的楼板边缘。如果楼板边缘的线段在角部相遇，它们会相互斜接。要完成当前的楼板边缘，需单击"修改|放置楼板边缘"选项卡下"放置"面板中的"重新放置楼板边缘"工具。

创建其他楼板边缘：将光标移动到新的边缘并单击以放置。要完成楼板边缘的放置，需单击"修改|放置楼板边缘"选项卡下"选择"面板中的"修改"工具。创建的楼板边缘如图 3-109 所示。

图 3-109 楼板边缘

3.5.3 项目实例

本节结合项目实例进行讲解。

楼板的绘制

在"建筑"选项卡下"构建"面板中"楼板"下拉列表中选择"楼板：建筑"，在"属性"面板中点击"编辑类型"，通过"复制"命令生成新的楼板类型，将名称修改为"项目实例 -150mm"，点击"确定"按钮（图 3-110）。

在"类型属性"对话框中修改楼板的材质和厚度，将材质修改为"水泥砂浆"，将厚度修改为"150"，点击"确定"按钮，如图 3-111 所示。

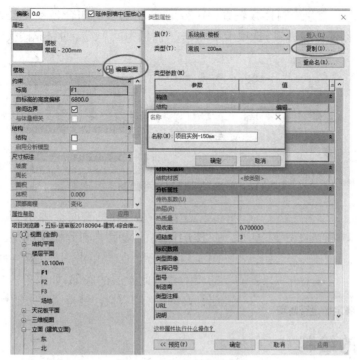

图 3-110　创建楼板类型

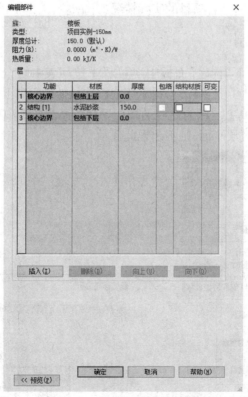

图 3-111　修改楼板的类型属性

利用"拾取墙"命令绘制楼板轮廓（图 3-112），轮廓线需闭合且不交叉，轮廓绘制完成后，单击"修改 | 创建楼层边界"选项卡下"模式"面板中的"√"，即完成楼板绘制。

图 3-112　利用"拾取墙"命令绘制楼板轮廓

图 3-113　确定墙是否附着

注：绘制楼板时，有时会弹出"是否希望将高达此楼层标高的墙附着到此楼层的底部？"对话框，如图 3-113 所示。如果单击"是"，就将高达此楼层标高的墙附着到此楼层的底部；如果单击"否"，高达此楼层标高的墙将不附着，维持墙原来的标高。

3.6　屋顶的绘制

Revit 软件中提供了迹线屋顶、拉伸屋顶、面屋顶三种绘制方式，每种屋顶的绘制方式不尽相同。在实际应用中，需结合项目的实际情况，自主选择合适的绘制方式。

3.6.1　迹线屋顶的绘制

单击"建筑"选项卡下"构建"面板中"屋顶"下拉列表中的"迹线屋顶"（图 3-114），弹出"最低标高提示"对话框（图 3-115），提示用户已在最低的标高上创建了屋顶，询问其是否将屋顶移动到更高的标高上。因为此时的楼层平面标高为整个项目中的最低标高，如果切换到此标高以上的其他楼层平面，则不出现此提示。

图 3-114　选择"迹线屋顶"

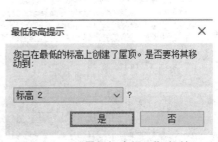

图 3-115　"最低标高提示"对话框

　　进入"修改｜创建迹线屋顶迹线"上下文选项卡,用相应的工具绘制屋顶边界线,屋顶边界线必须是闭合的轮廓,绘制方式与楼板的绘制方式一致。

　　绘制时,选项栏功能如图 3-116 所示。

图 3-116　选项栏功能

　　(1)定义坡度:勾选"定义坡度",绘制的线段被定义为默认坡度,线段旁边出现小三角。

　　(2)链:勾选"链"可以连续绘制。

　　(3)偏移:输入偏移的距离。

　　(4)半径:勾选"半径"可设置倒角半径。

　　图 3-117 所示为草图与三维模型对照。

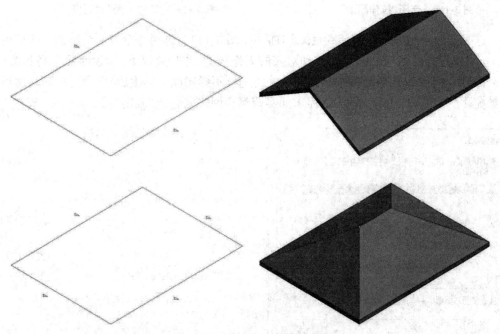

图 3-117　草图与三维模型对照

3.6.2　拉伸屋顶的绘制

　　单击"建筑"选项卡下"构建"面板中"屋顶"下拉列表中的"拉伸屋顶"(图 3-118),此时会弹出"工作平面"对话框(图 3-119)。需要指定或拾取一个工作平面。使用"参照平面"命令,绘制一个工作平面。

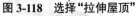

图 3-118　选择"拉伸屋顶"

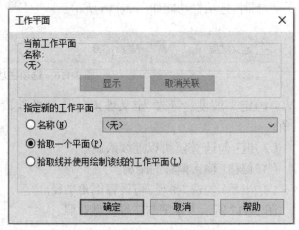

图 3-119　"工作平面"对话框

选择参照平面后,弹出"转到视图"对话框（图 3-120）,选择一个方便绘制的视图即可。

点击"打开视图"按钮后,跳转到对应的工作视图,此时会弹出"屋顶参照标高和偏移"对话框（图 3-121）,该对话框中标高和偏移的选择不影响屋顶的生成,但会对后期的屋顶工程量统计产生影响,建议按照项目需求如实调整。调整完点击"确定"按钮。

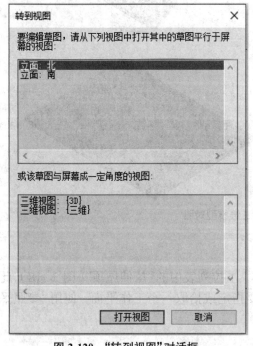

图 3-120　"转到视图"对话框

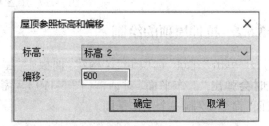

图 3-121　"屋顶参照标高和偏移"对话框

跳转到"修改｜创建拉伸屋顶轮廓"选项卡,利用绘图工具绘制草图,如图 3-122 所示。

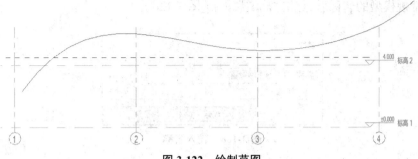

图 3-122　绘制草图

拉伸屋顶的轮廓为单线，软件会沿着所画草图轮廓线的下方生成屋顶，完成之后，单击 "修改 | 创建楼层边界"选项卡下"模式"面板中的"√"，即可完成拉伸屋顶的创建。创建的 拉伸屋顶如图 3-123 所示。

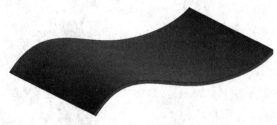

图 3-123　拉伸屋顶

3.6.3　面屋顶的绘制

单击"建筑"选项卡下"构建"面板中"构件"下拉列表中的"内建模型"（图 3-124），在 弹出的"族类别和族参数"对话框中选择"常规模型"，然后点击"确定"按钮（图 3-125）。

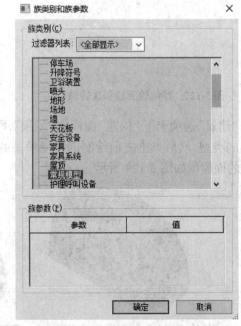

图 3-124　选择"内建模型"　　　　　　　　图 3-125　"族类别和族参数"对话框

输入常规模型的名称后，点击"确定"按钮（图 3-126）。

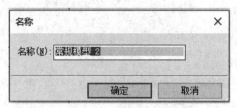

图 3-126　输入名称

选择"旋转"命令，绘制轮廓线和旋转轴（图 3-127），并在"属性"面板中将旋转的"结束角度"和"起始角度"分别调整为 180° 和 270°（图 3-128）。点击"模式"面板中的"√"，再在"修改"选项卡下"模型编辑器"面板中单击"√完成模型"即可。

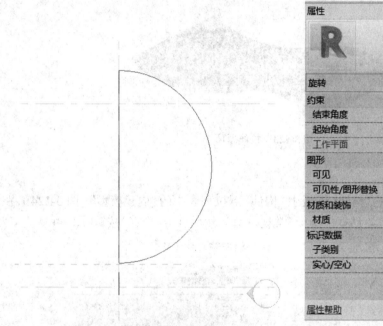

图 3-127　绘制轮廓线和族转轴　　　　图 3-128　调整"结束角度"和"起始角度"

单击"建筑"选项卡下"构建"面板中"屋顶"下拉列表中的"面屋顶"，在"属性"面板中选择屋顶的类型，然后点击之前绘制的常规模型的曲面，点击"创建屋顶"完成面屋顶的创建。创建的面屋顶如图 3-129 所示。

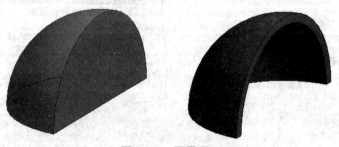

图 3-129　面屋顶

注:面屋顶只可基于体量或常规模型创建。

3.7 室外台阶、散水的绘制

3.7.1 室外台阶的绘制

室外台阶是建筑项目常见的组成部分,其绘制方式多种多样,可以采用楼板叠加的方式绘制,也可以通过楼梯命令进行绘制,这两种方式比较简单,此处不再赘述。下面讲的是用楼板边缘的命令绘制室外台阶。

1. 绘制台阶轮廓线

在 Revit 软件工作界面,点击"族"中的"新建"命令,选择"公制轮廓.rft",点击"打开"按钮(图 3-130)。

图 3-130　打开文件

从设计图纸可以看到台阶的深度为 300 mm,高度为 150 mm。在 Revit 轮廓族中,点选"详图"面板中的"线"命令,绘制 300 mm × 150 mm 的矩形轮廓,然后以"300 × 150 mm.rfa"为文件名,将文件保存在文件夹中,并载入项目中(图 3-131)。

图 3-131　将文件载入项目

2. 绘制室外台阶楼板

切换到首层楼层平面，新建室外楼板，在"属性"面板中编辑楼板轮廓及属性（图 3-132），绘制与室外地坪高度相同的楼板（图 3-133）。

图 3-132　编辑楼板轮廓及属性

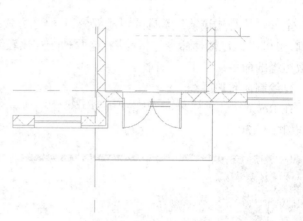

图 3-133　绘制楼板

3. 绘制室外台阶

选择"楼板:楼板边"命令，通过"复制"生成一个新的族类型（图 3-134）。在"类型属性"对话框（图 3-135）中，将轮廓修改为"300×150 mm"。

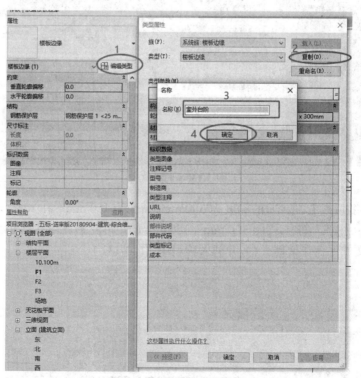

图 3-134　生成新的族类型

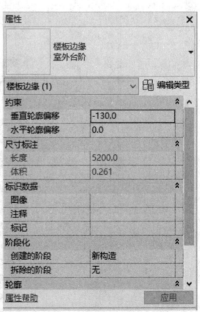

图 3-135 "类型属性"对话框

切换到三维视图中,点击室外台阶楼板的上边缘,生成室外台阶(图 3-136)。选择新生成的室外台阶,将"垂直轮廓偏移"修改为"-130"(图 3-137),即可完成室外台阶的绘制,如图 3-138 所示。

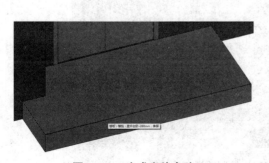

图 3-136 生成室外台阶   图 3-137 修改"垂直轮廓偏移"

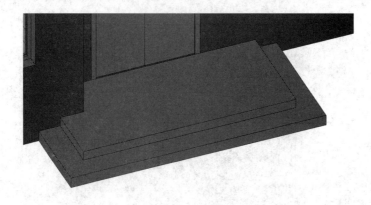

图 3-138　绘制好的室外台阶

3.7.2　散水的绘制

散水是指建筑室外墙脚以下部分的构造。为了保护墙基不受雨水侵蚀，人们常在外墙四周将地面做成向外倾斜的坡面，以便将屋面的雨水排至远处。这部分构造称为"散水"，其作用是保护房屋基础。

散水的绘制

Revit 软件中没有专门的散水构件及命令，所以在绘制散水时需要借助其他命令。最简捷快速的方法就是借助楼板命令。

1. 绘制楼板

根据设计图纸要求，绘制与散水轮廓一致的建筑楼板，并将楼板标高设置为与室外地坪一致，即 -0.3 m，如图 3-139 所示。

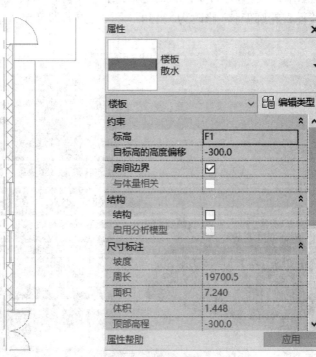

图 3-139　绘制楼板

2. 调整楼板标高

点击创建的楼板模型,选择"修改子图元"命令(图 3-140),选中靠内侧的楼板对应的边缘线,将弹出的"修改边缘的高程"调整为 50(图 3-141)。

图 3-140　选择"修改子图元"命令

图 3-141　调整"修改边缘的高程"

3. 完成标高设置

完成标高设置后,按 Esc 键退出,完成散水的绘制。

3.8　楼梯、洞口和扶手的创建

3.8.1　楼梯的创建

楼梯的创建

楼梯是建筑物中楼层间的垂直交通构件,用于楼层之间和高差较大时的交通联系。在电梯、自动扶梯作为主要垂直交通手段的多层和高层建筑中,也要设置楼梯。高层建筑尽管采用电梯作为主要的垂直交通工具,但仍然要保留楼梯,供火灾逃生用。楼梯由连续梯级的梯段(又称梯跑)、平台(休息平台)和围护构件等组成。楼梯的最低和最高一级踏步间的水平投影距离为梯长,梯级的总高为梯高。

(1)在项目浏览器中双击 F1 切换到一层平面视图,绘制 1# 楼梯。

(2)单击功能区"建筑"选项卡下"工作平面"面板中的"参照平面"工具。确认绘制方式为"直线",确认"偏移量"为 0,在绘图区域绘制参照平面,尺寸如图 3-142 所示。

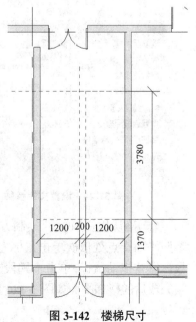

图 3-142　楼梯尺寸

（3）单击功能区"建筑"选项卡下"楼梯坡道"面板中的"楼梯"（图 3-143），进入楼梯创建界面。

图 3-143　选择"楼梯"工具

（4）在"属性"面板下拉列表中选择"整体浇筑楼梯"，设置楼梯参数，"底部标高"选择"F1"，"顶部标高"选择"F2"，按照详图标注的"实际踏板深度"手动输入"270"，"所需踢面数"手动输入"26"，如图 3-144 所示。提取 CAD 中楼梯参数，如图 3-145 所示。

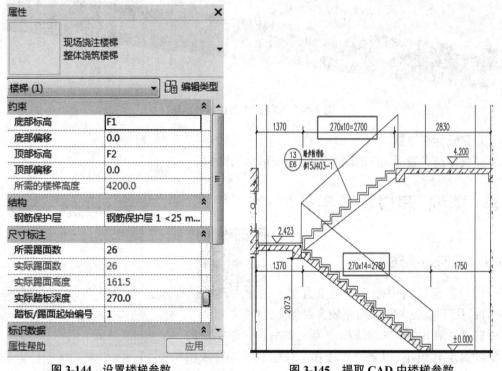

图 3-144　设置楼梯参数　　　　　　图 3-145　提取 CAD 中楼梯参数

（5）确认楼梯"梯段"绘制方式为"绘制"面板中的"直线"，确认起始位置，在刚绘制的参照平面交点处依次单击鼠标左键，拖动鼠标，这时软件提示已创建的踢面数和剩余踢面数。继续拖动鼠标，单击本梯段末端位置，完成楼梯绘制，此时软件提示剩余踢面为 0。绘制完成后的楼梯平面如图 3-146 所示。

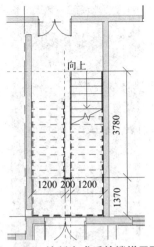

图 3-146　绘制完成后的楼梯平面

（6）在项目浏览器中打开"三维视图"，由于墙体遮挡看不到生成的楼梯。此时，选择相应的墙体，通过绘图区域下方"视图控制栏"中的"临时隐藏 / 隔离"按钮（图 3-147），选择"隐藏图元"，将遮挡的墙体进行临时隐藏。

图 3-147　"临时隐藏 / 隔离"

（7）楼梯绘制完成后，休息平台和栏杆自动生成。对应楼梯平面详图，若外侧栏杆不需要，可直接选中进行删除。

3.8.2　楼梯间洞口的创建

Revit 可通过编辑轮廓的方式创建不同形式的洞口。Revit 创建洞口的方式有"按面""竖井""墙""垂直""老虎窗"等。

创建楼梯间竖井洞口，可以先创建一个竖直的洞口，该洞口可对屋顶、楼板和天花板进行剪切。

（1）切换到 F1 平面视图。

（2）单击"建筑"选项卡下"洞口"面板中的"竖井"命令，进入"修改 | 创建竖井洞口草图"界面。

（3）修改"属性"面板中的约束条件，"底部偏移"为"0"，"顶部标高"为"直到标高F2"，"顶部偏移"为"0"。确认绘制方式为"边界线"的"矩形"。

（4）以楼梯间范围的两个对角点绘制矩形，单击功能区的绿色对钩模式完成绘制（图3-148）。切换至三维视图，选中竖井洞口，可通过拖动操纵柄箭头进行尺寸的调节。

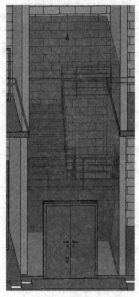

图 3-148 楼梯间洞口绘制完成

3.8.3 栏杆扶手的创建

栏杆扶手的创建

楼梯绘制完成后，查阅 1# 楼梯二层平面图，可知在楼梯休息平台处有栏杆，下面利用 Revit 软件的"栏杆扶手"命令，进行楼梯平台栏杆的绘制。

（1）切换到 F2 平面视图。

（2）单击"建筑"选项卡下"楼梯坡道"面板中"栏杆扶手"工具，在下拉列表中选择"绘制路径"，点击"属性"面板中的"栏杆类型"，选择"900mm 圆管"（图 3-149），根据项目实际情况按需选择栏杆样式，也可以根据图纸要求对栏杆参数进行修改，得到需要的栏杆样式。

（3）设置栏杆参数，在"属性"面板中设置"底部标高"为"F2"，"底部偏移"为"0"，点击"应用"按钮（图 3-149）。在功能区"绘制"面板中选择"直线"绘制方式，其他设置默认不变，在休息平台位置绘制栏杆路径（图 3-150），注意路径只能为一条连续的线段，如果是不连续的栏杆扶手，要分段绘制。

（4）点击"模式"选项卡下的绿色对钩，完成栏杆扶手的创建（图 3-151）。

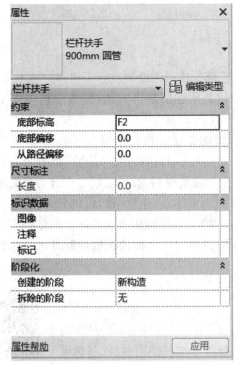

图 3-149　设置栏杆参数

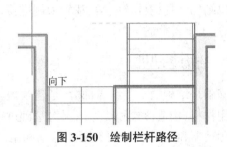

图 3-150　绘制栏杆路径

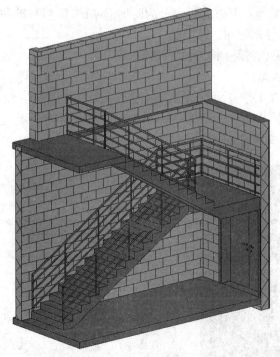

图 3-151　栏杆扶手绘制完成

3.9　结构基础的创建

关于 Revit 软件操作,前面几节结合 "建筑" 部分模型的绘制进行了讲解。从本节开始,梳理 "结构" 部分模型的相关操作、知识点和相关问题的解决方法,展现结构多姿多彩的一面。

首先,需要明确一点,文中提到的 "结构" 指的是建筑物的结构。与墙、楼梯等构件类似,结构也因为分类标准不同,有着多种类型。按照所用材料,建筑结构可以分为混凝土结构、钢结构、砌体结构和木结构。同时,以混凝土为主要材料的结构,还可以分为素混凝土结构、钢筋混凝土结构和预应力混凝土结构。按照承重体系,建筑结构可以分为墙承重结构、排架结构、框架结构、剪力墙结构、框架 - 剪力墙结构、筒体结构和大跨度空间结构。这部分主要以结构常用构件、柱、梁、基础为例进行详细讲解（注:结构楼板的绘制方法与建筑楼板一致,这里不再赘述）。

3.9.1　结构基础桩

基础是结构的重要组成部分,是建筑地面以下的承重构件,人们经常根据使用材料、构造形式和传力情况对基础进行分类。按照使用材料,基础可以分为砖基础、毛石基础、混凝土基础和钢筋混凝土基础。按照构造形式,基础可以分为独立基础、条形基础、筏式基础、桩基础和箱形基础。其中,较为常见的独立基础按照外观形态又可以分为阶梯形基础、锥形基础和杯形基础。按照传力情况,基础可以分为刚性基础和柔性基础。

桩的绘制

本节结合项目实例以桩基础为例进行讲解。

1. 结构项目文件的建立

（1）启动软件后,在工作界面新建 "结构样板" 项目文件（图 3-152）。

（2）在项目浏览器中双击打开任意一个立面,根据结构图纸进行项目标高创建（图 3-153）,此处方法同前文所讲,不再赘述。

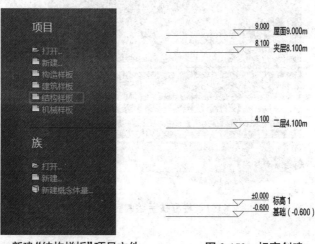

图 3-152　新建 "结构样板" 项目文件　　　　　　图 3-153　标高创建

（3）链接建筑文件,利用建筑项目文件轴网。在项目浏览器中切换到任意平面,在功能区单击"插入"选项卡下"链接"面板中的"链接 Revit"工具,找到建筑文件存放的位置,"定位"默认选择"自动-原点到原点",其他默认即可,单击"打开"按钮(图 3-154)。此时建筑模型及建筑的标高轴网已链接到结构模型中。

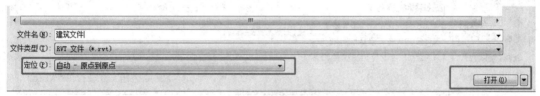

图 3-154　链接建筑文件

（4）按照链接文件中的轴网进行结构轴网绘制,方法同前文所述。

（5）保存结构项目文件到指定文件夹中,完成结构项目文件的创建。

2. 桩的绘制

（1）在项目浏览器中切换到"基础"楼层平面。

（2）由于"桩"族未在样板文件中,需要从 Revit 自带的族库里加载进来。单击功能区"插入"选项卡下"从库中载入"面板中的"载入族"工具(图 3-155),找到"结构"→"基础"→"桩-混凝土圆形桩"文件,单击"打开"按钮(图 3-156 和图 3-157)。

图 3-155　"载入族"命令

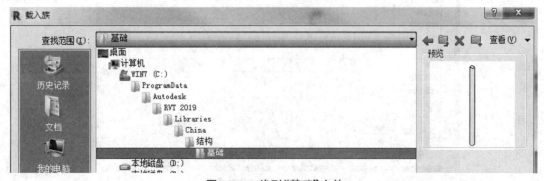

图 3-156　找到"基础"文件

图 3-157　打开文件

（3）在功能区单击"结构"选项卡下的"构件"下拉箭头，单击"放置构件"，左侧"属性"面板跳转到基础桩的属性界面，单击"编辑类型"，进行类型复制，命名为"混凝土桩-GZH1-800 mm"，在"类型属性"对话框内，把"尺寸标注"直径修改为"800"，单击"确定"按钮（图 3-158）。

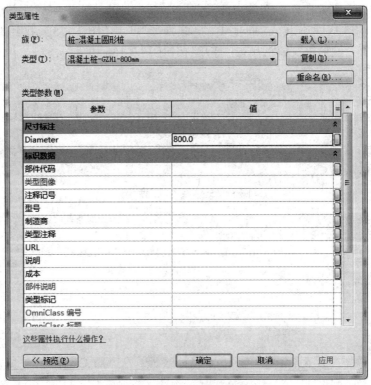

图 3-158　"类型属性"对话框

（4）从图中可以读取到桩的参数信息，标高为 -1.600 m，桩直径为 800 mm，桩长为 42 m。在"属性"面板中修改约束条件，"标高"为"基础（-0.600）"，"自标高的高度偏移"设置为"-1000"，结构材质选择"现场浇筑混凝土"，"桩长度"输入"42000"，"最小预埋件"改为"0"。

（5）进入绘图区域，在Ⓐ轴附近放置桩族（图 3-159），通过临时尺寸线调节桩的位置，直到与图纸一致。

（6）再次单击功能区"结构"选项卡下"构件"下拉箭头，单击"放置构件"，放置桩到Ⓐ轴上方相应位置，进行临时尺寸线调整。到此，完成两个桩的绘制（图 3-160）。

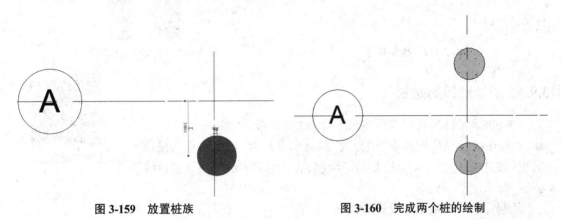

图 3-159　放置桩族　　　　　　　　　　图 3-160　完成两个桩的绘制

3.9.2　承台的绘制

（1）单击"结构"选项卡下"基础"面板中的"板"工具（图 3-161）。

图 3-161　选择"板"工具

承台的绘制

（2）对承台板的属性进行设置，根据图纸可知，承台厚度为 1 100 mm，CT1 的尺寸为 1 600 mm×4 000 mm，承台标高为 -0.600 m。单击左侧"属性"面板中的"编辑类型"，复制类型名称为"承台 -CT1-1100 mm"的承台板，调整"类型参数"面板中"构造"中的"结构"，单击"编辑"按钮，材质选择"混凝土现场浇筑"，厚度手动输入"1100"，单击两次"确定"按钮。在左侧"属性"面板中修改约束条件，确认标高为"基础（-0.600 m）"，其他不做修改。

（3）确认"绘制"面板中"边界线"的绘制方式为"直线"，移动鼠标至绘图区域，绘制矩形（图 3-162），通过调整临时尺寸线的方式，保证模型位置与图纸一致。

单击"修改 | 创建楼层边界"选项卡下"模式"面板中的"√"，完成承台的绘制（图 3-163）。

其他桩与承台的绘制可以采用同样的方法或者复制的方式。

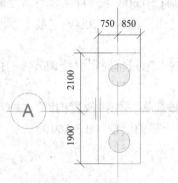

图 3-162　绘制矩形

图 3-163　绘制完成后的承台

3.9.3　基础底板的绘制

基础底板的绘制

（1）选择"结构"选项卡下"基础"面板中的"板"工具。

（2）确认"绘制"面板中"边界线"的绘制方式为"直线"，移动鼠标至绘图区域，按照图纸中基础底板范围绘制，此处绘制方法与建筑楼板绘制方法一致。

绘制完成后的基础底板如图 3-164 所示。

图 3-164　绘制完成后的基础底板

3.10　结构柱的创建

结构柱的创建

基础绘制完成后,进行结构柱的绘制。Revit 中的柱分为结构柱和建筑柱。建筑柱自动应用所附着墙图元的材质。建筑柱起装饰作用,其种类繁多,一般根据设计要求确定。结构柱用于支撑结构和承受荷载,可以进行受力分析和配置钢筋。本节详细讲解结构柱的创建方式。

（1）切换到"夹层（8.100）"平面视图。

（2）单击"结构"选项卡下"结构"面板中的"柱"工具。

（3）单击"属性"面板中的"编辑类型",弹出"类型属性"对话框,选择类型为"450×600"的矩形结构柱,复制新的结构柱名称为"KZ1-700*700mm"。修改"类型参数"中"尺寸标注"栏的"b"为 700,"h"为 700。

（4）确认设置后,进入绘图区域,将柱放置到①轴与Ⓐ轴交点,通过临时尺寸线调整柱子位置（图 3-165）。

（5）选中柱子,调整柱子属性,根据图纸中的柱表,确定 KZ1 的标高为基础顶至 8.100 m,调整"底部标高"为"基础（-0.600）","底部偏移"为"0.0","顶部标高"为"夹层（8.100）","顶部偏移"为"0.0",选择柱子"结构材质"为"混凝土,现场浇注混凝土"（图 3-166）。

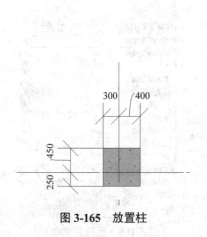

图 3-165　放置柱

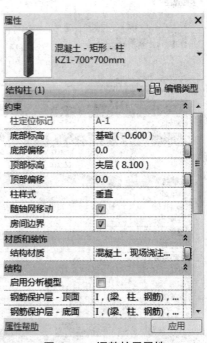

图 3-166　调整柱子属性

（6）其他的结构柱可通过以上方法进行绘制,同类型的柱子由于属性一样可以通过复制的方式绘制。

结构梁的创建

3.11 结构梁的创建

Revit 软件提供了梁、支撑、梁系统和桁架四种创建结构梁的方式。其中梁和支撑生成梁图元的方式与墙类似；梁系统则是在指定区域内按指定的距离阵列生成梁；而桁架则通过放置"桁架"族，设置族类型属性中的上弦杆、下弦杆、腹杆等梁族类型，生成复杂形式的桁架图元。

下面以二层梁为例，介绍结构梁的绘制。

（1）在项目浏览器中切换到二层平面图。

（2）在功能区的"结构"选项卡下选择"梁"工具，点击"属性"面板中的"编辑类型"，打开"类型属性"对话框，在"族"下拉列表中选择"混凝土 - 矩形梁"，此时可选择任意尺寸的梁（图 3-167）。

（3）单击"复制"按钮，弹出"名称"窗口，输入"KL-1A-350*650 mm"，单击"确定"按钮关闭窗口，修改"类型参数"中"尺寸标注"栏的"b"为"350"，"h"为"650"，单击"确定"按钮（图 3-167）。

（4）单击"属性"面板中"结构栏材质"右侧的按钮，选择材质为"混凝土，现场浇注混凝土"（图 3-168）。

图 3-167 修改梁的类型属性

图 3-168 选择结构材质

（5）按照上述操作方式创建其他结构梁。为了避免遗漏，可以先创建水平梁，再创建竖向梁。全部输入完成后，"类型属性"对话框中的构件建立完毕。

（6）移至绘图区域,根据二层梁平面布置图,在"属性"面板中找到"KL-1A-350*650mm",Revit 自动切换至"修改 | 放置梁"选项卡,单击"绘制"面板中的"直线"工具,选项栏"放置平面"选择"二层(4.100)"。

（7）鼠标移动到①轴与Ⓐ轴交点处,点击左键作为结构梁的起点,向右移动鼠标指针,鼠标捕捉到⑩轴与Ⓐ轴交点时点击左键,作为结构梁的终点(图 3-169)。

（8）对梁的位置进行精确修改。单击"修改"选项卡下"修改"面板中的"对齐"工具,鼠标指针变成带有对齐图标的样式,左键单击要对齐的柱子的下边线,以此作为对齐的参照线,然后选择要对齐的实体"KL-1A-350*650mm"图元的下边线,此时结构梁的边线下侧与左右两侧柱下边线完全对齐(图 3-170)。

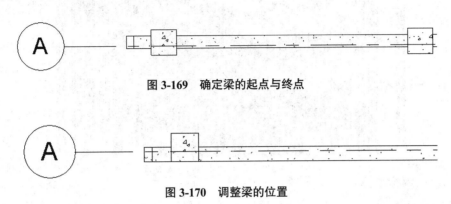

图 3-169　确定梁的起点与终点

图 3-170　调整梁的位置

（9）点击两次 Esc 键退出"对齐"操作命令,梁图元位置已经修改正确,若梁的高度有偏移,可对"属性"面板中的"Z 轴偏移值"进行基于工作平面的偏移高度调整(图 3-171)。

（10）参照上面的操作方法,将本层及其他层的梁按照结构图纸位置进行布置(图3-172)。可以通过"修改"面板中的工具和临时尺寸线调整梁的位置,保证与图纸一致。绘制好的梁图元可以切换到三维视图进行查看(图 3-173)。

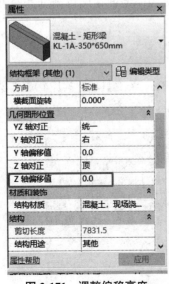

图 3-171　调整偏移高度

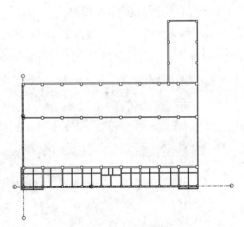

图 3-172　布置梁

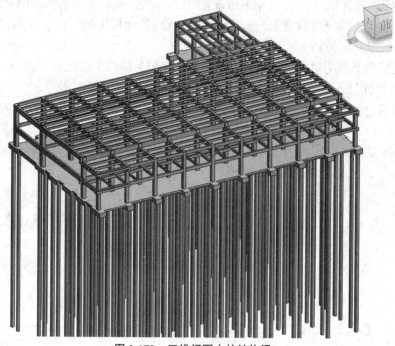

图 3-173　三维视图中的结构梁

3.12　模型的链接

Revit 软件提供的"链接"工具包括"链接 Revit""链接 IFC""链接
CAD""点云"等，以实现项目与专业间的协同，并在一定程度上实现不同建
模软件模型通过 IFC 格式文件进行数据交互。

模型的链接

链接模型是 Revit 实现工作协同的方式之一。链接的模型列在项目浏览器的"Revit 链
接"分支中。在过滤器中，链接文件也是单独进行统计的。

1. 方法一

（1）打开现有模型或创建新模型。

（2）单击"插入"选项卡下"链接"面板中的"链接 Revit"工具（图 3-174），弹出"导入 /
链接 RVT"对话框。

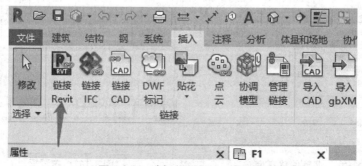

图 3-174　选择"链接 Revit"工具

（3）在"导入/链接 RVT"对话框中,选择要链接的模型(图 3-175)。

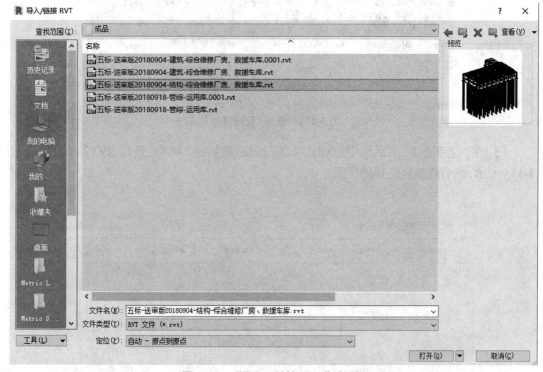

图 3-175　"导入/链接 RVT"对话框

（4）选择所需的定位方式。在绝大多数情况下,选择"自动 - 原点到原点"方式(图 3-176)。如果当前模型使用共享坐标,请选择"自动 - 通过共享坐标"方式。

图 3-176　选择定位方式

（5）点击"打开"按钮,完成模型链接。

2. 方法二

（1）打开现有模型或创建新模型。

（2）单击"插入"选项卡下"链接"面板中的"管理链接"工具(图 3-177),弹出"管理链接"对话框(图 3-178)。

图 3-177 选择"管理链接"

（3）在"管理链接"对话框中，点击"添加"按钮，跳转到"导入 / 链接 RVT"对话框，如图 3-175 所示，然后选择要链接的模型。

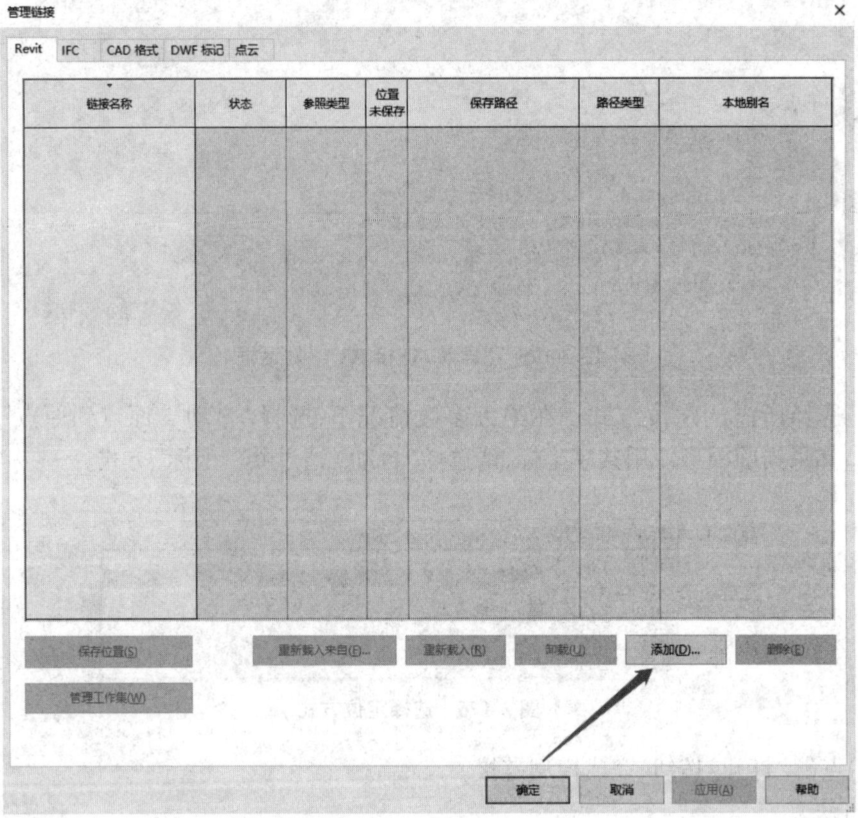

图 3-178 "管理链接"对话框

（4）后续两个步骤与方法一相同，不再赘述。

3.13 暖通系统的绘制

机电专业的模型是 BIM 在后期应用中的重要部分，它能有效地解决施工中可能出现的"错漏碰缺"问题，从而优化管线排布，加快施工进度，同时保证施工质量。因此，机电建模的精细度非常重要。

如果说建筑与结构是人的骨骼,那么机电就是人的血管,串联着各个器官,虽然繁杂但是缺一不可。建议在了解建筑与结构建模知识以后再进行机电建模部分的学习。

暖通系统大概分为空调水系统、空调风系统和采暖系统。

空调风系统与水系统用于满足建筑通风排烟等需要,采暖系统用于满足冬季采暖等需要。

3.13.1　标高与轴网的复制

机电部分的建模与其他专业不同,机电部分建模是复制之前做好的建筑、结构模型的标高与轴网。一般情况下,复制建筑模型文件的标高与轴网。

标高与轴网的复制

1. 新建一个机械样板

单击工作界面"文件"下方的"新建",弹出"新建项目"对话框,在"样板文件"下拉列表中选择"机械样板",单击"确定"按钮,如图 3-179 和图 3-180 所示。

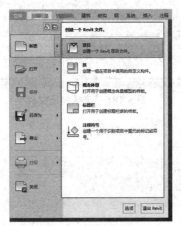

图 3-179　新建机械样板

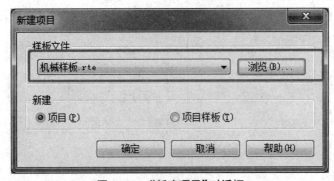

图 3-180　"新建项目"对话框

2. 插入一个做好的建筑文件

在"插入"选项卡下"链接"面板中选择"链接 Revit"工具。

在弹出的"导入/链接 RVT"对话框中选择一个做好的建筑文件,并且选择定位方式为"自动 - 原点到原点",单击"打开"按钮(图 3-181)。

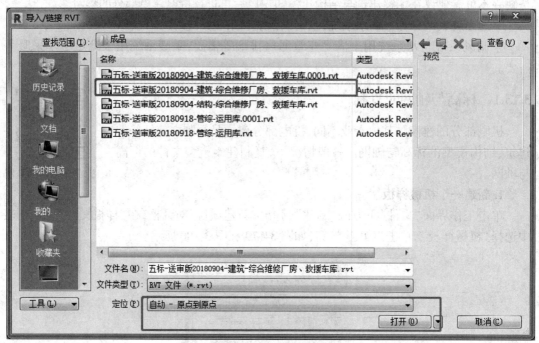

图 3-181　选择建筑文件

图 3-182 为链接建筑文件之后的平面视图界面。

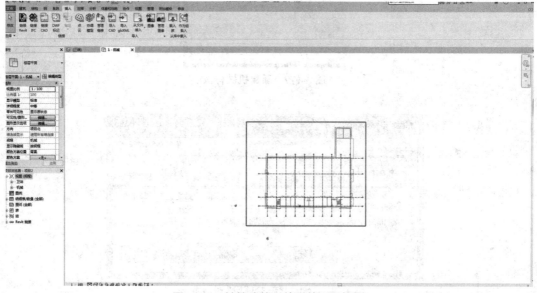

图 3-182　链接建筑文件后的平面视图

3. 单击"协作"选项卡下"复制 / 监视"工具, 在下拉列表中选择"选择链接", 然后复制标高与轴网并保存

点击项目浏览器中"视图"→"机械"→"立面", 在"立面"中选择"东 - 机械"并双击。图 3-183 为"东 - 机械"的立面视图。

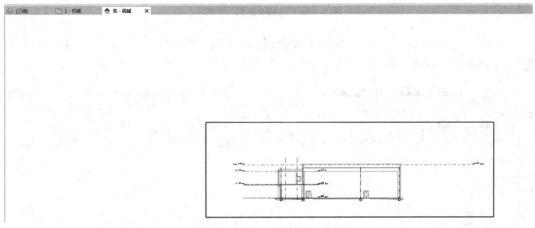

图 3-183　"东 - 机械"立面视图

单击"协作"选项卡下"复制 / 监视"工具, 在下拉列表中选择"选择链接"（图 3-184 ）。

图 3-184　选择"选择链接"

将光标移动到之前链接的文件上, 直到文件周边出现蓝色边框（图 3-185 ）, 即为选中链接, 这时单击链接, 在工作界面上弹出新的"复制""监视"工具, 选择"复制"工具（图 3-186 ）。

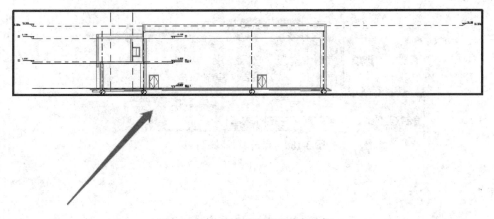

图 3-185　文件周边出现蓝色边框

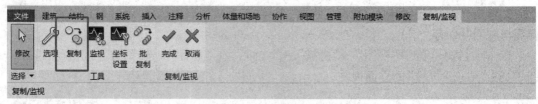

图 3-186　选择"复制"工具

　　完成上一步后，在"复制"工具的下方出现三级菜单，勾选"多个"。此时，按住鼠标左键，在平面视图上拉出一个选择框，一定要框选链接的全部，如图 3-187 所示。

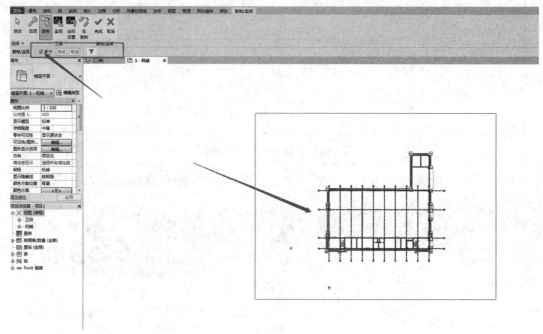

图 3-187　拉选择框

　　点击"过滤器"按钮（图 3-188），在弹出的"过滤器"对话框中，勾选"标高"与"轴网"，然后单击"确定"按钮（图 3-189）。

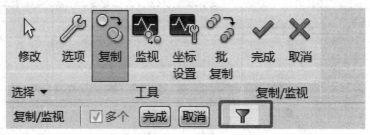

图 3-188　点击"过滤器"按钮

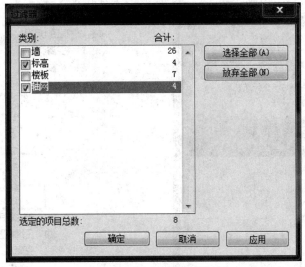

图 3-189　"过滤器"对话框

如图 3-190 所示,先单击第一个"完成",再单击第二个"完成"。

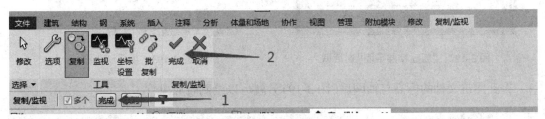

图 3-190　单击"完成"

此时标高和轴网已经复制完成,点击工作界面的"视图"选项卡,在二级菜单中选择"平面视图",在"平面视图"下拉列表中选择"楼层平面"(图 3-191)。

图 3-191　选择"楼层平面"

在弹出的"新建楼层平面"对话框中选择之前复制的所有楼层平面,单击"确定"按钮(图 3-192),然后就能在项目浏览器中看到保存的楼层平面了(图 3-193)。其后所有的机电建模,包括暖通、给排水、电气系统,都是如此操作,在之后的章节中不再重复。

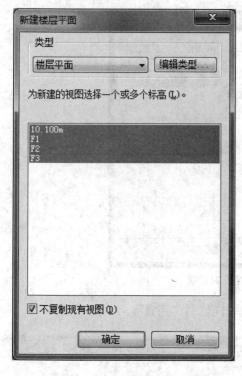

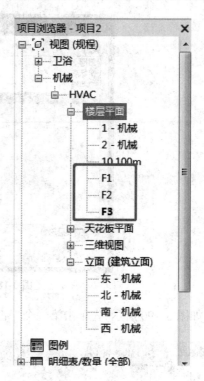

图 3-192　"新建楼层平面"对话框　　　　　　　　　图 3-193　项目浏览器

得到建筑文件的标高与轴网后（图 3-194），就可以绘制暖通风管了。

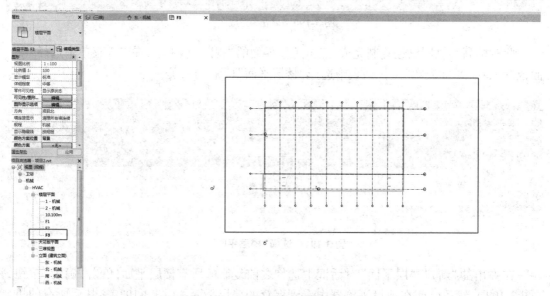

图 3-194　复制标高与轴网后效果

3.13.2　暖通系统的建立

复制标高与轴网以后，在正式绘制暖通风管之前，还需要进行暖通系

暖通系统的建立

统的创建。什么是暖通系统？为什么要创建它？简单来说，之所以要创建系统，是因为机电部分建模分支众多，而系统就像一个标签，可以快速区分机电模型中各种模型。系统区分为后期应用模型奠定了基础。

1. 选择系统类型，进行复制

点击项目浏览器中"族"选项前的符号"+"（图 3-195），在"族"的子目录中找到"风管系统"→"回风"，如图 3-196 所示。

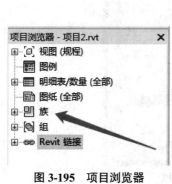

图 3-195　项目浏览器

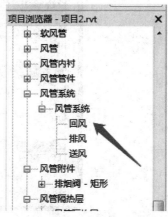

图 3-196　选择"回风"

点击右键，弹出快捷菜单，选择"复制"命令，此时便会出现一个系统"回风 2"（图 3-197）。

2. 针对复制的系统类型进行类型属性的编辑

右键点击"回风 2"，将其重命名为"HF"，如图 3-197 所示。

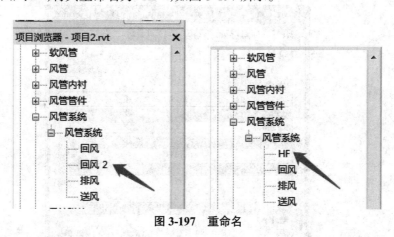

图 3-197　重命名

右键点击"HF"，在弹出的快捷菜单中选择"类型属性"命令，弹出"类型属性"对话框（图 3-198）。在"类型属性"对话框中，可以更改材质和替换图形。

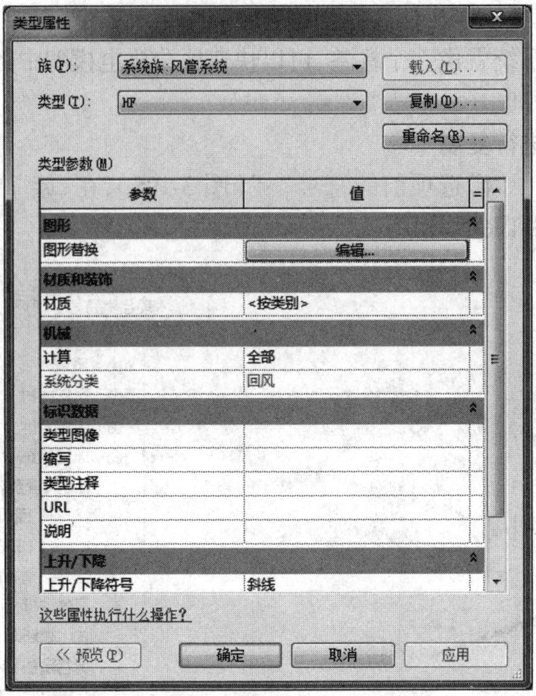

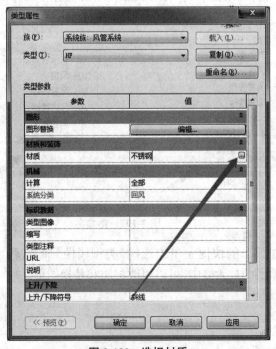

图 3-198　"类型属性"对话框

下面根据案例进行对应的修改。

首先,点击"材质和装饰"栏中的"..."按钮(图 3-199),在材质浏览器中选择"不锈钢"并点击"颜色"(图 3-200)。部分软件可能出现安装不完全、材质丢失的可能。如果出现此类情况,建议重新安装或下载材质载入。

图 3-199　选择材质

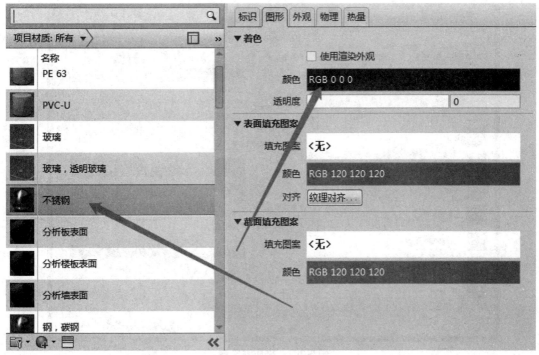

图 3-200　材质浏览器

在"颜色"对话框中选择"黄色",点击"确定"按钮(图 3-201);在材质浏览器中再次点击"确定"按钮(图 3-202);然后在"类型属性"对话框中点击"编辑"(图 3-203),在弹出的"线图形"对话框中选择"颜色"(图 3-204),在"颜色"中选择"黄色",点击"确定"按钮(图 3-205);在"线图形"对话框中再点击"确定"按钮(图 3-206)。

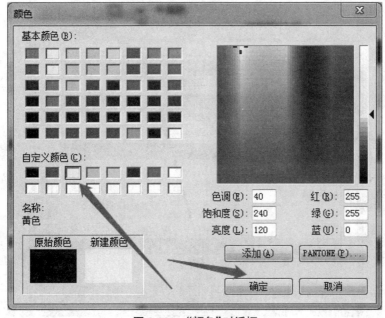

图 3-201　"颜色"对话框

图 3-202　材质浏览器

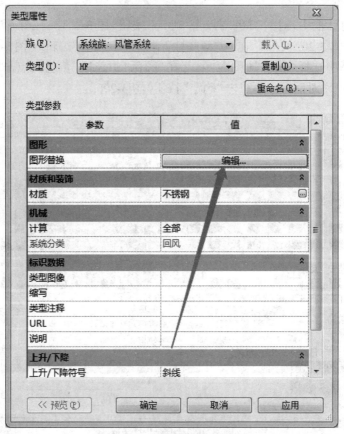

图 3-203　"类型属性"对话框

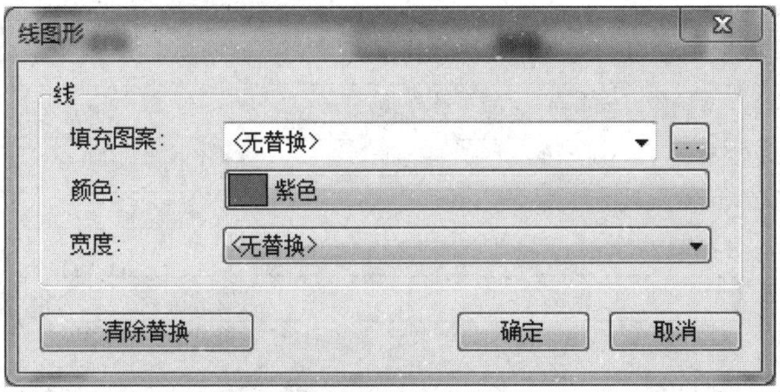

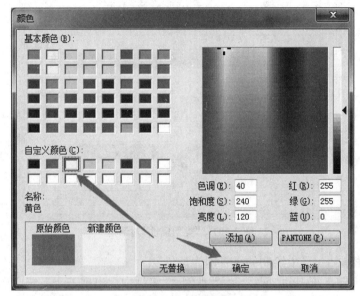

图 3-204　"线图形"对话框

图 3-205　选择颜色

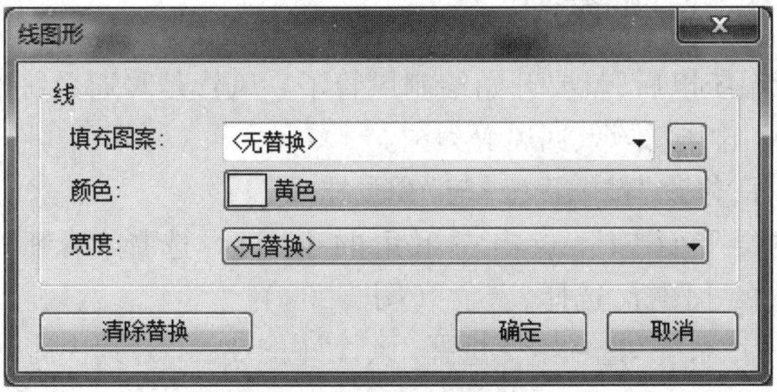

图 3-206　确定颜色

最后在"类型属性"对话框中点击"确定"按钮（图 3-207）。

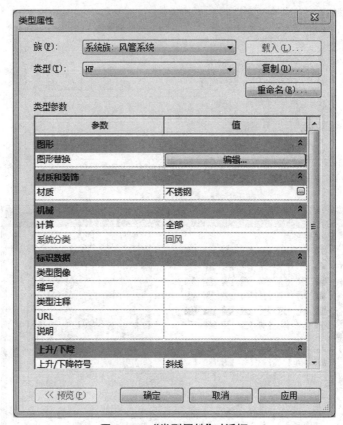

图 3-207　"类型属性"对话框

此时，在"楼层平面"中绘制的风管即为黄色。

在此仅用风管系统中的"回风系统"举例，在案例中会出现若干系统之后仅写明需要将哪个系统修改为何种材质与颜色，不再描述具体步骤。

3.13.3　风管及风管管件的绘制

在建立好风管系统以后，就要开始绘制风管了。风管是暖通系统的主要体现形式，以送风、排风、排烟、回风等为主。

风管及风管
管件的绘制

1. 进入楼层平面，修改"精细程度"与"视觉样式"

首先进入"楼层平面 F1"，点击左下角的小图标，选择"精细"（图 3-208），再选择旁边的小图标，选择"着色"（图 3-209）。

然后在工作界面"系统"选项卡下选择"风管"（图 3-210），其快捷键为 DT，以后都用快捷键 DT 表示。

用键盘输入"DT"，选择"矩形风管"，并且在"属性"面板中点击"编辑类型"，重命名为"排风"（图 3-211）。参考 CAD 图纸，案例中二层卫生间部分为排风管。F1 与 F2 之间层高为 5 900 mm（5.9 m），考虑到结构梁的尺寸，选择偏移"3700"。

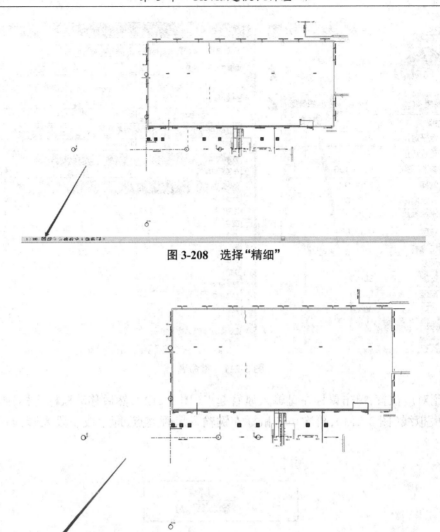

图 3-208　选择"精细"

图 3-209　选择"着色"

风管 (DT)

绘制圆形、矩形或椭圆形风管管网。

按 F1 键获得更多帮助

图 3-210　选择"风管"

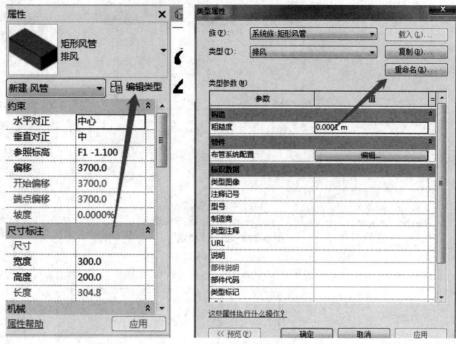

图 3-211　重命名

找到对应位置，单击鼠标左键输入风管起点（图 3-212），然后移动鼠标光标，画出一条风管的模拟线（图 3-213），再次单击鼠标左键输入风管终点，即生成一段风管，如图 3-214 所示。

图 3-212　输入风管起点

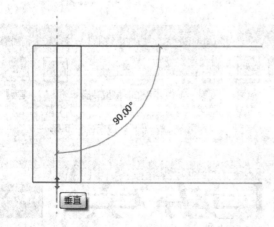

图 3-213　画风管模拟线

图 3-214　生成一段风管

将系统类型改为"PF",并编辑系统属性,设置颜色为蓝色,材质为镀锌钢,如图 3-215 和图 3-216 所示。如何修改系统类型,之前已经讲过,在此不再详细叙述。

图 3-215　"线图形"对话框

最终结果如图 3-217 所示。

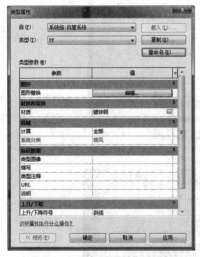

图 3-216　"类型属性"对话框

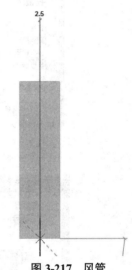

图 3-217　风管

2. 选择风管管件

单击选中风管,在左侧"属性"面板中点击"编辑类型",在弹出的"类型属性"对话框中单击"编辑"(图 3-218),选择添加合适的构件。如果没有合适的构件,可以选择"载入族"(图 3-219)。

在弹出的"载入族"对话框中之后选择"机电"→"风管管件"→"矩形"→"弯头"→"矩形弯头 - 法兰",点击"确定"按钮,如图 3-220 至图 3-223 所示。然后就可以在"布管系统配置"对话框中的"构件"栏里找到对应"弯头"选项。

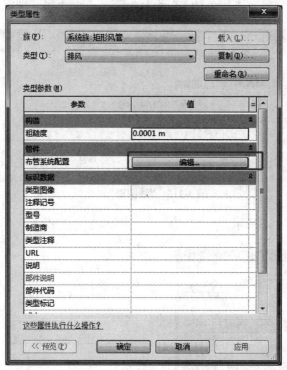

图 3-218　"类型属性"对话框

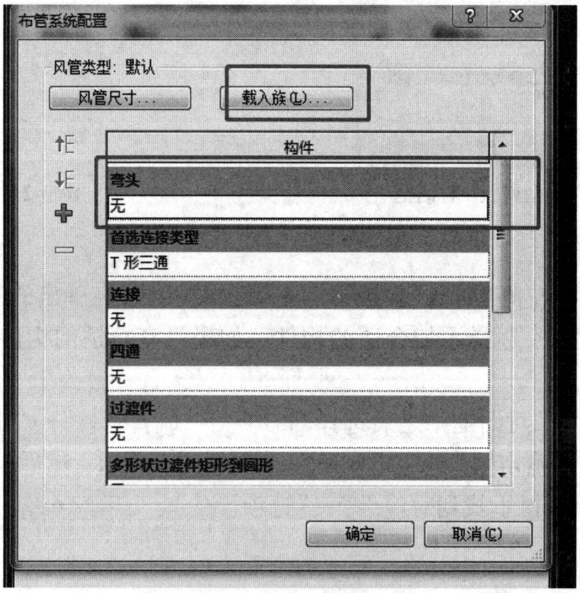

图 3-219　选择"载入族"

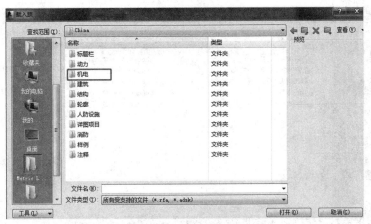

图 3-220　选择"机电"

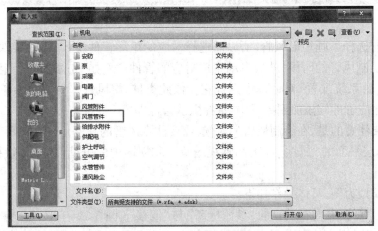

图 3-221　选择"风管管件"

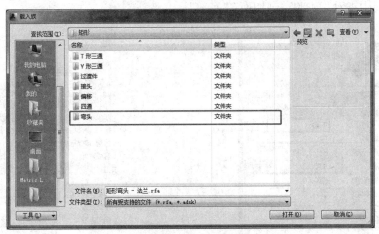

图 3-222　选择"弯头"

图 3-223　选择"矩形弯头 - 法兰"

　　因为之前选择了画矩形风管，所以需选择对应的矩形管件，将需要的管件族添加进去，这样以后在绘制风管的时候，就会自动生成对应的管件。例如，先添加一个矩形弯头，然后就可以在"布管系统配置"对话框中选择它。依此类推，将风管管件按照参考资料布置好。本案例已将相应管件族添加到项目中，选择默认管件即可。

　　另外需要注意的是，在绘制风管的时候，需要注意风管的高度是否在视图范围内。如不在，要打开楼层平面的"属性"面板调整视图范围和视图中的可见性图形（快捷键 VV），调整风管可见性。

　　以案例模型为例，具体操作如下。

　　在"属性"面板中查看风管的"参照标高"与"偏移"（图 3-224），按 Esc 键返回"楼层平面"，点击"范围"栏中"视图范围"后的"编辑"按钮（图 3-225），在弹出的"视图范围"对话框（图 3-226）中查看"顶部""剖切面""底部"。

图 3-224　查看"参照标高"和"偏移"

图 3-225　点击"编辑"按钮

图 3-226　"视图范围"对话框

　　风管标高为"F1 -1.100",偏移 3 700,在"视图范围"的"顶部"与"底部"之间,在剖切面以下,所以可见。现在将风管标高调整到 F1 标高偏移 -1 000,如图 3-227 所示,再次点击 CAD 图上风管两端生成风管时就会出现图 3-228 所示警告。

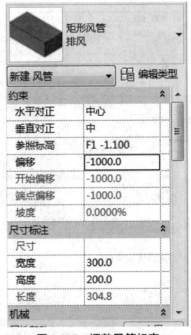

图 3-227　调整风管标高

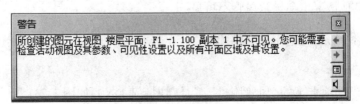

图 3-228　警告

现在风管高度不在"视图范围"的"顶部"与"底部"之间，所以绘制的风管在平面视图上不可见。选择"视图"选项卡下的"可见性 / 图形"工具（快捷键 VV）（图 3-229），在弹出的"可见性 / 图形替换"对话框中选择"模型类别"选项卡，并保证带"风管"前缀的类别都被勾选上，然后单击"确定"按钮（图 3-230）。

图 3-229　选择"可见性 / 图形"工具

图 3-230　"可见性 / 图形替换"对话框

还有一些其他情况也会导致风管不可见。

3.13.4　风管附件及风道末端的绘制

1. 绘制风管附件

选择"系统"选项卡下的"风管附件"工具（快捷键 DA），如图 3-231 所示，在"属性"面板中选择一个附件"弹性连接件"，移动光标到之前绘制的

风管附件及风道末端的绘制

风管上（图 3-232），单击左键，即可自动绘制弹性连接件，最后的结果如图 3-233 所示。

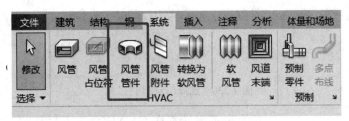

图 3-231　选择"风管附件"

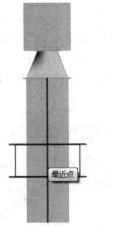

图 3-232　移动光标到风管上

图 3-233　弹性连接件绘制完成

每个风管附件都在 CAD 图纸上有标注，在此仅为举例。本案例风管无附件。

2. 绘制风道末端

选择"系统"选项卡下的"风道末端"工具（快捷键 AT），如图 3-234 所示，在"属性"面板中选择一个排风格栅（400 mm × 400 mm），移动光标到刚才绘制的风管上（图 3-235），单击鼠标左键，即可自动绘制排风格栅。

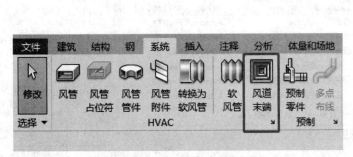

图 3-234　选择"风道末端"工具

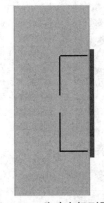

图 3-235　移动光标到风管上

单击排风格栅，选择"修改 | 风道末端"选项卡下的"连接到"工具（图 3-236），移动光标

到刚才绘制的风管上，单击鼠标左键，生成风道末端（图 3-237）。

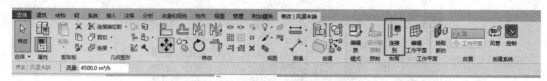

图 3-236　选择"连接到"工具

图 3-237　生成风道末端

每个风道末端都在 CAD 图纸上有标注，在此仅为举例。本案例风管无风道末端。

3. 放置暖通设备

选择"插入"选项卡下的"载入族"工具（图 3-238），选择"排风机"族（图 3-239），点击"打开"按钮，然后点击"系统"选项下的"机械设备"工具（图 3-240），在"属性"面板中选择对应的"150-350CMH"排风机，并设置高度为"3500"，移动光标到之前绘制的风管旁，单击放置排风机，如图 3-241 所示。

图 3-238　选择"载入族"工具

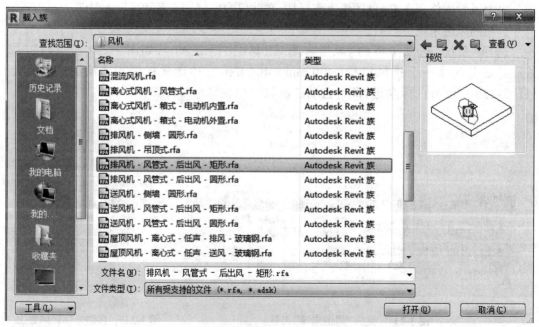

图 3-239　选择"排风机"族

图 3-240　选择"机械设备"工具

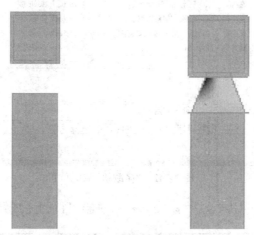

图 3-241　放置排风机

将风管高度调整为"3500",继续使用之前用过的"连接到"工具,将"排风机"与"排风管道"相连。

机械设备的放置方法与连接方法大同小异,在此不再详细描述。切换到"屋面"楼层平面,在功能区"插入"选项卡下点击"载入族"工具,将"多联机"族载入到项目中,再点击"系统"选项卡下的"构件"工具,将"多联机"族放置在"屋面"楼层平面中并连接空调水管,空调水管的系统类型分为"冷凝水""冷媒水""空调供水""空调回水";将"铸铁散热器"放置在"F1""F2"楼层平面中并连接采暖水管,采暖水管的系统类型分为"采暖供水""采暖回水"。

各个类型系统的配色与材质如下。

空调供水:颜色为 RGB 059-123-251,材质为碳钢。

空调回水:颜色为 RGB 135-221-245,材质为碳钢。

冷凝水:颜色为 RGB 192-248-066,材质为碳钢。

冷煤水:颜色为 RGB 152-000-246,材质为铜。

采暖供水:颜色为 RGB 255-080-080,材质为碳钢。

采暖回水:颜色为 RGB 255-255-000,材质为碳钢。

各种需要插入族的位置如下。

"多联机"族在"机电"→"空气调节"→"VRF"目录下,如图 3-242 所示。

图 3-242　"多联机"族的位置

"铸铁散热器"族在"机电"→"采暖"→"散热器"目录下，如图 3-243 所示。

图 3-243　"铸铁散热器"族的位置

关于供暖水管与空调水管的绘制方法，请参考 3.14 节"给排水系统的绘制"。

最终的三维效果如图 3-244 所示。

暖通系统绘制
最终三维效果

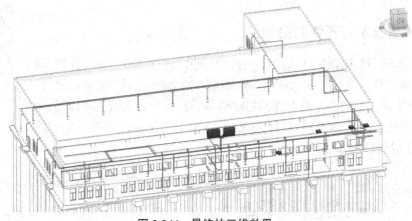

图 3-244　最终的三维效果

3.14　给排水系统的绘制

　　给排水系统又称为水系统,为各个房间供水和排水是其主要职能。喷淋与消防系统被称为消防水系统,其主要职能是保证消防安全。本节介绍给排水系统的绘制,修改系统类型、链接 Revit 模型、复制标高与轴网、放置设备与管线连接不再具体描述,请参考前面的内容。

3.14.1　给排水系统的建立

　　将项目浏览器中"管道系统"下的"湿式消防系统"复制并改为"消火栓系统"碳钢,颜色 250-0-0;将"给水系统"复制改为"GS"碳钢,颜色 0-0-255(图 3-245);将"污水系统"复制改为"PS"碳钢,颜色 212-136-000。

给排水系统的建立

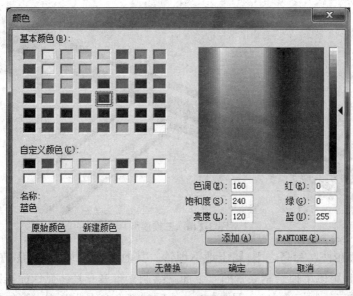

图 3-245　修改颜色

3.14.2　水管及水管管件的绘制

水管及水管管
件的绘制

选择"系统"选项卡下的"管道"工具（快捷键 PI）（图 3-246），选择"属性"面板中的"管道类型"，依次将"污水管道""消火栓管道""给水管道"按照 CAD 图纸画在不同的标高上，绘制方法同风管，选择好水管类型以后，单击鼠标左键输入管道起点，然后移动光标，再次单击鼠标左键输入管道终点。添加水管管件与添加风管管件一样。

图 3-246　选择"管道"工具

最后点击工作界面最上方快捷访问工具栏中的三维图标（图 3-247）查看三维模型（图3-248）。

图 3-247　点击三维图标

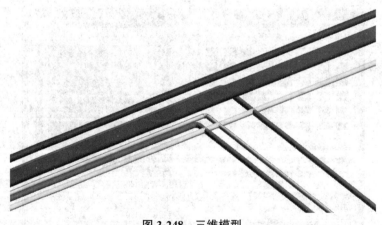

图 3-248　三维模型

排水管一般在楼层标高之下，属于地下埋管。其他水管与风管一般都在地上。在本案例中，排水管道是可以单独绘制立管的。下面就绘制立管展开具体操作流程的讲解。

首先选择已经绘制好的水管（图 3-249），然后右键点击需要绘制立管位置的小方块（图

3-250），在弹出的菜单中选择"绘制水管"命令，将左上角的偏移量修改为"0.0 mm"（图3-251），然后点击"应用"按钮，最终生成一段 -400.0 mm 至 0.0 mm 的立管。

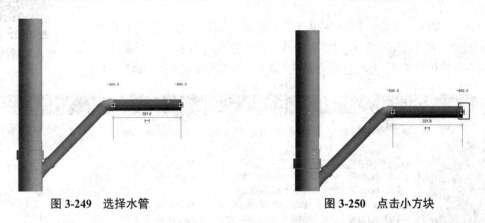

图 3-249　选择水管　　　　　　　　　　图 3-250　点击小方块

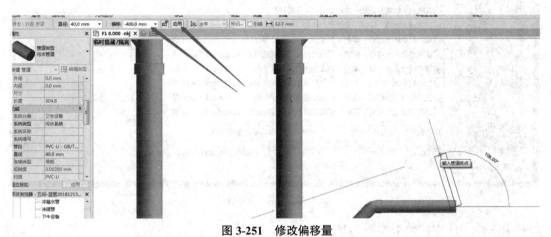

图 3-251　修改偏移量

在三维视图中的效果如图 3-252 所示。

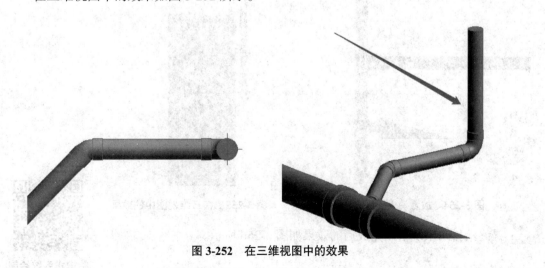

图 3-252　在三维视图中的效果

3.14.3　排水末端的绘制

　　选择"插入"选项卡下的"载入族"工具，选择消火栓，点击"打开"按钮（图 3-253），然后点击"系统"中的"机械设备"，选择对应的楼层平面，将消火栓放在对应的位置上，并与之前绘制的"消火栓管道"系统连接（图 3-254）。

排水末端的绘制

图 3-253　选择消火栓

　　在三维视图中的效果如图 3-255 所示。

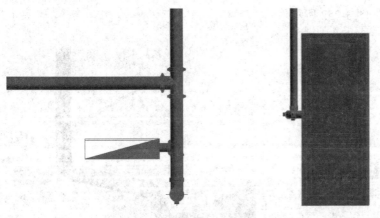

图 3-254　放置消火栓　　　　　图 3-255　在三维视图中的效果

　　最终给排水系统绘制完成后的效果如图 3-256 所示。

给排水系统绘制
最终三维效果

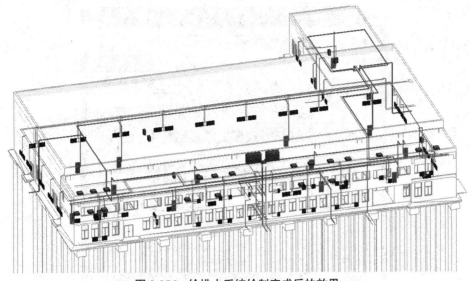

图 3-256　给排水系统绘制完成后的效果

3.15　电气系统的绘制

电气系统是由发电机、变压器和输配电线路及用电设备组成的,是电能生产、变换、输送、分配、消费的整体。

一般民用建筑中的电气系统更为具体,比如负责动力与照明的强电系统,负责消防报警的消防电系统,以及负责连接网络的智能化弱电系统。电气系统是机电系统中最为基础的一部分,很多设备都需要电来运行。因此,学好电气系统绘制是很重要的。

桥架及配件建模

3.15.1　桥架及配件建模

选择"系统"选项卡下的"电缆桥架"工具(快捷键 CT),如图 3-257 所示。电缆桥架没有系统属性,所以主要靠修改桥架名字来进行区分。

图 3-257　选择"电缆桥架"工具

点击"属性"面板中的"编辑类型",在弹出的对话框中点击"重命名"按钮(图 3-258),将"带配件的电缆桥架"分别改为"QD""RD""XF"。

桥架绘制方法同风管,选择好水管类型以后,单击鼠标左键输入管道起点,然后移动光标,再次单击鼠标左键输入管道终点。添加桥架配件与添加风管管件一样。

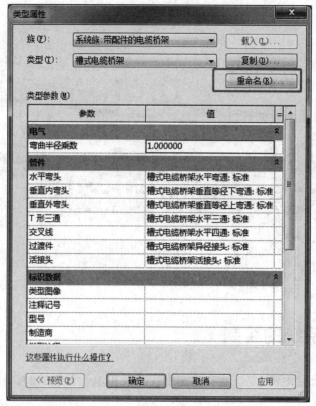

图 3-258　重命名

绘制完成后的电缆桥架如图 3-259 所示。

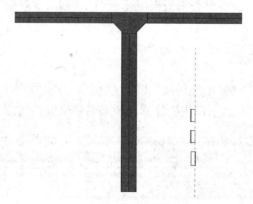

图 3-259　绘制完成后的电缆桥架

注:选中三通,单击上方"+",可生成一个"四通"(图 3-260)。

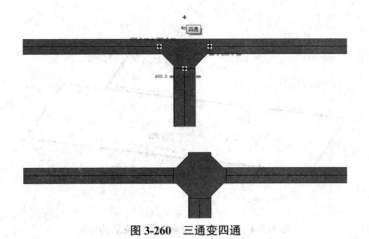

图 3-260　三通变四通

3.15.2　电气设备放置

电气设备以各种配电箱为主,这些配电箱控制了建筑内部各种电的使用与流动。电气箱的放置方法与暖通设备和给排水设备不同。下面具体讲解如何放置配电箱。

电气设备放置

首先在"系统"选项卡下"工作平面"面板中选择"参考平面"工具(图 3-261),在需要放置配电箱的地方,画一个参考平面(图 3-262),绘制方法同风管。

图 3-261　选择"参考平面"

然后在"系统"选项卡下"电气"面板中选择"电气设备"工具,选择对应的配电箱放置在刚刚绘制的参考平面上(图 3-263),配电箱即放置完成。

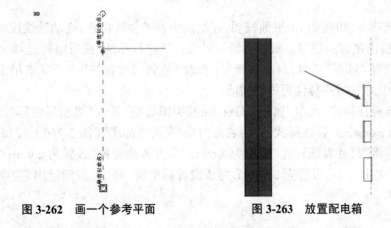

图 3-262　画一个参考平面　　　　图 3-263　放置配电箱

最终电气系统设备放置完成后的效果如图 3-264 所示。

电气系统设备放置最终三维效果

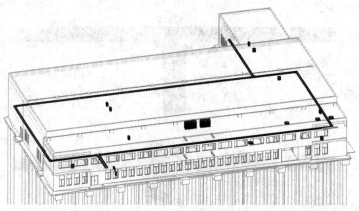

图 3-264 电气系统设备放置完成后的效果

3.16 图形注释与出图

3.16.1 尺寸标注

施工图纸要完整表达图形信息，需要对轴网及构件进行尺寸标注。Revit 软件中的尺寸标注有九种不同的形式（图 3-265）。下面对建筑项目文件的首层进行尺寸标注，介绍不同标注形式的具体含义和用法。

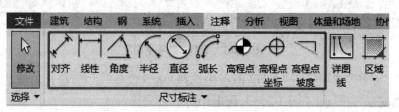

图 3-265 尺寸标注形式

（1）打开建筑项目，切换到 F1 平面视图，在视图中调整轴线位置，拖动轴线控制点，为后面的尺寸标注留出足够的位置。根据图纸对轴线位置进行标注，在"注释"选项卡下"尺寸标注"面板中选择"对齐"工具，自动切换至"修改 | 放置尺寸标注"上下文选项卡，此时"尺寸标注"面板中的"对齐"标注模式被激活。

（2）设置对齐标注样式，点击"属性"面板中的"编辑类型"进入"类型属性"对话框，复制"对角线 -3 mm RomanD"标注样式，重命名为"自定义尺寸标注"（图 3-266），按如下要求设置"类型参数"：将"尺寸界线长度"设置为 8 mm；"尺寸界线延伸"设置为 2 mm；"颜色"设置为"绿色"，"文字大小"设置为 3.5 mm，完成设置后单击"确定"按钮退出"类型属性"对话框。

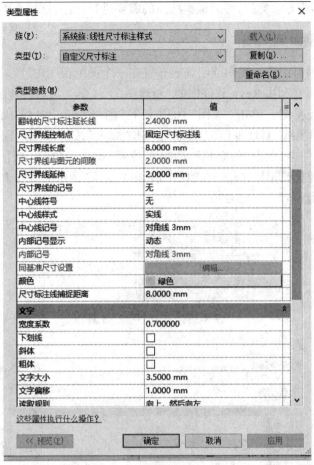

图 3-266 "类型属性"对话框

（3）依次点击轴网位置处进行尺寸标注，完成第一排标注后再标注第二排，单击①轴再点击⑩轴，完成第二排总长度尺寸标注。

（4）按照同样的方法可以对首层墙体定位、门窗定位等进行标注（图 3-267）。

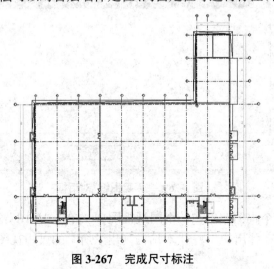

图 3-267 完成尺寸标注

其他尺寸的标注方法类似，可以根据项目的需要进行标注，这里不再详细说明。

3.16.2　平、立、剖面施工图

Revit 可以将项目中多个视图或明细表布置在一个图纸视图中，形成用于打印和发布的施工图，下面简单讲解利用 Revit 软件中的"新建图纸"工具为项目创建图纸视图的过程。

（1）创建图纸视图。单击"视图"选项卡下"图纸组合"面板中的"图纸"工具（图3-268），弹出"新建图纸"对话框（图 3-269），点击"载入"按钮，弹出"载入族"对话框，默认进入 Revit 族库文件夹，点击"标题栏"文件夹，找到"A0 公制.rfa"文件，点击"确定"按钮，以 A0 公制标题栏创建新图纸视图，在项目浏览器中找到"图纸"，点击右键修改图纸编号为001，名称为"办公楼图纸"（图 3-270）。

图 3-268　选择"图纸"工具

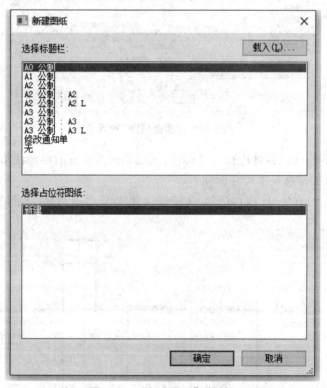

图 3-269　"新建图纸"对话框

（2）将项目中多个视图布置在一个图纸视图中。单击"视图"选项卡下"图纸组合"面板中的"视图"工具，在弹出的"视图"对话框列出了所有的可用视图，选择"楼层平面：F1"

（图 3-271），点击"在图纸中添加视图"按钮，默认给出"楼层平面：F1"摆放位置及视图范围预览，找到合适的位置，单击鼠标左键将视图放置在图框范围内。Revit 软件自动在视口底部添加视口标题，在"属性"面板中点击"编辑类型"，打开"类型属性"对话框，修改"类型参数"中的"标题"为所使用的族即可（图 3-272）。

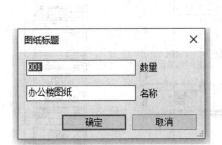

图 3-270　修改图纸名称

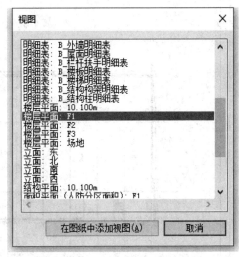

图 3-271　选择"楼层平面：F1"

（3）除了修改视口标题样式外，还可以修改视口名称。选择刚放入的首层视口，在视口"属性"面板中向下拖动鼠标，找到"图纸上的标题"栏，输入"一层平面图"，按 Enter 键确认，视口标题则修改为"一层平面图"（图 3-273）。

图 3-272　修改标题

图 3-273　修改视口标题

（4）按照上述操作方法可以将其他剖面图、立面图加入图纸中，需要注意的是，若图纸过大或过小，可在相应的视图下修改图纸比例。完成后的图纸如图 3-274 所示。

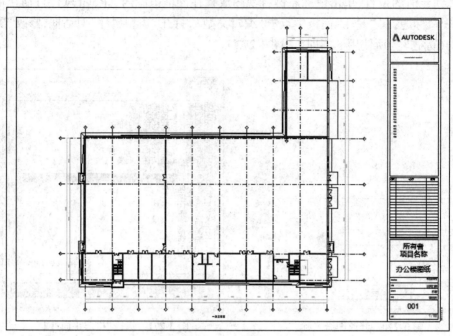

图 3-274　完成后的图纸

（5）图纸布置完成后，可以将图纸导出，在实际项目中实现图纸共享。选择"文件"→"导出"→"CAD 格式"→"DWG"命令（图 3-275），弹出"DWG 导出"对话框，无须修改，点击"下一步"按钮，确定存放路径即可。

图 3-275　导出为 DWG 文件

（6）导出的 DWG 文件可以脱离 Revit 软件打开，人们可以利用 CAD 或 AutoCAD 软件进行后期的看图及编辑修改。

3.17　Revit 统计

做 BIM 项目时，工程量统计往往是不可或缺的部分，在 Revit 中统计的工程实物量相当准确。本节介绍如何使用 Revit 的明细表功能统计门窗个数及混凝土量。

3.17.1　门窗统计

（1）打开建筑项目文件。

（2）点击"视图"选项卡下"创建"面板中的"明细表"工具（图 3-276），在下拉列表中选择"明细表 / 数量"。

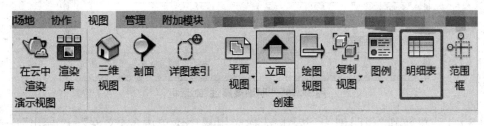

图 3-276　选择"明细表"

（3）弹出"新建明细表"对话框，选择需要统计的类别。列表中所有类别的图元都能够通过明细表进行统计，这里以门为例，找到"门"，选中后其他默认不做修改，单击"确定"按钮（图 3-277）。

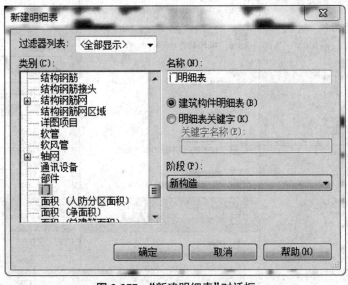

图 3-277　"新建明细表"对话框

（4）跳转到"明细表属性"对话框，点击最左侧"可用的字段"列表中所需要的字段，通过中间的"添加"按钮⇨将字段添加至右侧的"明细表字段"列表中（此处添加"族与类型""高度""宽度""合计"），然后点击"确定"按钮（图 3-278）。

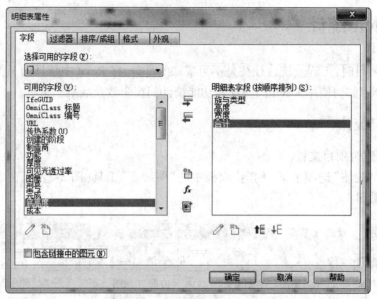

图 3-278　"明细表属性"对话框

（5）自动跳转到"门明细表"视图，选择应用程序菜单中的"文件"→"导出"→"报告"→"明细表"命令（图 3-279），找到存储的路径，点击"保存"按钮。

图 3-279　保存文件

（6）导出的文本类型明细表可以脱离 Revit 软件打开,人们可以利用 Office 软件进行后期的编辑修改。

（7）窗明细表的生成方法与上述方法一致,可自行参照上述方法进行练习。

3.17.2　材料统计

（1）打开结构项目文件。

（2）点击"视图"选项卡下"创建"面板中的"明细表"工具,在下拉列表中选择"材质提取"。

（3）弹出"新建材质提取"对话框,选择需要统计的类别。列表中所有类别的图元都能够通过明细表进行材质统计,这里以结构框架为例,找到"结构框架"并选中,其他默认不做修改,单击"确定"按钮。

（4）跳转到"材质提取属性"对话框,点击最左侧"可用的字段"列表中所需要的字段,通过中间的"添加"按钮,将字段添加至右侧的"明细表字段"列表中（此处添加"族与类型""材质:体积""合计"）,然后点击"确定"按钮。

（5）自动跳转到"结构框架材质提取"视图（图 3-280）,选择应用程序菜单中的"文件"→"导出"→"报告"→"明细表"命令,找到存储的路径,点击"保存"按钮。

☆ (三维)	结构框架材质提取　✕	

<结构框架材质提取>		
A	**B**	**C**
族与类型	材质:体积	合计
混凝土 - 矩形梁: JJL-2-400*1000mm	0.00 m³	1
混凝土 - 矩形梁: JJL-2-400*1000mm	1.61 m³	1
混凝土 - 矩形梁: JJL-2-400*1000mm	0.00 m³	1
混凝土 - 矩形梁: JJL-2-400*1000mm	1.61 m³	1
混凝土 - 矩形梁: JJL-2-400*1000mm	0.00 m³	1
混凝土 - 矩形梁: JJL-2-400*1000mm	1.61 m³	1
混凝土 - 矩形梁: JJL-2-400*1000mm	0.00 m³	1
混凝土 - 矩形梁: JJL-2-400*1000mm	1.91 m³	1
混凝土 - 矩形梁: JJL-2-400*1000mm	0.00 m³	1
混凝土 - 矩形梁: JJL-2-400*1000mm	2.21 m³	1
混凝土 - 矩形梁: JJL-2-400*1000mm	1.91 m³	1
混凝土 - 矩形梁: JJL-2-400*1000mm	0.00 m³	1
混凝土 - 矩形梁: JJL-2-400*1000mm	1.91 m³	1
混凝土 - 矩形梁: JJL-2-400*1000mm	0.00 m³	1
混凝土 - 矩形梁: JJL-2-400*1000mm	1.91 m³	1
混凝土 - 矩形梁: JJL-2-400*1000mm	0.00 m³	1
混凝土 - 矩形梁: JJL-2-400*1000mm	1.91 m³	1
混凝土 - 矩形梁: JJL-2-400*1000mm	1.91 m³	1
混凝土 - 矩形梁: JJL-2-400*1000mm	0.00 m³	1
混凝土 - 矩形梁: JJL-2-400*1000mm	1.91 m³	1

图 3-280　"结构框架材质提取"视图

（6）导出的文本类型明细表可以脱离 Revit 软件打开,人们可以利用 Office 软件进行后期的编辑修改。

对于明细表的格式、显示设置等,Revit 还可以通过选项参数来调节,此处不再一一介绍。

3.18 模型的渲染

在完成了建筑模型创建后，模型现有的展示效果是单色调，如果需要展示逼真的效果，可以对模型进行渲染，以达到想要的真实效果。本节介绍渲染的方法。

在渲染开始前，首先要为需要渲染的模型选择和添加相应的材质，只有这样才可以表达正确的效果。

3.18.1 材质创建

材质用于定义建筑模型中图元的外观，可以选择不同的颜色、纹路等属性。Revit 提供了很多可使用的材质，用户也可以创建自定义的材质。下面以样例项目为例，介绍材质的创建和使用过程。

1. 材质的定义

材质包含如下几方面内容。

（1）标识：有关材质的说明、制造商、成本和注释记号的信息。

（2）图形：分为着色、表面填充图案、截面填充图案等属性。

（3）外观：在渲染图形和真实视图中显示的渲染外观。

（4）物理特性：有关材质的结构信息。

2. 材质的创建

以这个项目的外墙为例，首先打开"管理"选项卡下的"材质"选项，弹出"材质"对话框，单击"新建材质"，便会在材质浏览器中新创建一种材质，之后需要对新材质进行命名，在所创建的新材质上单击鼠标右键，将其重命名为"红色砖墙"（图 3-281）。

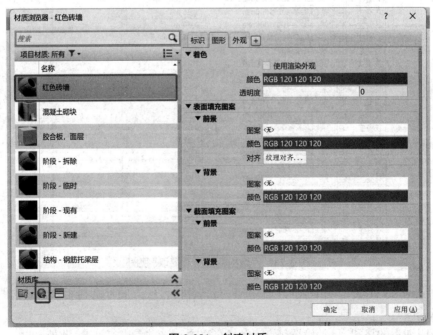

图 3-281 创建材质

　　重新命名后,打开材质扩展库,在弹出的资源浏览器中找到所需要的材质,可以直接搜索,也可以分类搜索。例如,选择"外观"→"砖石"→"12 英寸非均匀立砌 - 紫红色"(图 3-282)。

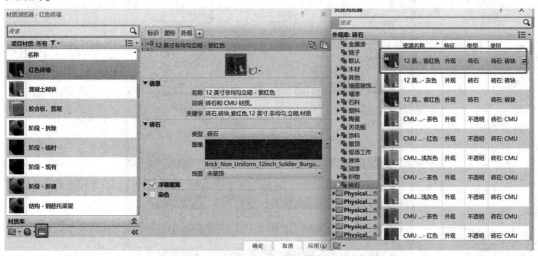

图 3-282　查找需要的材质

找到材质后,可以根据需要对材质的标识、图形、外观等进行相应的修改(图 3-283)。

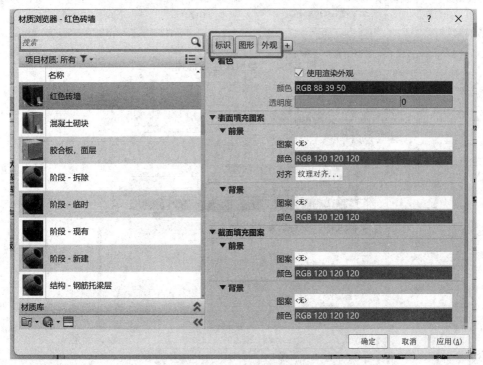

图 3-283　修改材质的属性

3. 材质的应用

　　完成材质的创建后,选择需要添加材质的墙,单击"编辑类型",在弹出的"类型属性"对话框中,单击"结构"后面的"编辑"按钮,在弹出的"编辑部件"对话框中选择外墙结构,替换成刚刚创建的材质,点击"确定"按钮就完成了外墙的材质添加,为渲染模型做好了前置工作，如图 3-284 和图 3-285 所示。

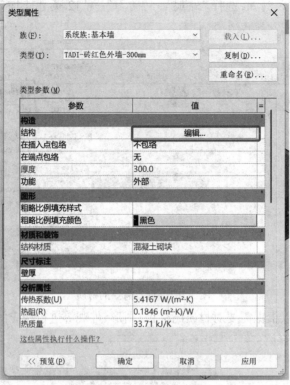

图 3-284 "类型属性"对话框

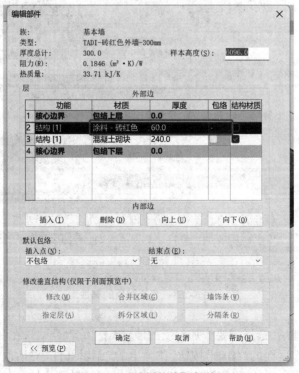

图 3-285 "编辑部件"对话框

3.18.2　模型渲染

Revit 自带的渲染功能是利用渲染引擎,使用复杂算法将建筑模型的三维视图生成具有真实感的图片。渲染可以模拟各种材质的效果,如在上一节创建的材质,也可以模拟纹理、镜面反射等效果。

在渲染模型时,影响渲染效果的因素有很多,比如模拟的效果精细程度,颜色和填充图案的复杂程度,材质的反射效果、折射效果以及光源的选择等。下面进一步介绍渲染的步骤。

图 3-286　选择"相机"

1. 创建渲染视图

渲染的第一步是创建渲染视图。首先进入需要创建的平面图中,然后打开"视图"选项卡,选择"三维视图"下拉列表中的"相机"(图 3-286)。

第二步,利用"相机"工具进行相机视角的选定,将"相机"工具移到想要的角度后,单击镜头不放并向需要绘制的方向拉伸,镜头由三根线组成,中间是焦点线,两边是边框线,拉伸长度决定视角的视距。完成视图创建后,会在项目浏览器中自动生成刚刚创建的相机三维视图(图 3-287 和图 3-288)。

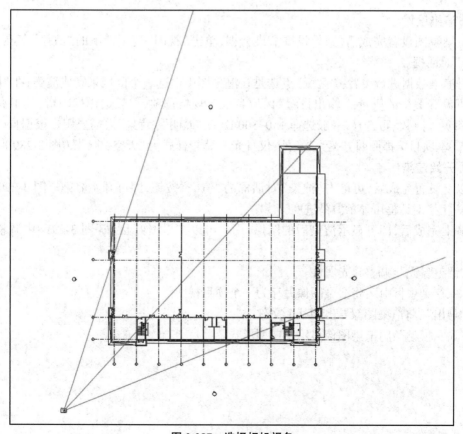

图 3-287　选择相机视角

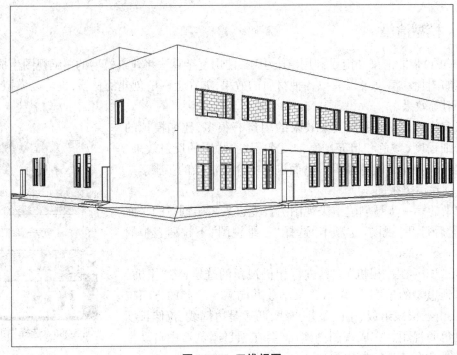

图 3-288　三维视图

2. 渲染设置

渲染视图设置完成后,开始设置渲染数据,单击"视图"选项卡下的"渲染"工具,弹出"渲染"对话框。

对渲染数据进行设置:"区域"点选是在渲染图中框选一个区域来完成渲染;在"质量"区域可设置渲染的质量;"输出设置"区域有很多规格选项,一般选择打印机,其中有多种DPI(每英寸点数)可选择,一般选择 150~300 DPI;"照明""背景"等需要用户根据自己的需要选择,本项目选择照明方案为"室外:仅日光",背景样式为"天空:少云"(图 3-289)。

3. 开始渲染

以上设置完成后,可单击"渲染"对话框的"渲染"按钮,即可开始渲染。图 3-290 所示"渲染进度"对话框可显示渲染进度。

渲染完成后,即可显示渲染后的图像,用户可以在"图像"区域(图 3-291)中调整以下属性。

"调整曝光":调整曝光属性。

"保存到项目中":将渲染图像另存为一个项目视图。

"导出":将渲染图像导出到某个文件。

"显示模型":将渲染图像显示为模型形式。

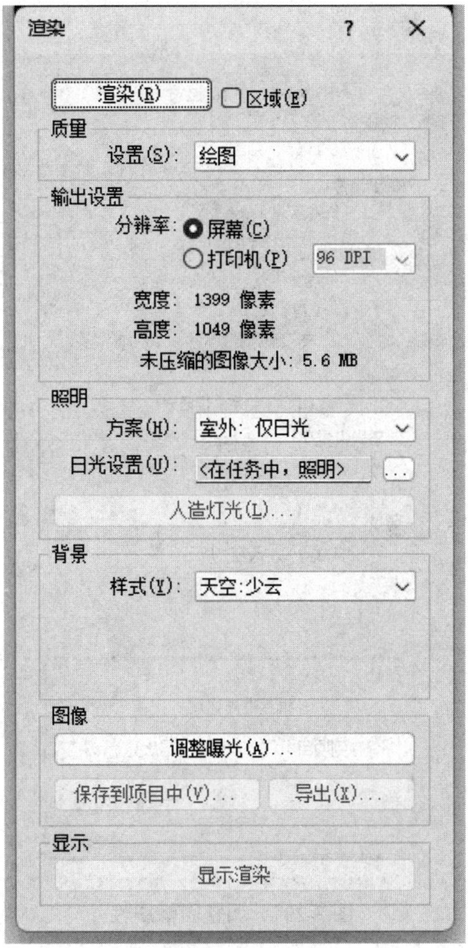

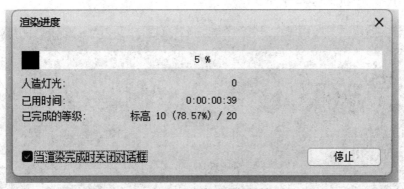

图 3-289　渲染设置

图 3-290　"渲染进度"对话框

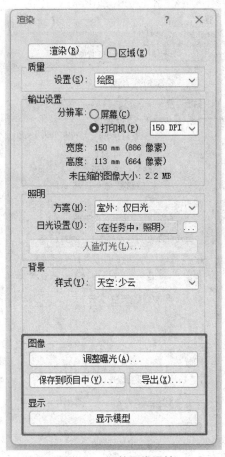

图 3-291　调整图像属性

完成图像属性设置后,可以先点击"保存到项目中"按钮,将渲染图保存到项目中,然后进行图片导出,点击"导出"按钮,选择导出路径即可。

渲染后的模型如图 3-292 所示。

图 3-292　渲染后的模型

3.19　模型的漫游

漫游是指在一条漫游路径上,创建多个活动相机,再将每个相机的视图连续播放。因此需要先创建一条路径,然后调节路径上每个相机的视图。Revit 漫游中会自动设置很多关键相机视图(即关键帧),通过调节这些关键帧视图来控制漫游动画。

1. 创建漫游

首先进入 F1 平面视图,单击"视图"选项卡下"创建"面板中"三维视图"工具,在下拉列表中选择"漫游"(图 3-293),进入漫游路径绘制状态。将光标放在入口处,开始绘制漫游路径,单击鼠标左键插入一个关键点,隔一段距离再插入一个关键点,可以定为环绕建筑一周的路径,单击"完成漫游"工具(图 3-294)。

2. 编辑漫游

绘制完路径后,单击"修改"面板中的"编辑漫游"工具(图 3-295),进入编辑关键帧视图状态。在平面视图中调整相机的视线方向和焦距等,通常需要把视线方向调整到模型位置;单击"编辑漫游"面板中的"打开漫游"工具,进入三维视图调整视角和视图范围(图 3-296)。

图 3-293　选择"漫游"

图 3-294　单击"完成漫游"工具

图 3-295　单击"编辑漫游"工具

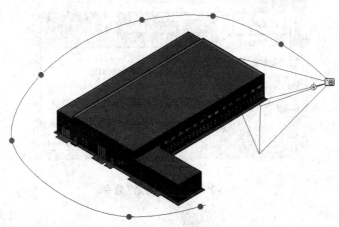

图 3-296　三维视图

路径编辑完成后,当执行"编辑漫游"命令时系统会默认从最后一个关键帧开始编辑,所以每调整完一个关键帧后都要单击"编辑漫游"面板中的"上一关键帧"工具,这样就进入下一个关键帧相机视图的调整。

设置完成后,点击"播放"按钮可观看漫游效果。如果速度过快或者对帧数不满意,可以单击帧数,并在弹出的对话框中设置漫游帧数,如图 3-297 所示。

控制 活动相机 ∨ 帧 267.6 共 300

图 3-297 设置漫游帧数

3. 导出漫游

漫游创建完成后可选择"文件"→"导出"→"漫游"命令（图 3-298）,弹出"长度/格式"对话框（图 3-299）。

其中,"帧/秒"用于设置导出后漫游的速度为每秒多少帧,默认为每秒 15 帧,播放速度会比较快,建议设置为 3~4 帧,速度比较合适,按"确定"按钮后弹出"导出漫游"对话框,输入文件名并选择路径,单击"保存"按钮,弹出"视频压缩"对话框,默认为"全帧（非压缩的）",产生的文件会非常大,建议在下拉列表中选择压缩模式为"Microsoft Video 1",此模式为大部分系统可以读取的模式,同时可以减小文件所占空间,单击"确定"按钮将漫游文件导出为外部 AVI 文件。

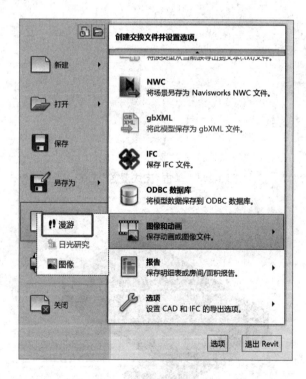

图 3-298 选择"漫游"命令

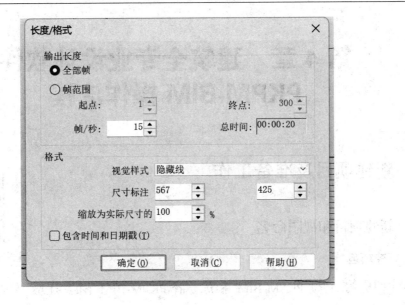

图 3-299 "长度 / 格式"对话框

第4章 建筑全专业设计软件 PKPM-BIM 操作流程

4.1 新建项目及准备工作

4.1.1 新建项目和视图命名

1. 新建项目

建筑专业建模流程(1)

双击图标,启动 PKPM-BIM 系统,选择 PKPM-BIM 下的"建筑"专业,点击"新建项目"(图 4-1)。

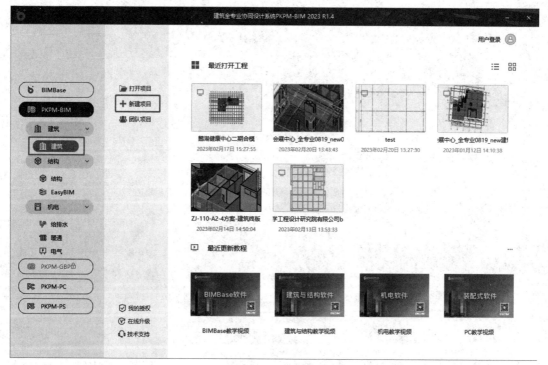

图 4-1 新建项目

确定项目名称和保存路径,点击"保存"按钮,即可新建项目,如图 4-2 所示。

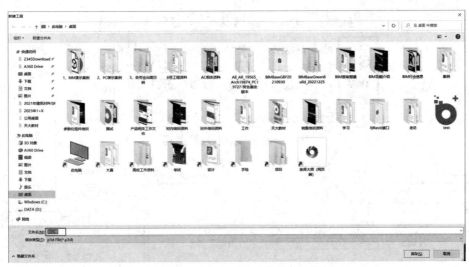

图 4-2　确定项目名称和保存路径

2. 视图命名

在视图浏览器（图 4-3）中，选择视图并点击鼠标右键，选择"重命名"命令，即可对视图进行重命名。

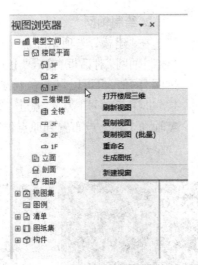

图 4-3　选择"重命名"命令

4.1.2　标高、轴网和基点设置

1. 设置标高

在"建模"选项卡下点击"楼层设置"工具（图 4-4），弹出"楼层管理"对话框（图 4-5），点击"增加"按钮，在弹出的"新楼层设置"对话框中可选择"向上添加"或者"向下添加"，输入楼层层高，点击"确定"按钮（图 4-6），即可完成标高的设置。

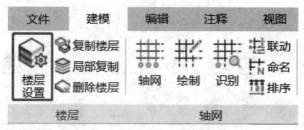

图 4-4　点击"楼层设置"工具

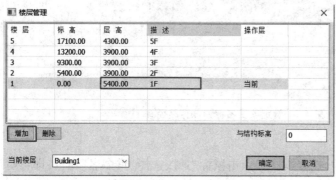

图 4-5　"楼层管理"对话框

图 4-6　"新楼层设置"对话框

2. 绘制轴网

在"建模"选项卡下点击"轴网"工具（图 4-7），弹出"绘制轴网"对话框，输入"上开间""左进深""下开间""右进深"的值，也可以点击右上方常数。默认"开间起轴号"为 1，"进深起轴号"为 A，点击"原点绘制"按钮，即可将轴网 A 轴和 1 轴交点布置到原点位置（图 4-8）。

图 4-7　点击"轴网"工具

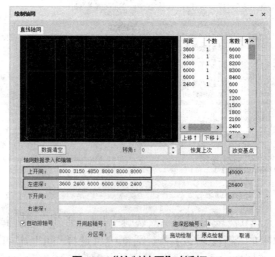

图 4-8　"绘制轴网"对话框

点击单根轴线，在左侧"属性"面板中，可以修改轴号、轴线延伸长度，也可以控制起始轴号标注、终止轴号标注的显示或隐藏，如图 4-9 所示。

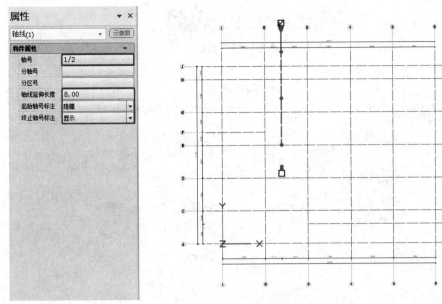

图 4-9 修改轴线属性

3. 设置基点

在"审查"选项卡下点击"基点设置"工具(图 4-10),弹出"项目基点"对话框,输入北 / 南方向的维度、东 / 西方向的经度、绝对高程值(依据 1985 国家高程基准)、到正北的角度值,点击"拾取基点"按钮,在模型中指定基点位置,再点击"确定"按钮即可(图 4-11)。

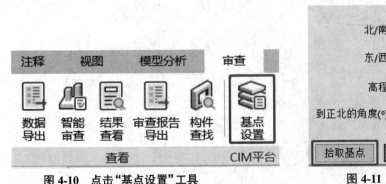

图 4-10 点击"基点设置"工具　　　　　图 4-11 "项目基点"对话框

4.1.3 捕捉背景色设置

1. 设置捕捉

点击视图右下方的"设置"按钮 ⚙ (图 4-12),弹出"捕捉设置"对话框,点击"对象捕捉"选项卡,勾选"启用对象捕捉"和"启用对象捕捉追踪",可自己选择捕捉点;点击"极轴追踪"选项卡,勾选"启用极轴追踪"和"附加角",可自定义追踪的增量角和附加角;点击"靶区设置"选项卡,可设置自动捕捉标记大小、捕捉范围及十字光标大小,如图 4-13 所示。

图 4-12　点击"设置"按钮

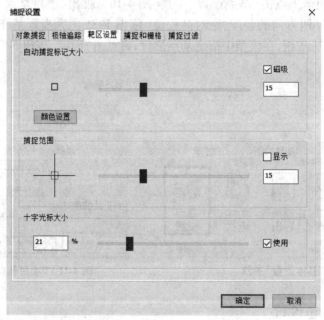

图 4-13　"捕捉设置"对话框

2. 设置背景色

在视图左上方的"文件"选项卡下选择"设置"命令(图 4-14),在弹出的"配置管理"对话框中选择"显示控制",在"背景颜色"选项卡下可自定义背景颜色(图 4-15)。

图 4-14　选择"设置"命令

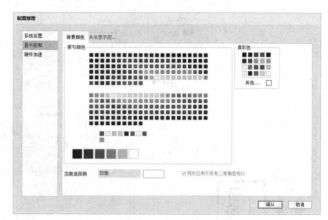

图 4-15　"配置管理"对话框

4.1.4　项目信息和属性设置

在"管理"选项卡下,点击"项目信息"工具,弹出"项目信息"对话框,可输入项目计划信息、项目概况、地理位置、设计人员信息、建设单位信息等,如图 4-16 所示。

图 4-16　添加项目信息

在"管理"选项卡下,点击"类型属性管理器"工具,弹出"属性管理器"对话框,可新建一个标准集 123,如图 4-17 所示。

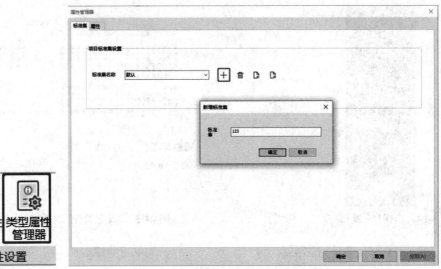

图 4-17　新建标准集

　　在标准集 123 中，可以根据专业分类，自定义勾选构件类型，如建筑门、建筑窗，然后在属性集中点击 按钮（图 4-18），弹出"新建自定义属性"对话框（图 4-19），输入属性名称和默认值，选择数据类型，点击"确定"按钮。在模型中选择建筑门、建筑窗，属性栏最下方会多出属性集 123，可以看到新添加的属性。

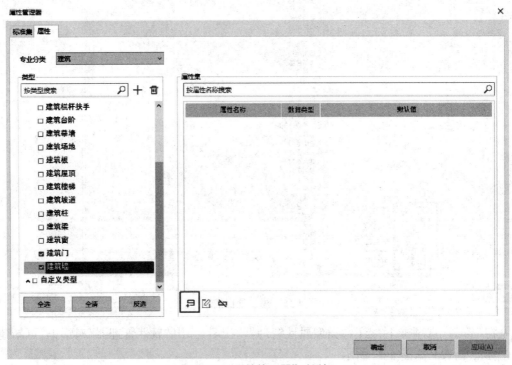

图 4-18　"属性管理器"对话框

图 4-19　"新建自定义属性"对话框

4.2　建筑模型的建立

建筑专业建模流程(2)

4.2.1　一层构件创建

1. 绘制墙体

在"建模"选项卡下,点击"墙"工具,弹出抬头工具栏,显示墙体的绘制方式有直线段、多段线、矩形、三点绘弧、圆心 - 半径绘弧、多边形截面、拾取等方式,选择参考线的位置有中心线、外表面、内表面,输入参考线的偏移值,即可绘制墙体,如图 4-20 所示。

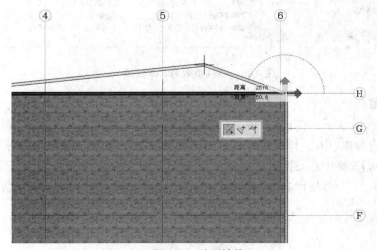

图 4-20　绘制墙体

在左侧"布置墙"面板中，输入墙的顶部链接楼层、顶部偏移、底部链接楼层、底部偏移、自定义墙体厚度，即可调整墙体的细部尺寸。当结构类型选择为基本结构时，建筑材料为单层，可选择材料库中任意一种建筑材料（图4-21）；当结构类型选择为复合结构时，建筑材料为多层，可选择复合材料库中任意一种复合材料（图4-22）。

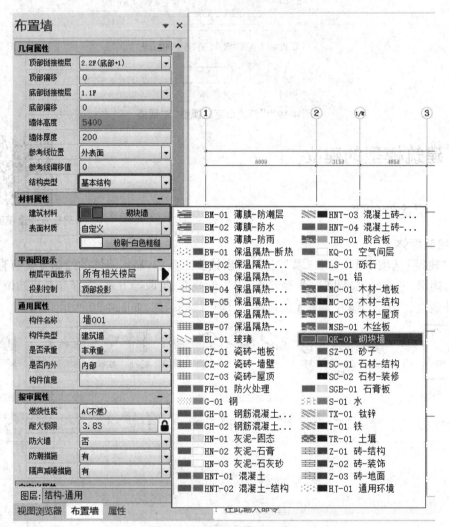

图4-21　结构类型为基本结构

2. 布置门窗

在"建模"选项卡下，点击"门"或"窗"工具（图4-23），弹出抬头工具栏（图4-24），门/窗的布置方式有自由、中心、墙垛等方式。当选择自由布置时，输入模数值可控制与墙体距离的最小单位；当选择中心布置时，会在墙体中心位置放置门窗；当选择墙垛布置时，输入距离可控制墙垛长度。布置时"1侧"指左侧对齐，"中心"指中心对齐，"2侧"指右侧对齐。

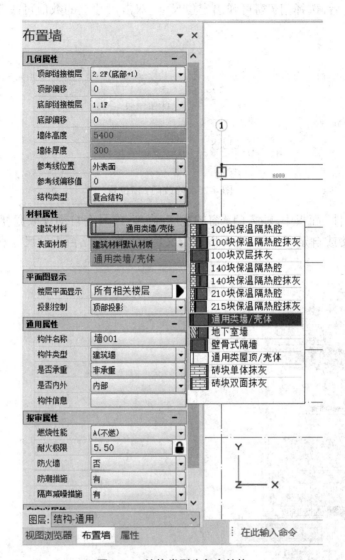

图 4-22　结构类型为复合结构

图 4-23　点击"门"或"窗"工具

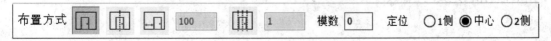

图 4-24　抬头工具栏

布置门 / 窗后, 选择门 / 窗可弹出定位尺寸, 双击尺寸上的数值可改变门 / 窗位置（图 4-25 ）。

图 4-25　修改门 / 窗位置

在左侧"属性"面板中, 输入门 / 窗的宽度、高度, 编号会自动读取宽度和高度。点击▶按钮可添加前缀或自定义编号, 还可以自定义门 / 窗框、门 / 窗板的尺寸和材质, 如图 4-26 所示。

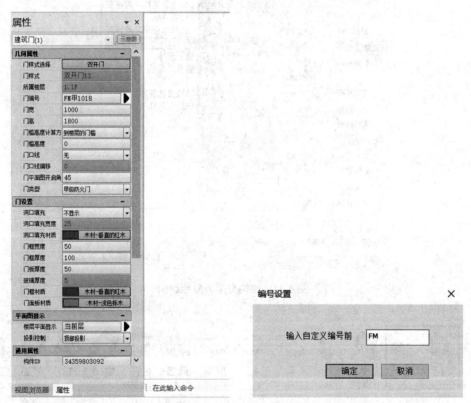

图 4-26　自定义门 / 窗属性

点击"门 / 窗样式选择", 弹出"门窗样式库"对话框（图 4-27 和图 4-28 ）, 可自由选择门 / 窗样式并自定义门 / 窗尺寸。

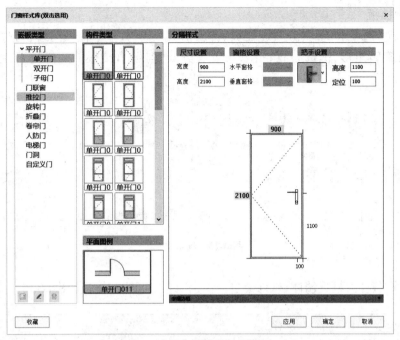

图 4-27　"门窗样式库"对话框(1)

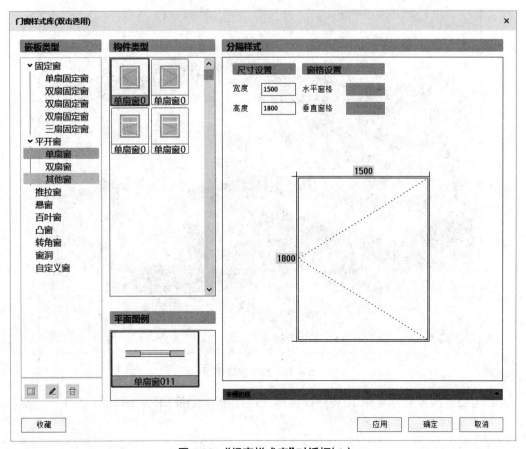

图 4-28　"门窗样式库"对话框(2)

3. 绘制楼板

在"建模"选项卡下，点击"板"工具，弹出抬头工具栏，显示楼板的绘制方式有多边形、对角矩形、旋转矩形、框选布置、拾取布置等方式，勾勒出楼板的边缘即可生成楼板（图4-29）。

图 4-29　绘制楼板

当选择 📇 时，框选墙体，软件会自动识别闭合空间生成楼板（图4-30）。

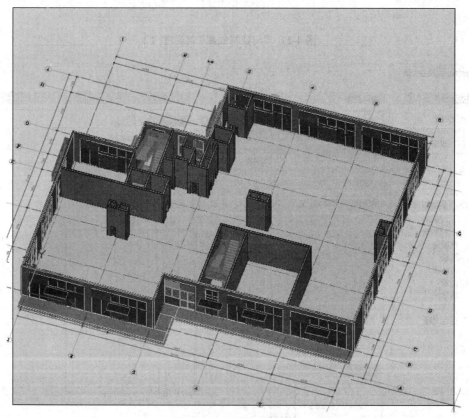

图 4-30　自动生成楼板

如需要在楼板上开洞，可以先选择楼板，然后在板上绘板，即为洞口（图4-31）。

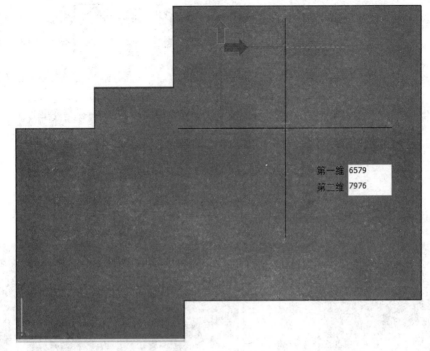

图 4-31　板上绘板

如需要编辑楼板边缘,可在楼板边缘位置点击鼠标左键,弹出编辑工具栏,既可以选择"在边缘位置添加一个点""直线变弧线""单边偏移""全部偏移"等方式,也可以选择"从多边形中增加或减少""合并板""给楼板设置边缘坡度或边缘高度"等方式(图 4-32)。

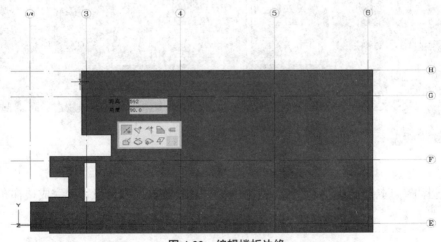

图 4-32　编辑楼板边缘

4. 布置楼梯

在"建模"选项卡下,点击"楼梯"工具,弹出抬头工具栏。楼梯的类型有双跑楼梯、直跑楼梯、L 型转角楼梯、剪刀楼梯;核心定位点可选择楼梯的四个角点;参考线的位置可选择左侧、居中、右侧(图 4-33)。

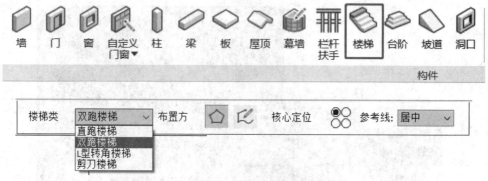

图 4-33　绘制楼梯

在模型楼梯间位置放置楼梯（图 4-34）。

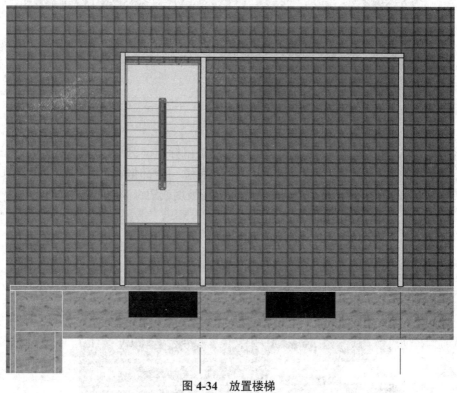

图 4-34　放置楼梯

当选择 ⎿ 时，可自由绘制路径（图 4-35），通过切换梯段和休息平台完成楼梯布置。

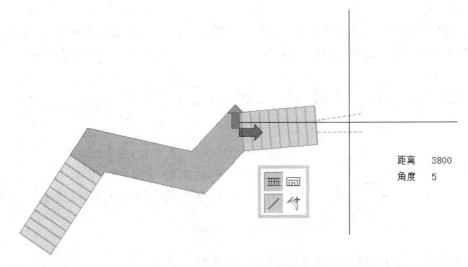

距离　　3800
角度　　5

图 4-35　自由绘制路径

　　在左侧"布置楼梯"面板中,输入楼梯的顶部链接楼层、顶部偏移值、底部链接楼层、底部偏移值、自定义梯段宽度、平台长度、平台类型、梯间宽度、井宽、踏面宽度、踢面总数、一跑步数和二跑步数等,即可调节楼梯的细部尺寸(图 4-36)。

　　在"栏杆属性"面板中点击"栏杆位置"下拉列表,可选择将栏杆布置在内侧、外侧、两侧,或者选择无栏杆、自定义栏杆(图 4-37)。

图 4-36　修改楼梯属性

图 4-37　栏杆布置

3. 布置台阶

在"建模"选项卡下，点击"台阶"工具，弹出抬头工具栏，点击蓝色方块可选择台阶的踏步方向，绘制方式可选择中心定位、两点定长，绘制方向可选择向上、向下（图4-38）。

图4-38　绘制台阶

沿着墙体外边缘选择两点即可布置台阶（图4-39）。

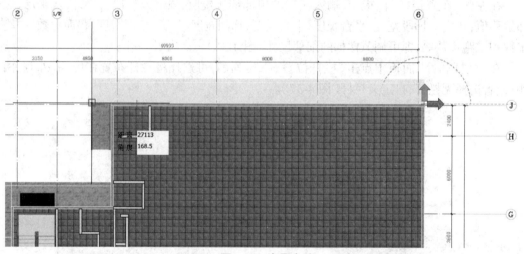

图4-39　布置台阶

在左侧"属性"面板中，输入台阶的底部链接楼层、底部偏移值、台阶总高度、踢面总数、踢面高度、踏面宽度、平台深度、平台宽度，即可调节台阶的细部尺寸（图4-40）。

6. 布置坡道

在"建模"选项卡下，点击"坡道"工具，弹出抬头工具栏，显示坡道的绘制方式有直线、弧形，绘制方向可选择向上、向下，参考线的位置可选择左侧、中心、右侧（图4-41）。沿着墙体外边缘选择两点即可绘制坡道。

图 4-40　修改台阶属性

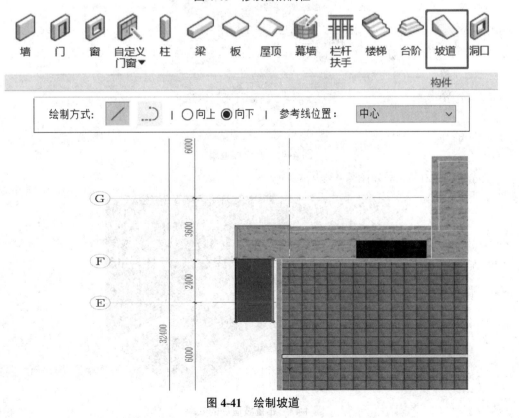

图 4-41　绘制坡道

在左侧"属性"面板中,选择坡道类型、链接楼层、参考线位置,输入偏移值、坡道高度、坡道坡度、坡道长度、坡道宽度,即可调整坡道的细部尺寸(图4-42)。可选择是否包括挡墙,并可设置挡墙的厚度和高度。

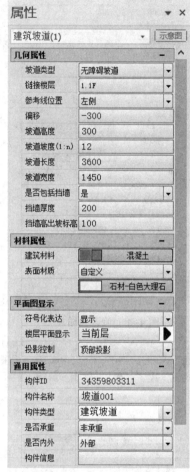

图4-42　修改坡道属性

布置坡道后的效果如图4-43所示。

图4-43　布置坡道后的效果

7. 绘制屋顶

在"建模"选项卡下,点击"屋顶"工具,弹出抬头工具栏,显示屋顶的类型有普通屋顶、双坡屋顶、单坡屋顶,绘制方式有多边形、对角矩形、拾取墙体等方式,勾勒出屋顶的边缘即可生成屋顶(图 4-44)。

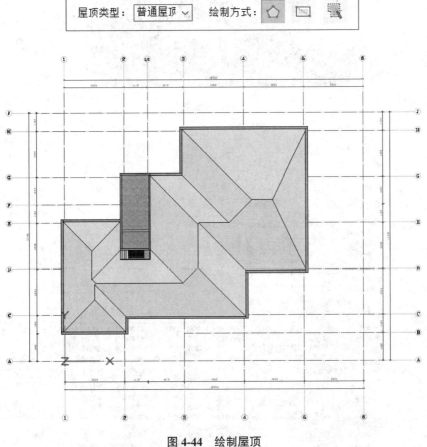

图 4-44　绘制屋顶

屋顶的边坡坡度默认为 30°,在屋顶边缘位置双击鼠标左键,弹出"坡度设置"对话框,可自定义各边的坡度值(图 4-45)。

在左侧"属性"面板中,选择链接楼层,输入底部偏移值、屋面悬挑、结构厚度,即可调整屋顶的细部尺寸。当结构类型选择为基本结构时,建筑材料为单层,可选择材料库中任意一种建筑材料(图 4-46);当结构类型选择为复合结构时,建筑材料为多层,可选择复合材料库中任意一种复合材料(图 4-47)。

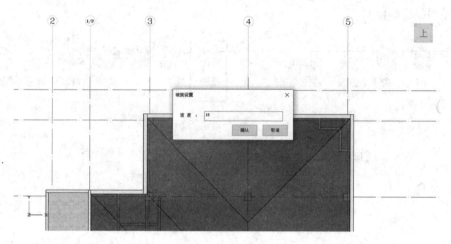

图 4-45　设置坡度

图 4-46　结构类型为基本结构

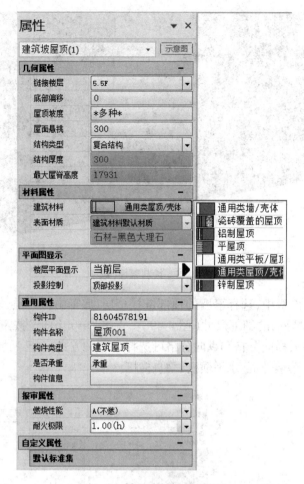

图 4-47　结构类型为复合结构

8. 绘制幕墙

在"建模"选项卡下,点击"幕墙"工具,弹出抬头工具栏,幕墙的绘制方式与墙体一样,选择参考线的位置(有中心线、外表面、内表面),即可绘制幕墙(图 4-48)。

图 4-48　绘制幕墙

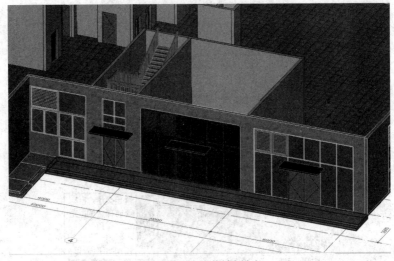

图 4-48　绘制幕墙（续）

　　在左侧"属性"面板中，选择幕墙的顶部链接楼层、底部链接楼层，输入顶部偏移值、底部偏移值，即可调整幕墙的细部尺寸（图 4-49）。点击"单元编辑"按钮，弹出"幕墙单元编辑"对话框（图 4-50），横向分格和纵向分格可选择自定义方式，自己添加分格尺寸。在左侧可自定义幕墙面板、幕墙外框、水平横梃、垂直横梃。

图 4-49　修改幕墙属性　　　　　　　　　图 4-50　"幕墙单元编辑"对话框

　　选择幕墙,双击鼠标左键,进入编辑界面(图 4-51),即进入幕墙编辑空间,其余构件均显示为灰色。选择某一块幕墙嵌板,在面板类型中可选择通用面板、空面板、门面板、窗面板(图 4-52)。

图 4-51　双击进入编辑界面

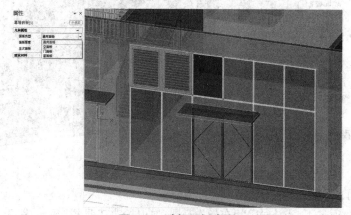

图 4-52　选择面板类型

　　当将其定义为门/窗面板时,点击"门/窗样式选择",弹出"门窗样式库"对话框(图 4-53),可自由选择门/窗样式并自定义门/窗尺寸。在左侧"属性"面板中,还可以自定义门/窗框、门/窗板的尺寸和材质(图 4-54)。

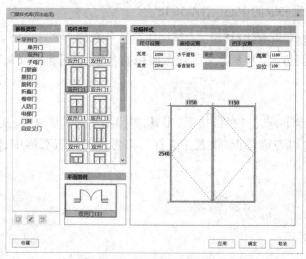

图 4-53　"门窗样式库"对话框

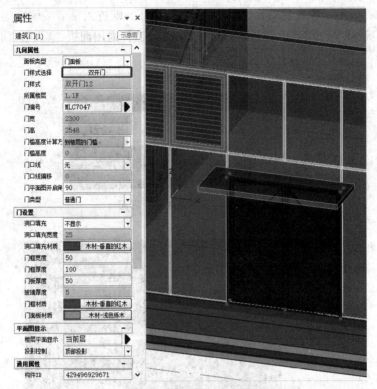

图 4-54　修改门 / 窗属性

9. 布置房间

在"建模"选项卡下,点击"房间布置"工具,弹出抬头工具栏,显示房间的布置方式有手动布置、自动布置、框选布置;软件会自动识别闭合空间生成房间,如果空间不闭合,可点击"房间分割"工具,手动绘制房间的边缘生成房间,如图 4-55 所示。

在左侧的"属性"面板中,选择房间的顶部链接楼层、底部链接楼层,输入顶部偏移值、底部偏移值,可自定义柱是否计入房间面积、体积;选取房间的边界时,可选择墙的中心、墙的内轮廓、墙的外轮廓和墙的中心(图 4-56)。

布置完房间后,点击"房间设置"工具(图 4-57),弹出"房间设置"对话框(图 4-58),可点击 [IMG] 新建房间方案,方案定义可选按面积或名称,也可自定义每种房间或者面积的颜色。

10. 绘制栏杆

在"建模"选项卡下,点击"栏杆扶手"工具,弹出抬头工具栏,栏杆扶手的布置方式可以选择拾取或者绘制,可勾选是否"设置主立柱",参考线的位置有居中、外表面、内表面(图 4-59)。

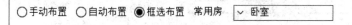

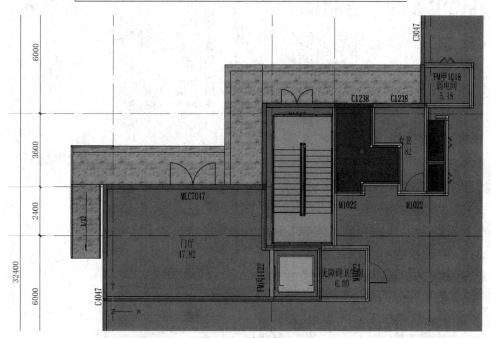

图 4-55　绘制房间

图 4-56　修改房间属性

图 4-57　点击"房间设置"工具

图 4-58 "房间设置"对话框

图 4-59 绘制栏杆

可拾取台阶或坡道自动生成栏杆扶手（图 4-60），也可以自由选择起点和端点绘制栏杆扶手（图 4-61）。

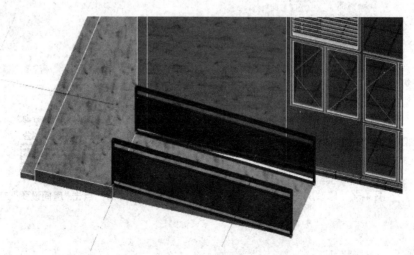

图 4-60 拾取坡道自动生成栏杆扶手

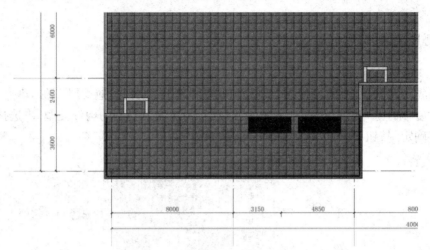

图 4-61　选择起点和端点绘制栏杆扶手

　　在左侧的"属性"面板中,可选择栏杆扶手的链接楼层,输入底部偏移值,在栏杆样式中可自定义顶部横杆下偏移值、底部横杆上偏移值、栏杆竖杆间距(图 4-62)。点击"栏杆样式"按钮,弹出"栏杆设置"对话框,可自定义立柱、扶手、顶部横杆、底部横杆、竖向柱、面板的尺寸(图 4-63)。

图 4-62　修改栏杆扶手属性

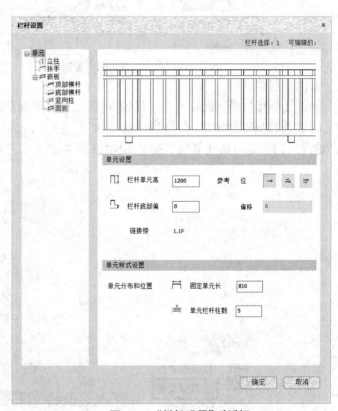

图 4-63　"栏杆设置"对话框

4.2.2 楼层复制

1. 复制楼层

当完成一层的建模后,可使用复制楼层功能,将其复制到其他楼层。在"建模"选项卡下,点击"复制楼层"工具,选择被复制的源楼层,勾选需要复制的构件类型,再选择目标楼层,点击"确定"按钮,即可快速复制所选楼层(图 4-64)。

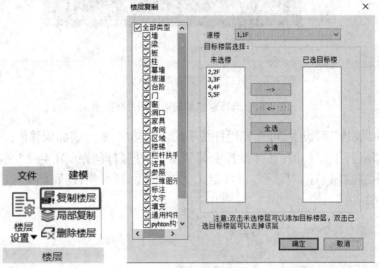

图 4-64　复制楼层

2. 局部复制

如果几个楼层局部的构件是一样的,可使用局部复制功能,将其复制到其他楼层。先按住 Ctrl 键选择局部的构件,在"建模"选项卡下,点击"局部复制"工具,再选择目标楼层,点击"确定"按钮,即可快速复制所选局部构件(图 4-65)。

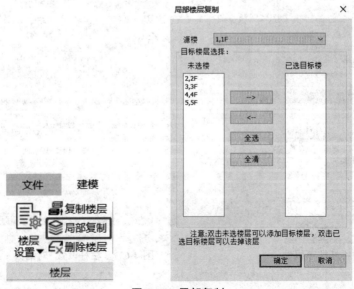

图 4-65　局部复制

4.2.3　全楼模型查看

点击视图浏览器"三维模型"下的"全楼",配合动态观察工具可查看全楼模型(图 4-66)。

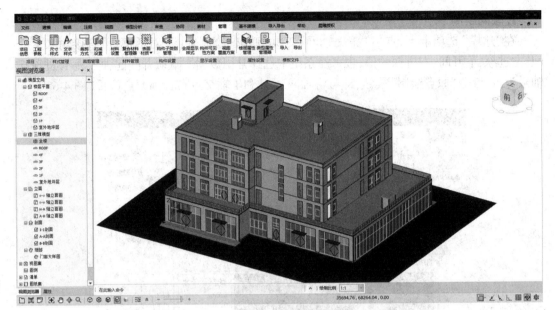

图 4-66　全楼模型

在"建模"选项卡下,点击"视图"面板中的"3D 剖切工具",可通过拖动调整剖切框的大小对模型进行剖切查看(图 4-67)。

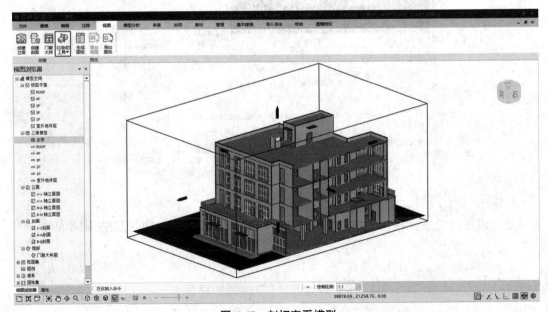

图 4-67　剖切查看模型

4.3　结构模型的建立

结构专业建模流程

4.3.1　标准层创建

1. 轴网绘制

在"建模"选项卡下，点击"正交轴网"工具，弹出"绘制轴网"对话框，可直接输入上开间、左进深、下开间、右进深的值，也可在系统中选择常用数据。默认开间起轴号为1，进深起轴号为A，点击"原点绘制"按钮，即可将轴网A轴和1轴交点布置到原点位置（图4-68）。

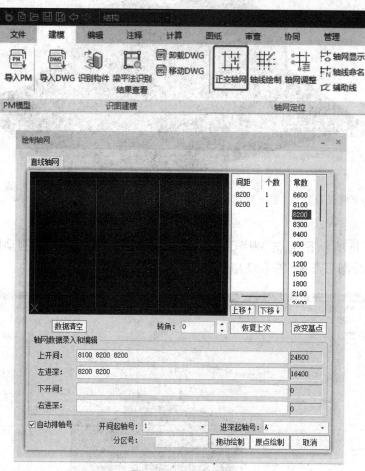

图4-68　绘制轴网

也可以通过"轴线绘制"工具绘制单根直线和弧线轴线，完成轴网的创建（图4-69）。

图 4-69　绘制轴线

2. 布置柱

在"建模"选项卡下,点击"构件布置"面板中的"柱"工具,在弹出的对话框中点击"+"(图 4-70),弹出"新建柱截面"对话框,可以对柱的截面形式、尺寸、材料等进行定义(图 4-71 和图 4-72)。

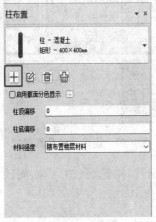

图 4-70　创建柱

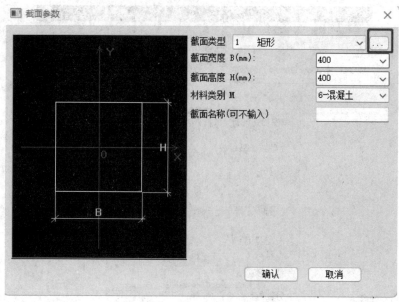

图 4-71　定义柱的截面参数

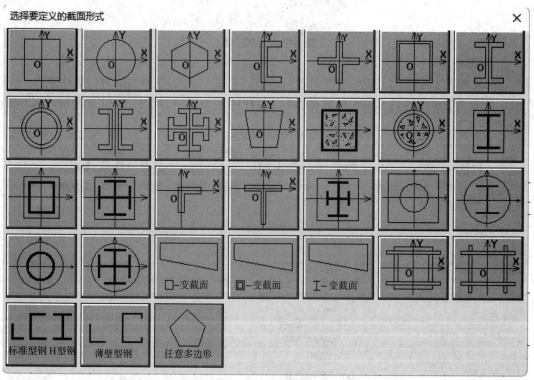

图 4-72　定义柱的截面形式

在绘制柱时,系统提供点带窗选、轴选、自由点选、旋转四种方式,并可通过输入轴偏移值调整柱的基点(图 4-73)。

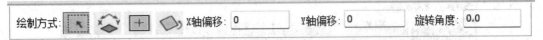

图 4-73　柱的绘制

3. 布置梁

在"建模"选项卡下,点击"构件布置"面板中的"梁"工具,在弹出的对话框中点击"+"(图 4-74),弹出"新建梁截面"对话框,可以对梁的截面形式、尺寸、材料等进行定义(图 4-75 和图 4-76)。

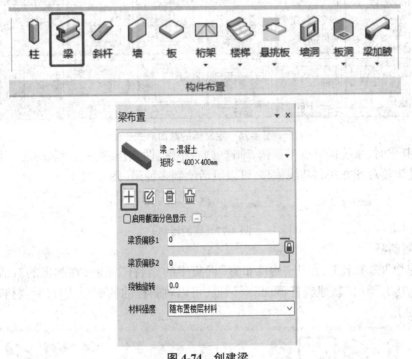

图 4-74　创建梁

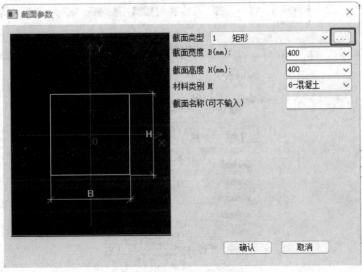

图 4-75　定义梁的截面参数

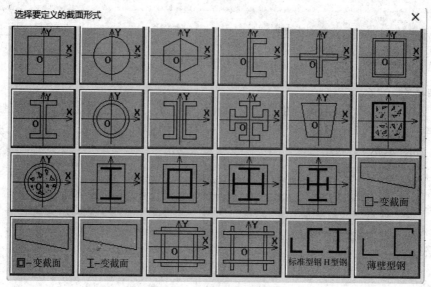

图 4-76　定义梁的截面形式

　　在绘制梁时，系统提供点带窗选、轴选、两点单次、两点连续、三点弧、圆心 - 半径弧六种方式，通过调整对齐方式和基线偏移，可以灵活绘制多种梁（图 4-77）。

图 4-77　梁的绘制

4. 布置斜杆

　　在"建模"选项卡下，点击"构件布置"面板中的"斜杆"工具，在弹出的对话框中点击"+"（图 4-78），弹出"新建斜杆截面"对话框，可以对斜杆的截面形式、尺寸、材料等进行定义（图 4-79）。

图 4-78　创建斜杆

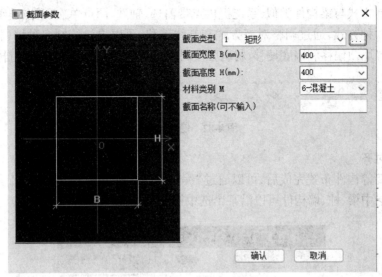

图 4-79　定义斜杆的截面参数

绘制斜杆时采用两点单次的形式,依次点击斜杆始末端位置完成布置,在布置栏可输入始端和末端的偏移值来调整细节(图 4-80)。

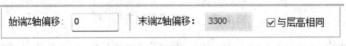

图 4-80　斜杆的调整

5. 布置墙

在"建模"选项卡下,点击"构件布置"面板中的"墙"工具,在弹出的对话框中点击"+",弹出"新建墙截面"对话框,可以创建其他厚度的墙(图 4-81)。

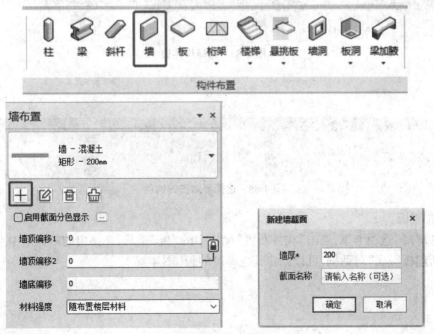

图 4-81　创建墙

墙的绘制方式与梁构件类似，系统提供点带窗选、轴选、两点单次、两点连续、三点弧、圆心 - 半径弧六种方式，通过调整对齐方式和基线偏移，可以灵活绘制多种墙（图 4-82）。在布置栏可设置墙顶偏移和墙底偏移，材料强度可以选择随布置楼层材料或者自定义。

图 4-82　墙的绘制

6. 构件对齐

梁、柱、墙等构件布置完成后，可以通过"编辑"选项卡下的"通用对齐"工具（图 4-83），实现在某一层中梁、柱、墙构件可以沿某个选中构件的边线快速对齐。

图 4-83　点击"通用对齐"工具

先选择构件边，例如选择柱上侧边线，此时沿该柱边线会出现一条直线（图 4-84）。再点选或框选要对齐的构件，点击右键确认（图 4-85）。

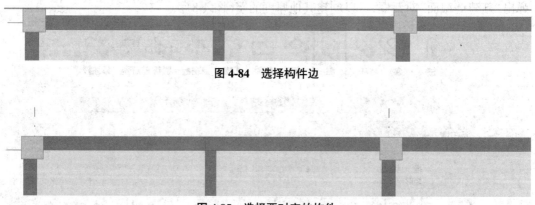

图 4-84　选择构件边

图 4-85　选择要对齐的构件

7. 布置板

在"建模"选项卡下，点击"构件布置"面板中的"板"工具，在弹出的对话框中点击"+"，弹出"新建板截面"对话框，可以创建其他厚度的板（图 4-86）。

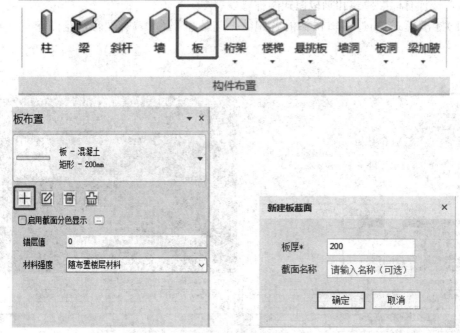

图 4-86　板的创建

　　板的绘制方式包括拾取布置、框选布置、标高布置、多边形绘制和矩形绘制五种。拾取布置和框选布置通过识别由构件围合的平面,在该围合平面上按选中的板厚布置板;标高布置将板顶标高与层高齐平;多边形布置和矩形布置支持自由绘制板构件(图 4-87)。

图 4-87　板的绘制

8. 布置楼梯

　　在"建模"选项卡下,点击"构件布置"面板中的"楼梯"工具,选择一个未布置板(或者板厚为 0)的封闭区域,弹出"楼梯绘制模式选择"对话框(图 4-88)。

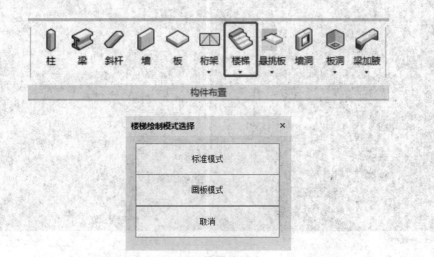

图 4-88　楼梯的创建

布置楼梯有标准模式和画板模式两种。

（1）标准模式：通过编辑楼梯的各跑数据与休息平台参数，配合预览图布置楼梯（图4-89）。

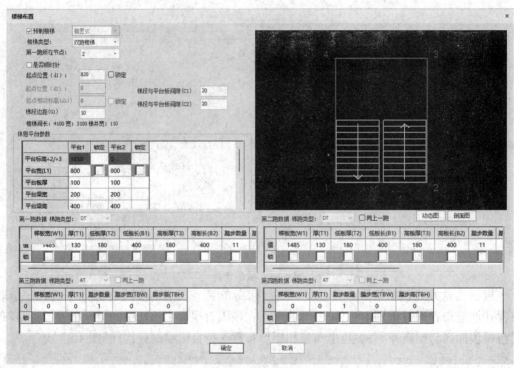

图4-89　标准模式

（2）画板模式：通过编辑楼梯的视图尺寸，生成楼梯模型；绿色尺寸线标注可双击修改，蓝色尺寸线标注通过修改其他尺寸自动计算生成（图4-90）。

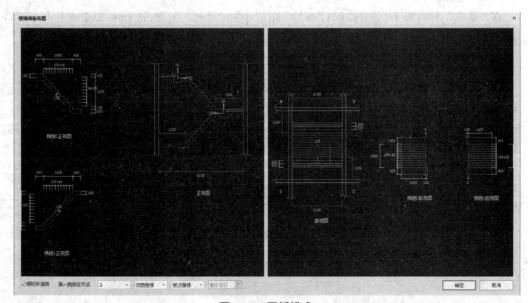

图4-90　画板模式

4.3.2 楼层组装

1. 新增标准层

在"建模"选项卡下,点击"楼层管理"面板中的"增标准层"工具,弹出"新建标准层"对话框(图 4-91),输入标准层高,选择参考标准层,即可复制该标准层所有构件,若不选择参考标准层,则只新增一层带轴线的标准层。

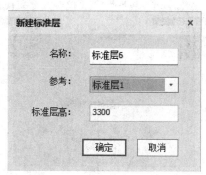

图 4-91 新增标准层

点击"确定"按钮后,在视图浏览器中可查看新增的标准层(图 4-92),可双击切换到对应的标准层进行构件的布置及编辑。

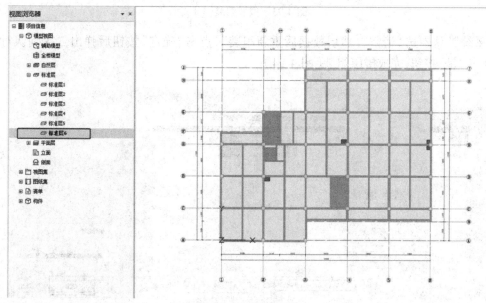

图 4-92 视图浏览器

2. 楼层组装

在"建模"选项卡下,点击"楼层管理"面板中的"楼层组装"工具,弹出"楼层组装"对话框,首先输入层底标高,选择相应标准层,输入层高、层名称,点击"增加"按钮向上增加自然层;逐层增加后,点击"确定按钮"(图 4-93)。

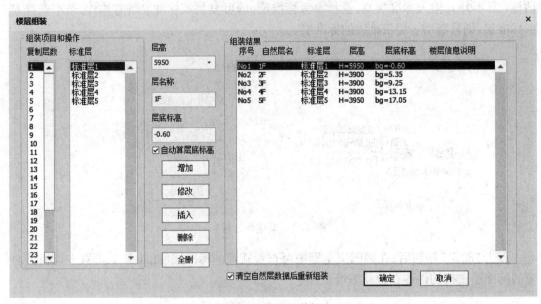

图 4-93 楼层组装(1)

系统默认勾选"清空自然层数据后重新组装",点击"确定"按钮后弹出二次确认对话框,点击"是"按钮,完成楼层组装(图 4-94)。

图 4-94 楼层组装(2)

点击视图浏览器中的"全楼模型",配合动态观察工具可查看楼层组装结果(图 4-95)。

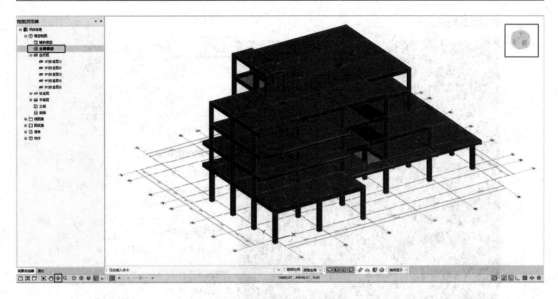

图 4-95　楼层组装结果

4.3.3　基础构件创建

基础布置需要切换到自然层操作。

1. 独立基础

在"建模"选项卡下,点击"基础"面板中的"独立基础"工具,在弹出的"独立基础布置"对话框中点击"+"(图 4-96),弹出新建独立基础对话框,可以对独立基础的截面类型、截面尺寸等进行定义(图 4-97)。

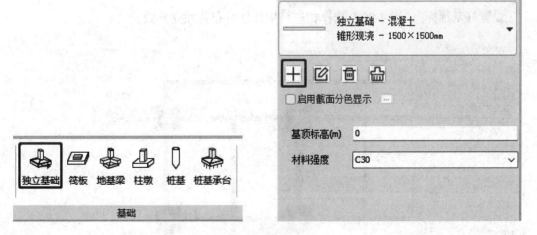

图 4-96　创建独立基础

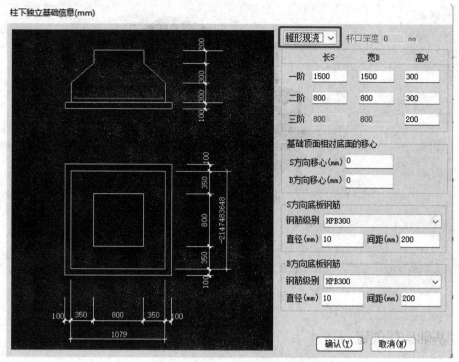

图 4-97　定义独立基础的参数

布置独立基础时,系统提供点带窗选、旋转布置两种方式,可通过输入轴偏移值调整独立基础的基点(图 4-98)。

图 4-98　独立基础的布置

设置好基顶标高(图 4-99),选择相应结构柱即可布置独立基础。

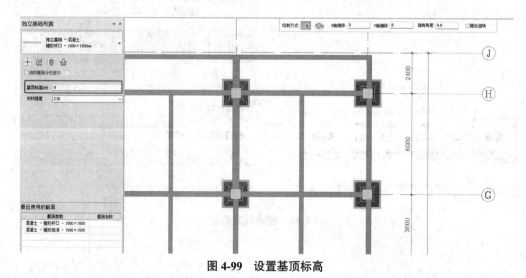

图 4-99　设置基顶标高

2. 筏板

在"建模"选项卡下,点击"基础"面板中的"筏板"工具,在弹出的"筏板布置"对话框中点击"+",弹出"新建筏板截面"对话框,可以创建其他厚度的筏板(图 4-100)。

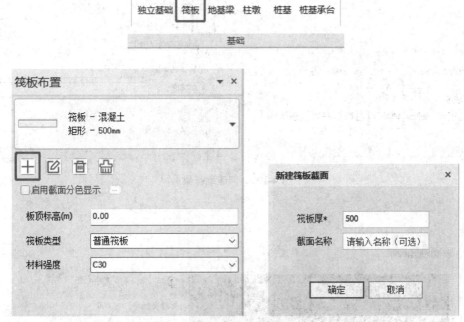

图 4-100　创建筏板

筏板的绘制有多边形绘制和矩形绘制两种方式(图 4-101),设置好板顶标高后绘制筏板轮廓即可完成布置。

图 4-101　筏板的绘制

3. 地基梁

在"建模"选项卡下,点击"基础"面板中的"地基梁"工具,在弹出的"地基梁布置"对话框中点击"+"(图 4-102),弹出"新建地基梁截面"对话框,可以对地基梁的截面类型、截面尺寸等进行定义(图 4-103)。

绘制地基梁时,系统提供点带窗选、两点单次、两点连续三种绘制方式,通过调整对齐方式和基线偏移,可以灵活布置地基梁(图 4-104)。

4. 柱墩

在"建模"选项卡下,点击"基础"面板中的"柱墩"工具,在弹出的"柱墩布置"对话框中点击"+"(图 4-105),弹出"柱墩尺寸"对话框,可以对柱墩的截面类型、截面尺寸等进行定义(图 4-106)。

图 4-102　创建地基梁

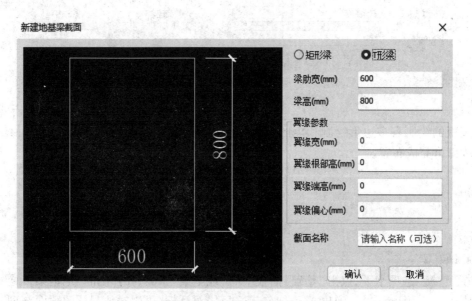

图 4-103　定义地基梁的参数

图 4-104　地基梁的绘制

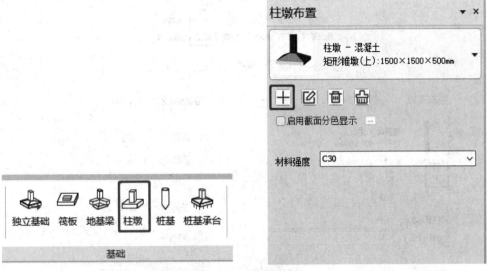

图 4-105　创建柱墩

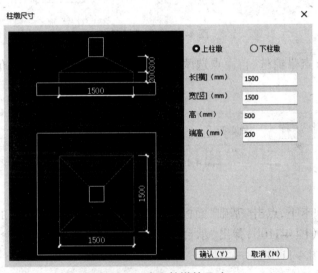

图 4-106　定义柱墩的尺寸

柱墩布置与独立基础的布置类似。绘制柱墩时系统提供点带窗选、旋转布置两种方式（图 4-107）。当同时存在筏板及柱，且柱处于筏板范围上方时，才可布置柱墩。

图 4-107　柱墩的绘制

5. 桩基

在"建模"选项卡下，点击"基础"面板中的"桩基"工具，在弹出的"桩基布置"对话框中点击"+"，弹出"桩截面定义"对话框，可以对桩基的截面类型、截面尺寸等进行定义（图 4-108）。

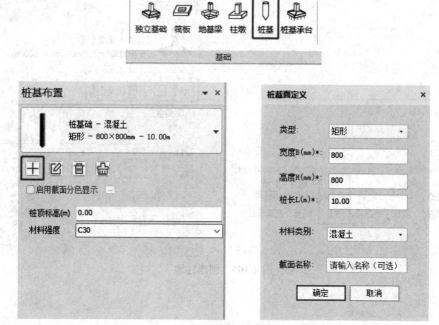

图 4-108　创建桩基

桩基的绘制有点带窗选、自由点选两种方式,并可通过输入轴偏移值调整桩基的基点(图 4-109)。

图 4-109　桩基的绘制

6. 桩基承台

在"建模"选项卡下,点击"基础"面板中的"桩基承台"工具,在弹出的"桩基承台布置"对话框中点击"+"(图 4-110),弹出"承台定义"对话框,可以对桩基承台的截面类型、截面尺寸等进行定义(图 4-111)。

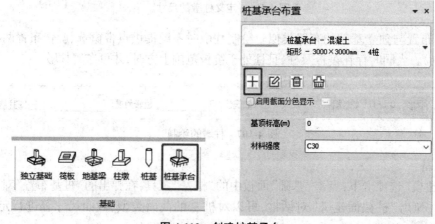

图 4-110　创建桩基承台

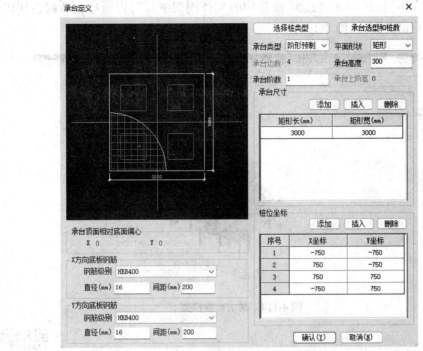

图 4-111　定义桩基承台的参数

　　桩基承台的绘制有点带窗选、旋转两种方式,并可通过输入轴偏移值调整桩基承台的基点(图 4-112)。与独立基础布置类似,桩基承台的布置依赖于结构柱,需要选择相应的柱才能布置桩基承台。

图 4-112　桩基承台的绘制

4.3.4　全楼模型查看

　　点击视图浏览器中的"全楼模型",配合动态观察工具可查看全楼模型(图 4-113)。

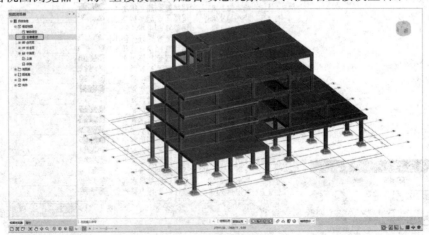

图 4-113　全楼模型

在"建模"选项卡下,点击"工具"面板中的"3D剖切工具",可通过拖动调整剖切框的大小对模型进行剖切查看(图4-114)。

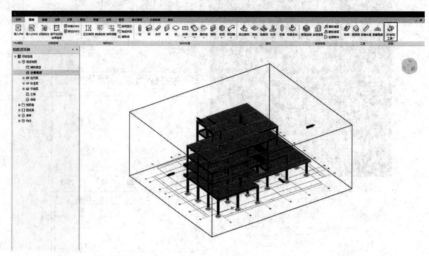

图 4-114　剖切查看模型

4.4　机电模型的建立

给排水专业
建模流程

4.4.1　给排水模型创建

1. 系统设置

在"工程设置"选项卡下点击"给排水系统设置"工具,可设置给排水管道系统名称、系统代号、管道材料、系统类型、颜色等(图4-115)。

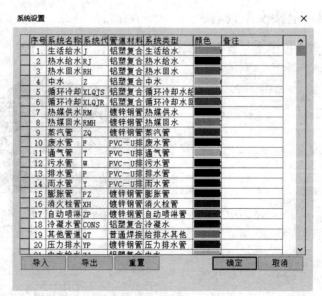

系统设置

序号	系统名称	系统代号	管道材料	系统类型	颜色	备注
1	生活给水	J	铝塑复合	生活给水		
2	热水给水	RJ	铝塑复合	热水给水		
3	热水回水	RH	铝塑复合	热水回水		
4	中水	Z	铝塑复合	中水		
5	循环冷却	XLQJS	铝塑复合	循环冷却水给		
6	循环冷却	XLQJR	铝塑复合	循环冷却水回		
7	热媒供水	RM	镀锌钢管	热媒供水		
8	热媒回水	RMH	镀锌钢管	热媒回水		
9	蒸汽管	ZQ	镀锌钢管	蒸汽管		
10	废水管	F	PVC—U排	废水管		
11	通气管	T	PVC—U排	通气管		
12	污水管	W	PVC—U排	污水管		
13	排水管	P	PVC—U排	排水管		
14	雨水管	Y	PVC—U排	雨水管		
15	膨胀管	PZ	镀锌钢管	膨胀管		
16	消火栓管	XH	镀锌钢管	消火栓管		
17	自动喷淋	ZP	镀锌钢管	自动喷淋管		
18	冷凝水管	CONS	铝塑复合	冷凝水		
19	其他管道	QT	普通焊接	给排水其他		
20	压力排水	YP	镀锌钢管	压力排水管		

导入　　导出　　重置　　　确定　　取消

图 4-115　给排水系统设置

2. 楼层关联

在"建模"选项卡下"楼层"面板中点击"楼层关联"工具,在弹出的"楼层关联"对话框中点击"自动匹配"按钮,将设备楼层与建筑楼层关联(图 4-116)。

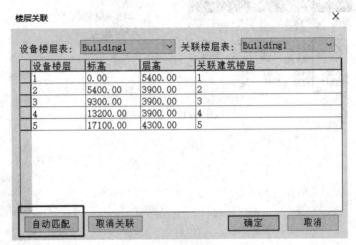

图 4-116　楼层关联

3. 管道绘制

在"建模"选项卡下"水管"面板中点击"水管绘制"工具,在弹出的"水管单管绘制"对话框中确定管道系统名称、管材、管径和管道标高(图 4-117)后,在绘图区点击鼠标左键绘制管道,点击右键完成绘制。

4. 附件布置

在"建模"选项卡下"附件"面板中点击"水阀"工具,在"布置附件"对话框中点击右侧双箭头(图 4-118),进入设备库。

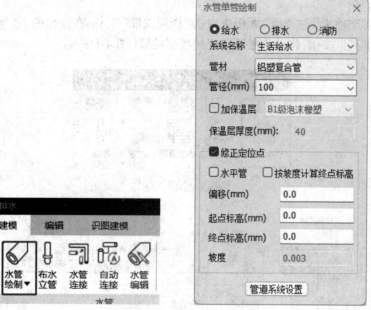

图 4-117　管道绘制

图 4-118　附件布置

在设备库中选择阀门类型,点击"确定"按钮,完成阀门选型(图 4-119)。

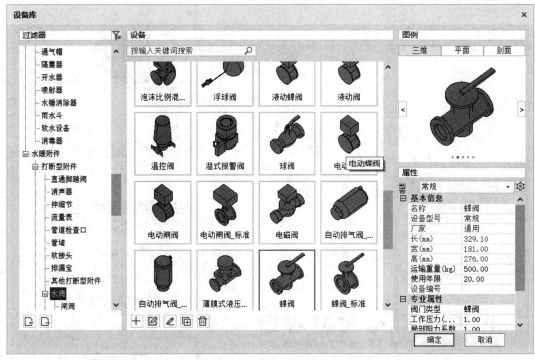

图 4-119　阀门选型

将鼠标移动至管道上,点击左键完成阀门布置(图 4-120)。

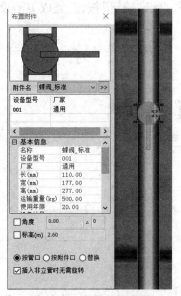

图 4-120　完成阀门布置

5. 卫浴布置

在"建模"选项卡下"设备"面板中点击"卫浴"工具,弹出"设备"对话框,点击右侧双箭头（图 4-121），进入设备库。

图 4-121　卫浴布置

在设备库中选择设备类型，点击"确定"按钮，完成卫浴设备选型（图 4-122）。

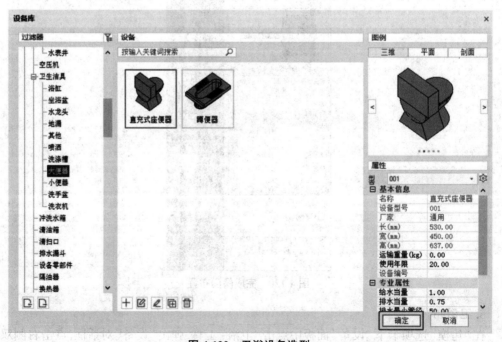

图 4-122　卫浴设备选型

确定插入点标高和角度,并在界面最下方选择布置方式,点击鼠标左键完成卫浴设备布置(图 4-123)。

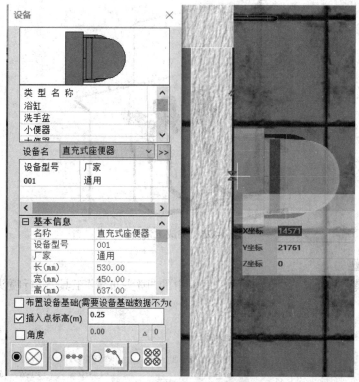

图 4-123　完成卫浴设备布置

6. 卫浴连接

点击"建模"选项卡下的"卫浴连干管"工具,在弹出的"给排水系统连接"对话框中,选择需要连接的对应设备,点击右侧双箭头选择连接样式(图 4-124),完成后点击"确定"按钮。

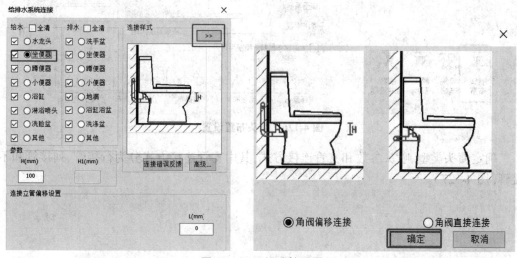

图 4-124　卫浴连接设置

按住鼠标左键框选设备与管道,点击右键确认,完成连接(图4-125)。

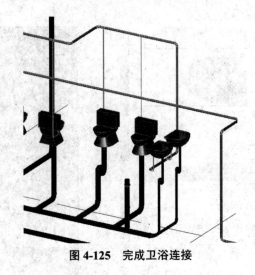

图 4-125 完成卫浴连接

7. 喷头布置

点击"建模"选项卡下"自动喷淋"面板中的"喷头布置"工具,进行喷头布置设置(图4-126)。

图 4-126 喷头布置设置

确定喷头类型、喷头参数和支管连接方式,其中支管连接方式分为行接管、列接管和不接管(图4-127)。

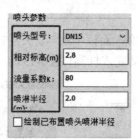
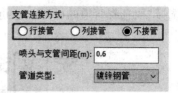

图 4-127　确定喷头类型、喷头参数和支管连接方式

布置参数分为"已知间距"和"已知行列"两种情况（图 4-128 ）。

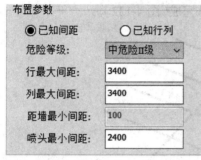
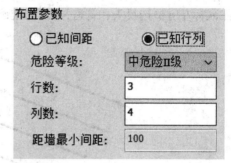

图 4-128　布置参数

布置方式分为任意布置、弧线布置、扇形布置、矩形对角布置、矩形三点布置（图 4-129 ）。

图 4-129　布置方式

点击鼠标左键，完成喷头布置（图 4-130 ）。

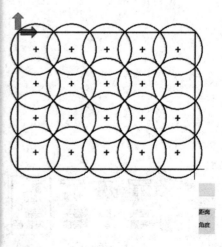

图 4-130　完成喷头布置

8. 喷头连接

点击"建模"选项卡下"自动喷淋"面板中的"喷头连接"工具，在弹出的对话框中可以选择"取选择管道的标高"，也可手动输入标高（图 4-131）。

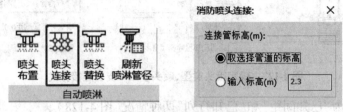

图 4-131　喷头连接设置

按住鼠标左键框选喷头和管道，点击右键确认完成（图 4-132）。

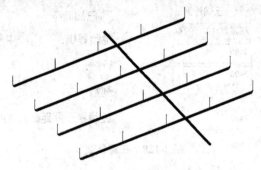

图 4-132　完成喷头连接

9. 刷新喷淋管径

点击"建模"选项卡下"自动喷淋"面板中的"刷新喷淋管径"工具，在弹出的"刷新配水管径"对话框中，选择危险等级并点击"确定"按钮（图 4-133）。

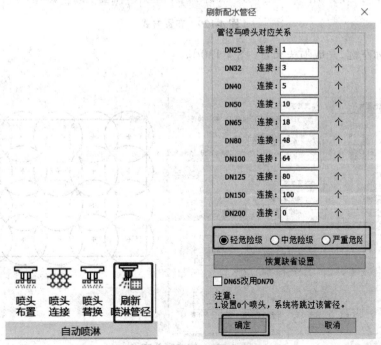

图 4-133　刷新喷淋管径设置

根据左上角的提示,选择起始管道,点击鼠标左键,完成喷淋配水管径刷新(图 4-134)。

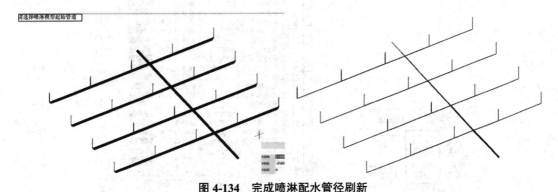

图 4-134　完成喷淋配水管径刷新

4.4.2　暖通模型创建

1. 系统设置

在"工程设置"选项卡下点击"风系统设置"工具,可设置风管系统名称、系统代号、系统类型、颜色等(图 4-135)。

暖通专业建模流程

风管系统设置　　　　　　　　　　　　　　　×

序号	系统名称	系统代号	系统类型	颜色	备注
1	送风-1	SF-1	送风		
2	回风-1	HF1	回风		
3	新风-1	XF-1	新风		
4	排风-1	PF-1	排风		
5	消防排烟	FPY-1	防排烟		
6	加压送风	ZY-1	防排烟		
7	排风兼排	P(Y)-1	防排烟		
8	消防补风	XB-1	防排烟		
9	送风兼消	S(B)-1	防排烟		
10	除尘1	CC1	除尘		
11	排油烟	PYY	排油烟		

文件　　工程设置

风系统设置　水系统设置　风管默认连接件

导入　　导出　　重置　　确定　　取消

图 4-135　风系统设置

在"工程设置"选项卡下点击"水系统设置"工具,可设置水管系统名称、系统代号、系统类型、颜色等(图 4-136)。

2. 楼层关联

在"建模"选项卡下"楼层"面板中点击"楼层关联"工具,在弹出的"楼层关联"对话框中点击"自动匹配"按钮,将设备楼层与建筑楼层关联(图 4-137)。

3. 风管绘制

在"建模"选项卡下"风管"面板中点击"风管绘制"工具,在弹出的"风管布置"对话框中,确定风管系统名称、风管材质、标高、截面尺寸(图 4-138),在绘图区域点击鼠标左键绘制风管,点击右键完成绘制。

序号	系统名称	系统代号	系统类型	颜色	备注
1	采暖供水	RG-1	采暖供水		
2	采暖回水	RH-1	采暖回水		
3	采暖其他	HOTHER-1	采暖其他		
4	空调冷冻水供水	LG-1	空调冷冻水供水		
5	空调冷冻水回水	LH-1	空调冷冻水回水		
6	空调冷凝水	LN-1	空调冷凝水		
7	空调热水供水	ACWHS-1	空调热水供水		
8	空调热水回水	ACWHR-1	空调热水回水		
9	空调冷(热)水供	ACWCHS-1	空调冷(热)水供		
10	空调冷(热)水回	ACWCHR-1	空调冷(热)水回		
11	空调冷却水供水	LQ-1	空调冷却水供水		
12	空调冷却水回水	LQH-1	空调冷却水回水		
13	空调补给水	ACWR-1	空调补给水		
14	空调蒸汽	ACWSTEAM	空调蒸汽		
15	空调冷媒气液	ACWREFRI	空调冷媒气液		
16	空调冷媒气管	ACWREFRI	空调冷媒气管		
17	空调冷媒液管	ACWREFRI	空调冷媒液管		
18	燃气	NG-1	燃气		
19	压缩空气	CA-1	压缩空气		

导入　导出　重置　确定　取消

图 4-136　水系统设置

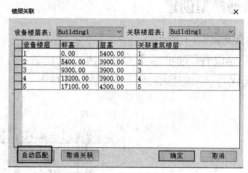

设备楼层	标高	层高	关联建筑楼层
1	0.00	5400.00	1
2	5400.00	3900.00	2
3	9300.00	3900.00	3
4	13200.00	3900.00	4
5	17100.00	4300.00	5

自动匹配　取消关联　确定　取消

图 4-137　楼层关联

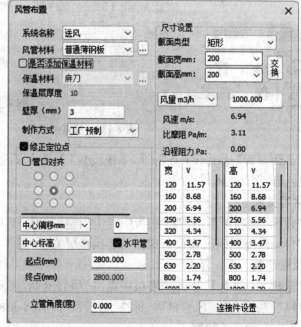

图 4-138　风管绘制

4. 水管绘制

在"建模"选项卡下"水管"面板中点击"水管绘制"工具,在弹出的"水管单管绘制"对话框中,确定管道系统名称、管材、管径和管道标高(图 4-139),在绘图区域点击鼠标左键绘制管道,点击右键完成绘制。

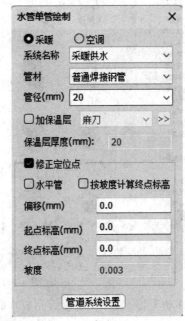

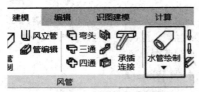

图 4-139　水管绘制

5. 附件布置

在"建模"选项卡下"附件"面板中点击"水阀"工具,在弹出的"布置附件"对话框中点击右侧双箭头(图 4-140),进入设备库。

图 4-140　附件布置(水阀)

在设备库中选择阀门类型，点击"确定"按钮，完成水阀选型（图 4-141）。

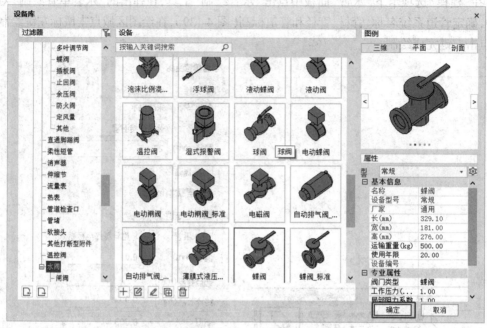

图 4-141 水阀选型

将鼠标移动至管道上，点击左键完成水阀布置（图 4-142）。

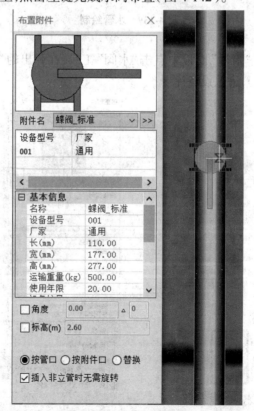

图 4-142 完成水阀布置

在"建模"选项卡下"附件"面板中点击"风阀"工具,在弹出的"布置附件"对话框中点击右侧双箭头(图 4-143),进入设备库。

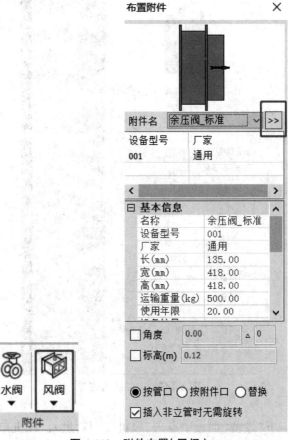

图 4-143　附件布置(风阀)

在设备库中选择风阀类型,点击"确定"按钮,完成风阀选型(图 4-144)。

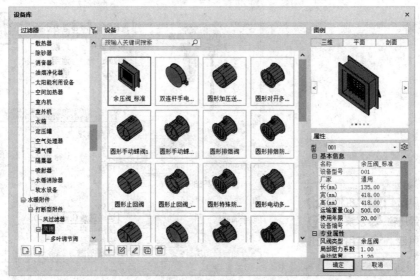

图 4-144　风阀选型

将鼠标移动至风管上,点击左键完成风阀布置(图 4-145)。

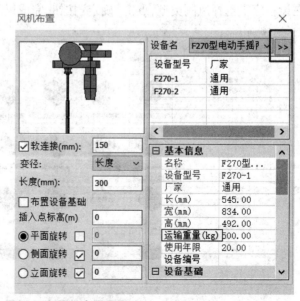

图 4-145 完成风阀布置

6. 风机布置

在"建模"选项卡下"设备"面板中点击"风机"工具,进入"风机布置"界面,点击右侧双箭头(图 4-146),进入设备库。

图 4-146 风机布置设置

在设备库中选择风机类型,点击"确定"按钮,完成风机选型(图 4-147)。

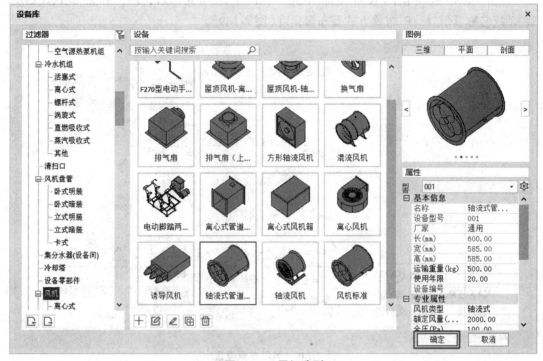

图 4-147　风机选型

将鼠标移动至风管处,风机自动布置,点击鼠标左键完成(图 4-148)。

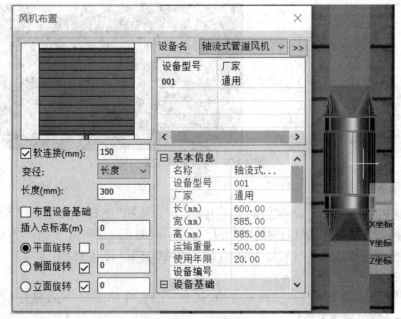

图 4-148　完成风机布置

7. 风口布置

点击"建模"选项卡下"设备"面板中的"风口"工具，进入"风口设置"界面，确认风口类型、系统名称、风口标高、布置方式及布置角度（图 4-149）。

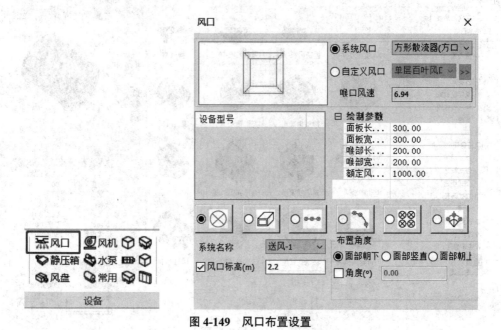

图 4-149　风口布置设置

选择管上布置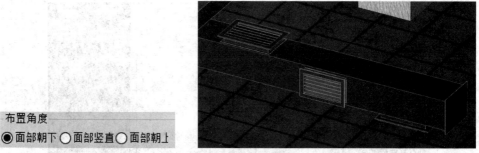，调整布置角度，可将风口朝上、朝下或竖直布置（图 4-150）。

图 4-150　完成风口布置

8. 风口连接

点击"建模"选项卡下"设备连接"面板中的"风口连接"工具，在弹出的"风口连管"对话框中确定风管连接方式、风口连接支风管尺寸（图 4-151）。

按住鼠标左键框选风口与风管，点击右键完成风口连接（图 4-152）。

9. 风盘布置

点击"建模"选项卡下"设备"面板中的"风盘"工具，在弹出的"风机盘管布置"对话框点击 >>（图 4-153），进入设备库。

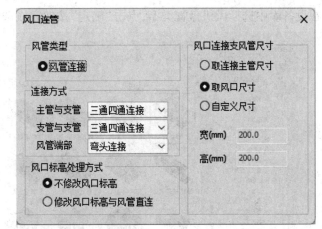

图 4-151　风口连接设置

图 4-152　完成风口连接

图 4-153　风机盘管布置设置

在设备库中选择风机盘管类型，点击"确定"按钮完成选型（图4-154）。

图4-154　风机盘管选型

勾选"风机盘管加风管设置"，可对送风管和回风管进行设置（图4-155）。

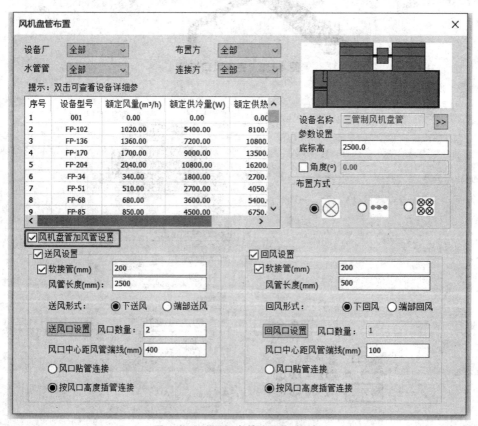

图4-155　"风机盘管布置"对话框

确定布置方式、底标高及角度（图 4-156），点击鼠标左键完成风盘布置（图 4-157）。

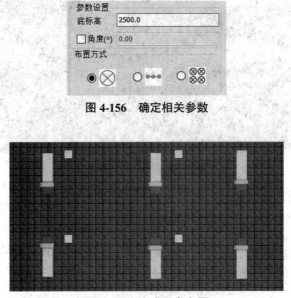

图 4-156　确定相关参数

图 4-157　完成风盘布置

10. 风盘连水

点击"建模"选项卡下"设备连接"面板中的"风盘连水"工具，在弹出的"设备连水管"对话框中设置接口连管长度、连管递增距离以及连接支管偏移（图 4-158）。

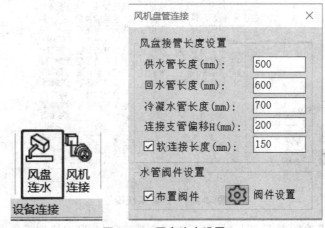

图 4-158　风盘连水设置

用鼠标左键框选风盘和水管，点击右键确认完成连接（图 4-159）。

图 4-159　完成风盘和水管的连接

4.4.3　电气模型创建

1. 系统设置

在"工程设置"选项卡下点击"线管系统设置"工具，可设置线管系统名称、系统代号、系统类型和颜色等（图 4-160）。

电气专业建模流程

线管系统设置 ✕

序号	系统名称	系统代号	系统类型	颜色	备注
1	照明	ELL	照明		
2	应急照明	ELM	照明		
3	插座	EPS	动力		
4	电源	EPL	动力		
5	动力	EPP	动力		
6	动力控制	EPC	动力		
7	接地	EGG	防雷接地		
8	接闪	EGL	防雷接地		
9	消防广播	EFB	火灾自动报警		
10	消防电话	EFH	火灾自动报警		
11	消防联动	EFC	火灾自动报警		
12	消防电源	EFP	火灾自动报警		
13	消防信号	EFS	火灾自动报警		
14	消防手控	EFK	火灾自动报警		
15	消防气体灭火	EFQ	火灾自动报警		
16	电话	ECT	通信与网络		
17	网络	ECN	通信与网络		
18	综合布线	EAA	综合布线		
19	机房工程	ERR	机房工程		
20	广播、扩声、会	EBB	广播、扩声、会		
21	有线电视卫星E	ETT	有线电视卫星电		
22	信号	EYS	呼叫信号及信息		

导入	导出	重置	确定	取消

文件　工程设置

线管系统设置　桥架系统设置　桥架连接

图 4-160　线管系统设置

在"工程设置"选项卡下点击"桥架系统设置"工具，可设置桥架系统名称、系统代号、系统类型和颜色等（图 4-161）。

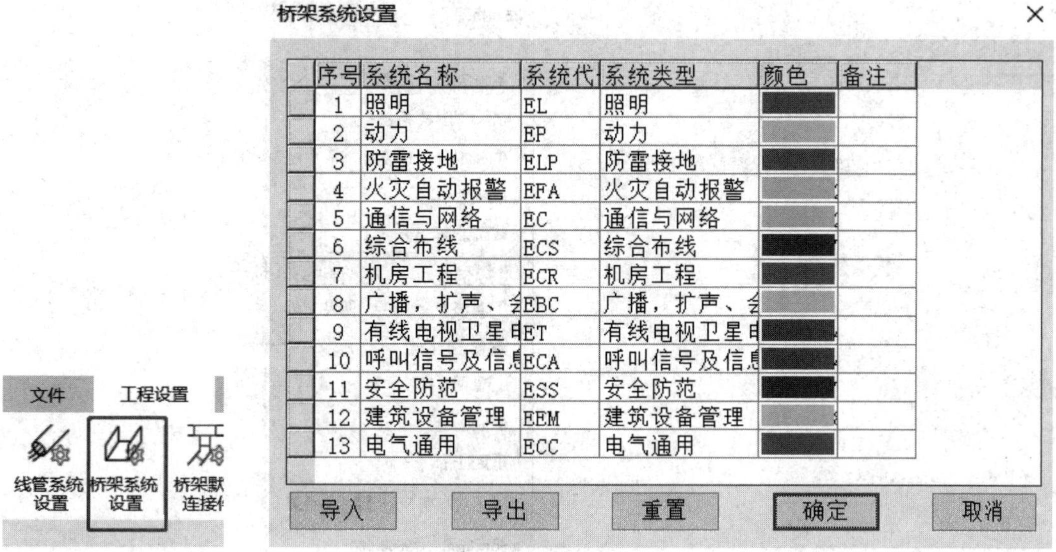

图 4-161　桥架系统设置

2. 楼层关联

在"建模"选项卡下"楼层"面板中点击"楼层关联"工具,在弹出的"楼层关联"对话框中点击"自动匹配"按钮,将设备楼层与建筑楼层进行关联(图 4-162)。

图 4-162　楼层关联

3. 桥架布置

在"建模"选项卡下"桥架"面板中点击"桥架布置"工具,在弹出的"布置桥架"对话框中确定桥架系统类型、桥架类型、桥架材质、截面尺寸、标高等(图 4-163),在绘图区域点击鼠标布置左键开始绘制桥架,点击右键完成绘制。

图 4-163　桥架布置

4. 线管布置

在"建模"选项卡下点击"线管布置"工具，在弹出的"线管"对话框中确定线管系统名称、回路编号、线管类型、管径、敷设方式、标高等（图 4-164），在绘图区域点击鼠标左键开始绘制线管，点击右键完成绘制。

5. 灯具布置

在"建模"选项卡下"强电设备"面板中点击"灯具"工具，弹出"灯具布置"对话框，点击右侧双箭头（图 4-165），进入设备库。

在设备库中选择灯具类型，点击"确定"按钮，完成灯具选型（图 4-166）。

选择灯具布置方式，包括任意布置、直线布置、弧线布置、矩形布置等（图 4-167）；确定灯具的标高和角度（图 4-167）；点击鼠标左键完成灯具布置（图 4-168）。

6. 灯具连接

在"建模"选项卡下"设备连接"面板中点击"设备连接"工具，弹出"设备连接"对话框，选择线管系统类型、回路编号、连接方式（图 4-169），用鼠标左键点击灯具模型，完成灯具连接（图 4-170）。

7. 温烟感布置

点击"建模"选项卡下"弱电设备"面板中的"温感烟感"工具，在弹出的"温烟感布置"对话框点击 `>>`（图 4-171），进入设备库。

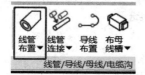

图 4-164　线管布置

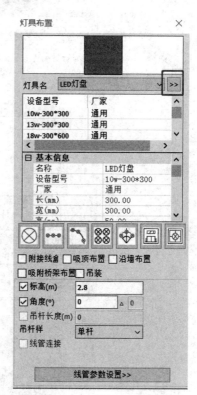

图 4-165　灯具布置设置

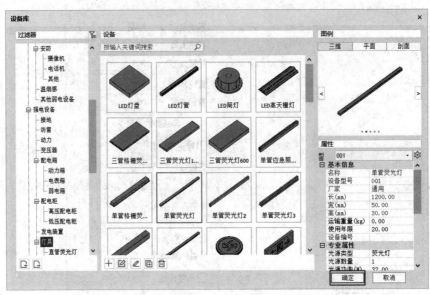

图 4-166　灯具选型

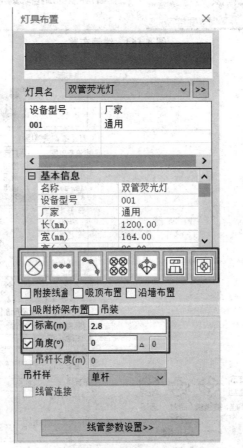

图 4-167　确定灯具布置方式、标高和角度

图 4-168　完成灯具布置

图 4-169　灯具连接设置

图 4-170　完成灯具连接

图4-171　温烟感布置设置

在设备库中选择温烟感类型,点击"确定"按钮完成选型(图4-172)。

确定布置方式及设备标高(图4-173),单击鼠标左键完成温烟感布置(图4-174)。

8. 温感－烟感连接

点击"建模"选项卡下"设备连接"面板中的"设备连接"工具,在弹出的"设备连接"对话框中,选择线管系统类型、回路编号、连接方式(图4-175),用鼠标左键点击温烟感模型,完成温感－烟感连接(图4-176)。

9. 开关布置

点击"建模"选项卡下"强电设备"面板中的"开关"工具,在弹出的"开关布置"对话框中点击 >> (图4-177),进入设备库。

在设备库中选择开关类型,点击"确定"按钮完成选型(图4-178)。

开关布置方式可分为任意布置、沿墙布置、穿墙布置、门边布置(图4-179)。

设置开关标高及角度(图4-180),用鼠标左键确认位置,点击完成开关布置(图4-181)。

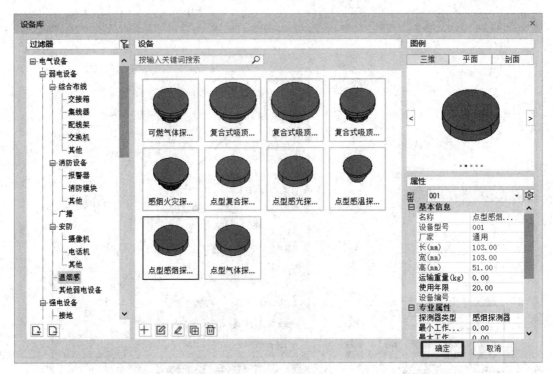

图 4-172　温烟感选型

图 4-173　确定布置方式及设备标高

图 4-174　完成温烟感布置

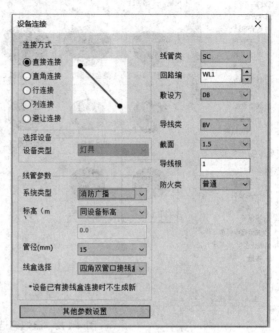

图 4-175　温感 - 烟感连接设置

图 4-176　完成温感 - 烟感连接

图 4-177　开关布置设置

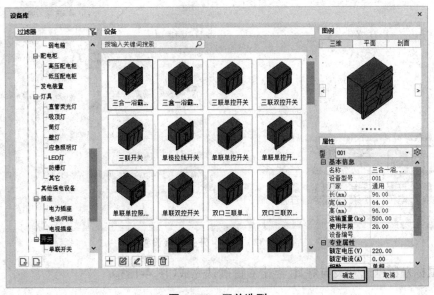

图 4-178　开关选型

图 4-179　开关布置方式

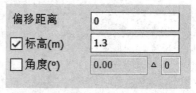

图 4-180　设置开关标高、角度

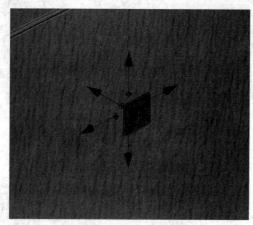

图 4-181　完成开关布置

10. 灯具 - 开关连接

点击"建模"选项卡下"设备连接"面板中的"设备连接"工具,在弹出的"设备连接"对话框中,确定线管系统类型、回路编号、线管标高、线管类型、管径及敷设方式(图 4-182)。

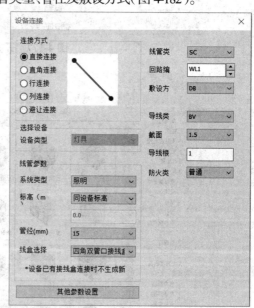

图 4-182　灯具 - 开关连接设置

用鼠标左键框选开关与灯具,点击右键确认完成(图 4-183)。

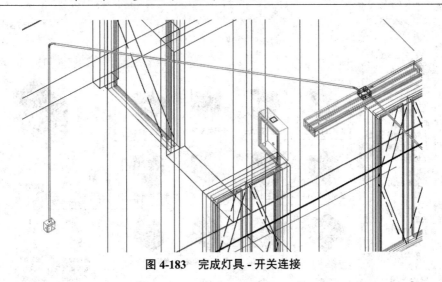

图 4-183　完成灯具 - 开关连接

11. 插座布置

点击"建模"选项卡下"强电设备"面板中的"插座"工具,在弹出的"插座布置"对话框中点击 `>>`(图 4-184),进入设备库。

图 4-184　插座布置设置

在设备库中选择插座类型,点击"确定"按钮完成选型(图 4-185)。

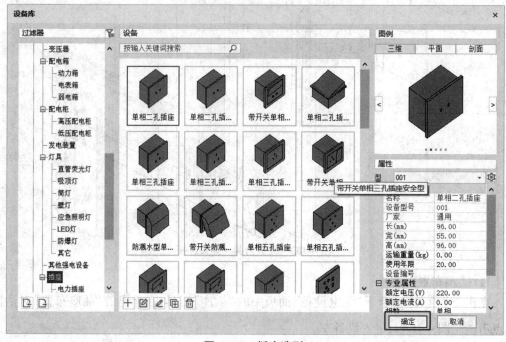

图 4-185　插座选型

插座布置方式可分为任意布置、穿墙布置、门边布置、直线布置（图 4-186）。

设置插座标高与角度（图 4-187），用鼠标左键确认位置，点击完成插座布置（图 4-188）。

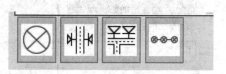

图 4-186　插座布置方式

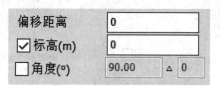

图 4-187　设置插座标高与角度

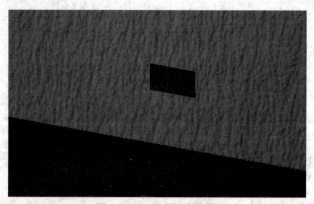

图 4-188　完成插座布置

12. 插座连接

点击"建模"选项卡下"设备连接"面板中的"设备连接"工具，在弹出的"设备连接"对话框中,确定线管系统类型、回路编号、连接方式、线管类型、管径及敷设方式(图 4-189)。

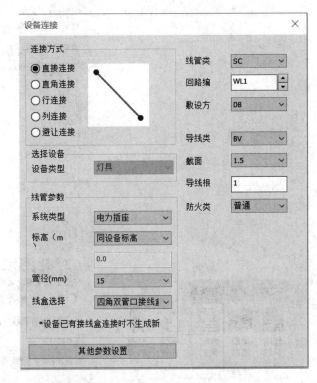

图 4-189　插座连接设置

用鼠标左键点击两个插座,点击右键完成连接(图 4-190)。

图 4-190　完成插座连接

4.4.4　楼层复制

在"建模"选项卡下"楼层"面板中点击"楼层复制"工具,在弹出的"楼层复制"对话框中确定复制参考楼层并选择复制目标楼层,按照系统类型选择复制构件,点击"全层复制"按钮,完成楼层复制(图 4-191)。

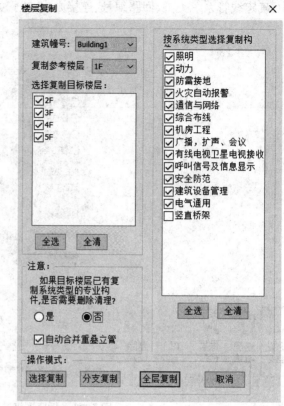

图 4-191　楼层复制

4.4.5　全楼模型查看

在视图浏览器中点击"全楼模型"(图 4-192),查看全楼模型(图 4-193)。

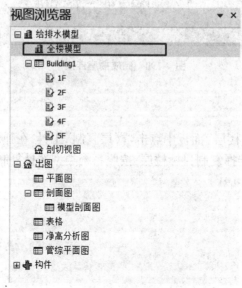

图 4-192　视图浏览器

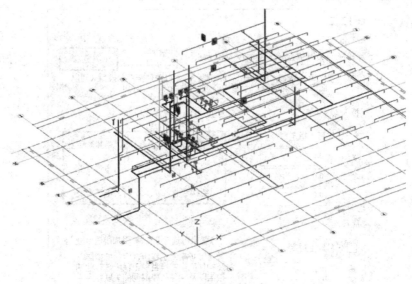

图 4-193　全楼模型

4.5　模型整合及专业协同应用

全专业协同应用

4.5.1　工程合并

当所有专业模型创建完成后,需要将各专业模型整合为一个文件。在"协同"选项卡下"参照模型"面板中点击"合并工程"工具(图 4-194),弹出"合并工程"对话框,点击"浏览"按钮选择需要合并的模型文件,在"专业选择"区域中可勾选需要合并的专业,"合并方式"可选择"替换所选专业"或者"附加所选专业",点击"确定"按钮即可进行模型整合(图 4-195)。"替换所选专业"是指将原来的该专业模型删除并替换成新的模型,"附加所选专业"是指保留原来的该专业模型再加上新的模型。如果合并时两个模型位置有偏差,可以指定插入点的 X、Y、Z 坐标和旋转的角度。

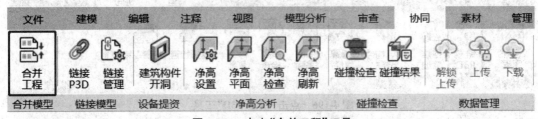

图 4-194　点击"合并工程"工具

注意:在合并工程时,两个合并的文件中建筑楼层标高必须完全一致才能合并,否则会被系统判定为楼层数据不一致,从而禁止合并。

合并工程

名称：　会展中心_全专业0819_new1.p3d　　[浏览...]

路　　C:\Users\Molly\Desktop\1、BIM演示案例\办公楼全专业模型（可以
　　　自审，不能链接）\会展中心_全专业0819_new1.p3d

插入点

☐ 在屏幕上指定

X:　0.0

Y:　0.0

Z:　0.0

旋转

☐ 在屏幕上指定

角　　0.0

选项

☐ 合并工程后自动成组

☑ 禁止轴网合并到项目

专业选择

☐ 建筑专业　　☑ 给排水专业

☑ 暖通专业

☐ 结构专业　　☑ 电气专业

合并方式

◯ 替换所选专业　　⦿ 附加所选专业

替换会将来源工程所选专业的楼层以
及构件完全替换当前工程所选专业的
楼层以及构件（楼层间的关联将会丢
失，使用关联楼层重新关联）

附加会将来源工程所选专业的构件复
制到当前工程相应的专业楼层（使用
前请确保工程所选专业之间的楼层表
以及楼层相同）

[确定]　[取消]

图 4-195　"合并工程"对话框

4.5.2　模型链接

1. 链接 P3D

当需要将某一个专业模型链接进来作为空间参照时，可使用链接 P3D 方式，链接进来
的模型只能显示不能修改。在"协同"选项卡下，点击"链接模型"面板中的"链接 P3D"工
具（图 4-196），弹出"插入链接模型"对话框，点击"浏览"按钮，选择需要链接的模型文件，
点击"确定"按钮即可进行模型链接（图 4-197）。

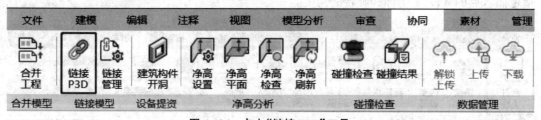

| 文件 | 建模 | 编辑 | 注释 | 视图 | 模型分析 | 审查 | 协同 | 素材 | 管理 |

合并工程　链接P3D　链接管理　建筑构件开洞　净高设置　净高平面　净高检查　净高刷新　碰撞检查　碰撞结果　解锁上传　上传　下载

合并模型　　链接模型　　设备提资　　　净高分析　　　　碰撞检查　　　数据管理

图 4-196　点击"链接 P3D"工具

2. 链接管理

模型链接成功后，可对链接文件进行显示控制。在"协同"选项卡下，点击"链接管理"
工具（图 4-198），弹出"链接管理"对话框（图 4-199），选择链接文件，点击"链接参照"按
钮，弹出"视图参照"对话框，模型来源选择链接工程文件，在右侧可勾选显示链接文件的楼
层（图 4-200）。如果链接文件有更新，可点击"重载"按钮，再点击"刷新"按钮。如果需要
删除链接文件，点击"删除"按钮即可。

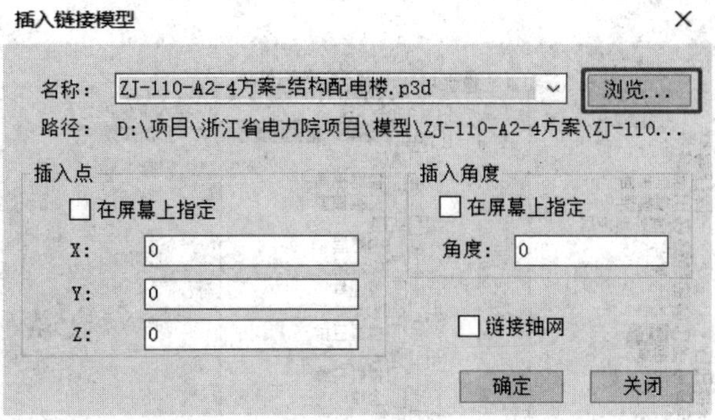

图 4-197　"插入链接模型"对话框

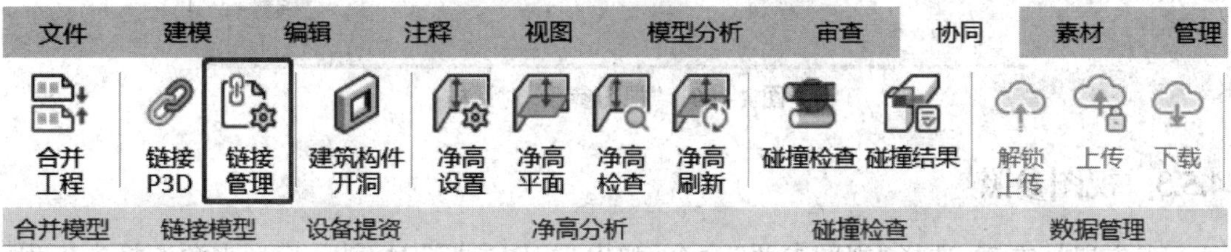

图 4-198　点击"链接管理"工具

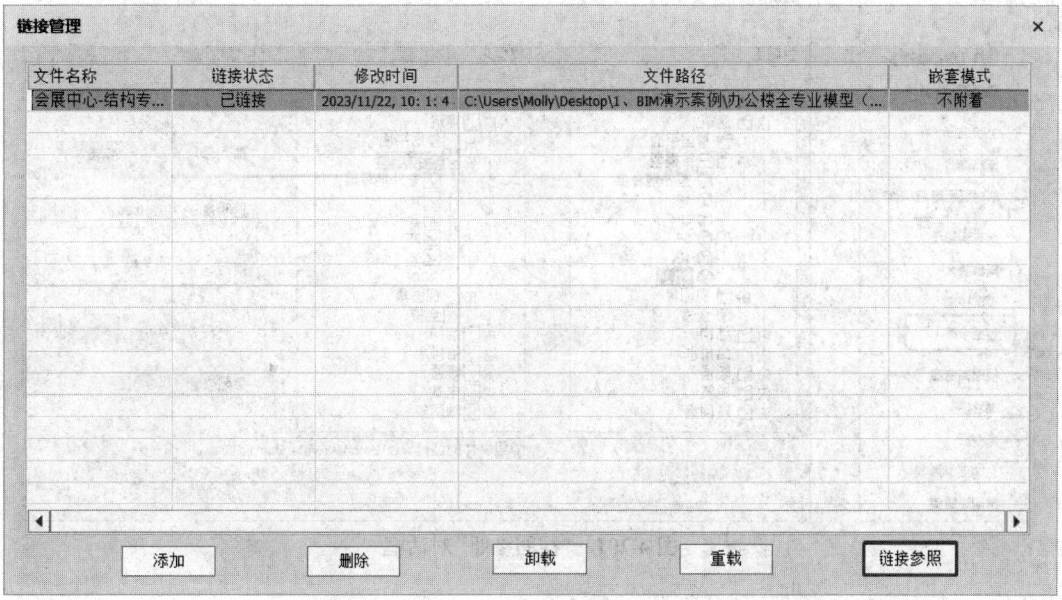

图 4-199　"链接模型管理"对话框

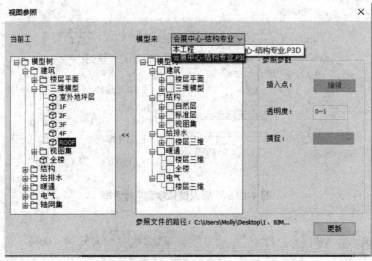

图 4-200　"视图参照"对话框

4.5.3　视图参照

点击鼠标右键，选择"视图参照"命令，弹出"视图参照"对话框，模型来源选择本工程，选择某一个专业，在右侧勾选楼层，可控制该楼层的显示或隐藏（图 4-201）。

图 4-201　"视图参照"对话框

4.5.4　结构计算

模型创建完成后，通过"计算"选项卡下"双向更新"面板中的"同步至 PKPM"工具，将 BIM 转换为计算模型（即 PM），此时将跳转到 PKPM 的前处理界面，进行 PM 的进一步处理以及后续的计算分析（图 4-202）。

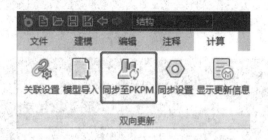

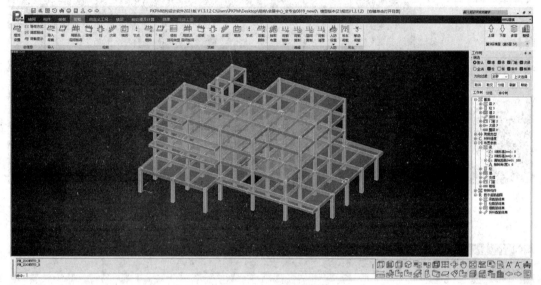

图 4-202　模型转换

1. 楼板荷载

在 PKPM 界面"荷载"选项卡下点击"板"工具,输入楼板的恒载、活载,可以点选、窗选、围选的方式布置楼板荷载(图 4-203)。

2. 梁墙荷载

在 PKPM 界面"荷载"选项卡下点击"梁墙"工具,在左侧"梁墙:恒载布置"框点击"增加"按钮,弹出"添加:梁荷载"对话框,可对荷载类型、荷载名称、荷载大小等进行定义(图 4-204)。梁墙荷载布置时可以选择叠加或覆盖的方式,以点选、轴选、窗选、围选的方式布置荷载。

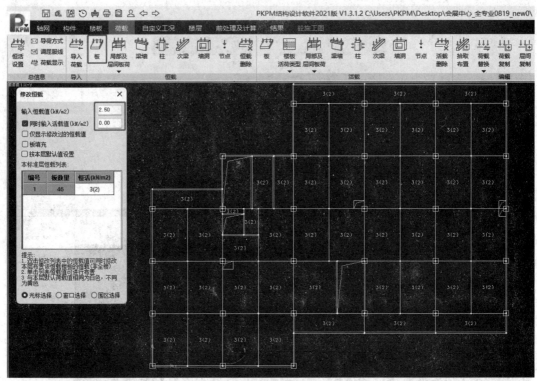

图 4-203　楼板荷载

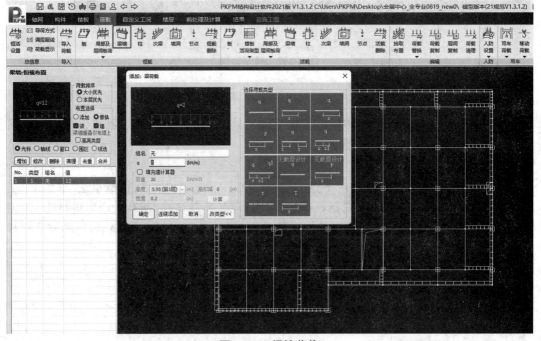

图 4-204　梁墙荷载

3. 计算参数定义

在 PKPM 界面点击"前处理及计算"选项卡下的"参数定义"工具,可设置模型计算参数(图 4-205)。

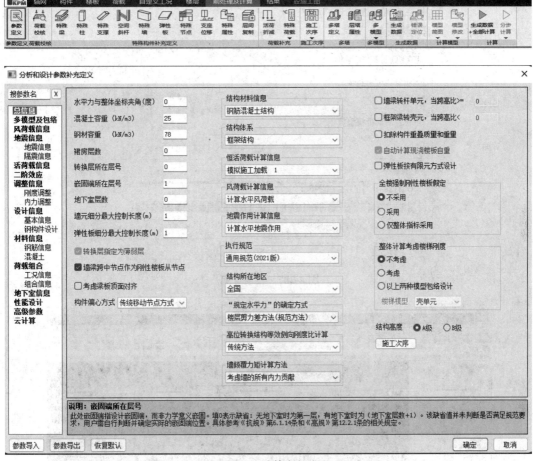

图 4-205　计算参数定义

4. 计算

在 PKPM 界面点击"前处理及计算"选项卡下的"生成数据 + 全部计算"工具(图 4-206),程序将自动完成全部计算和设计(图 4-207)。计算完成后,自动跳转至计算结果界面,在"结果"选项卡下可查看内力、楼层指标、配筋等多项计算结果(图 4-208)。

图 4-206　点击"生成数据 + 全部计算"工具

信息输出（在"确定"按钮点亮前，请不要关闭对话框）

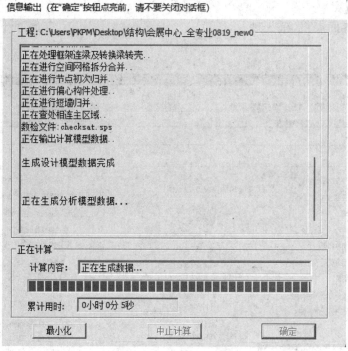

图 4-207　自动计算

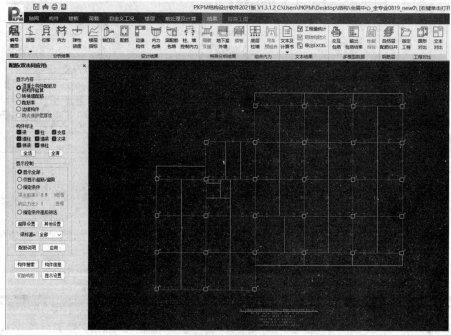

图 4-208　计算结果界面

　　若计算结果中有不满足规范要求的构件,可关闭 PKPM 结果后返回 PKPM-BIM 结构设计模型进行调整,也可以直接在 PKPM 界面进行修改,再通过"构件"选项卡下的"同步至 PKPM-BIM"工具将所做修改同步至 PKPM-BIM 结构设计模型(图 4-209)。

关闭 PKPM 界面,会弹出提示计算结果更新的对话框(图 4-210),点击"是"按钮将计算结果读取到 BIM 模型中。

图 4-209　点击"同步到 PKPM-BIM"工具

图 4-210　更新提示

4.5.5　碰撞检查

1. 碰撞设置

点击"管线综合"选项卡下的"碰撞检查"工具,在"碰撞检查"界面进行楼层选择和碰撞构件选择,同时可根据情况勾选"管径限制",设置安全距离,最后点击"全部碰撞检测"按钮,开始运行碰撞检测(图 4-211)。

机电管线综合
应用

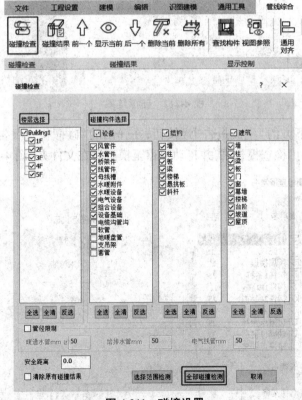

图 4-211　碰撞设置

2. 结果查看

点击"管线综合"选项卡下的"碰撞结果"工具,查看碰撞检测结果。双击碰撞结果,可自动定位到碰撞位置并高亮显示（图4-212）。

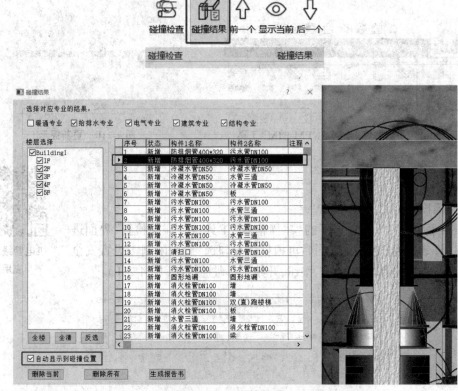

图 4-212　碰撞结果

　　点击碰撞结果下方的"生成报告书"按钮，在弹出的"碰撞检查报告书"对话框中点击"确定"按钮，生成碰撞检查报告书，并自动保存至模型所在文件夹（图4-213和图4-214）。

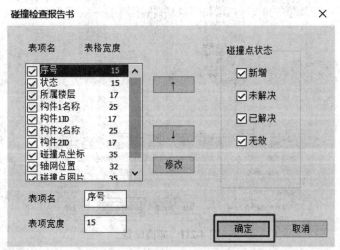

图 4-213　生成碰撞检查报告书

PKPM-BIM 碰撞检查报告
中国建筑科学研究院

会展中心_全专业 0819_new0 碰撞报告书

序号	状态	所属楼层	构件 1 名称	构件 1 ID	构件 2 名称	构件 2 ID	碰撞点坐标	轴网位置	碰撞点图片
1	新增	1	排风管 500*320	244813297297	新风管 320*320	244813297311	13262, 24213, 4600	3-4 交 D-E 轴	
2	新增	1	排风管 400*320	244813297303	新风管 320*320	244813297324	13262, 24213, 4600	4-5 交 E-F 轴	
3	新增	1	排风管 320*320	244813297306	墙	34359745872	31576, 30031, 4925	4-5 交 D-E 轴	
4	新增	1	排风管 400*320	244813297307	新风管 320*320	244813297313	31558, 30049, 5108	1/2-3 交 D-E 轴	
5	新增	1	新风管 500*320	244813297309	墙	34359745965	31576, 30031, 5223	4-5 交 E-F 轴	
6	新增	1	新风管 320*320	244813297310	空调冷冻水供水管 DN40	244813297752	31558, 30049, 5350	3-4 交 E-F 轴	
7	新增	1	新风管 320*320	244813297310	空调冷冻水回水管 DN40	244813297754	13288, 24213, 4450	3-4 交 E-F 轴	

图 4-214　碰撞检查报告书

4.5.6　净高分析

1. 净高设置

点击"协同"选项卡下的"净高设置"工具,弹出"净高设置"对话框(图 4-215),点击"颜色方案"按钮可设置颜色(图 4-216)。

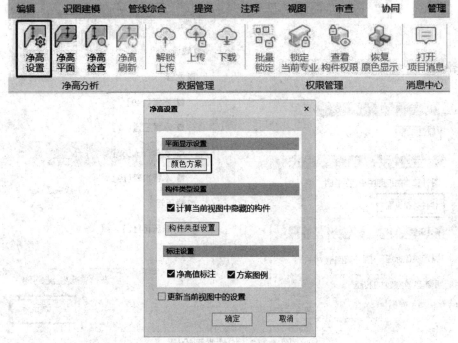

图 4-215　净高设置

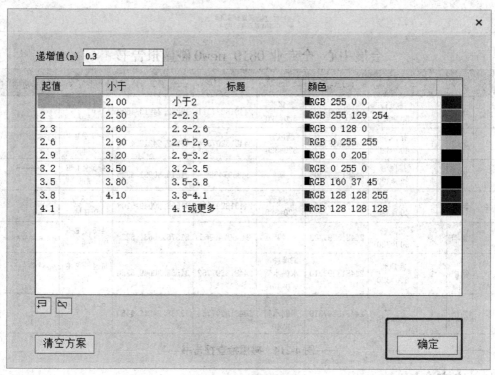

起值	小于	标题	颜色	
	2.00	小于2	RGB 255 0 0	
2	2.30	2-2.3	RGB 255 129 254	
2.3	2.60	2.3-2.6	RGB 0 128 0	
2.6	2.90	2.6-2.9	RGB 0 255 255	
2.9	3.20	2.9-3.2	RGB 0 0 205	
3.2	3.50	3.2-3.5	RGB 0 255 0	
3.5	3.80	3.5-3.8	RGB 160 37 45	
3.8	4.10	3.8-4.1	RGB 128 128 255	
4.1		4.1或更多	RGB 128 128 128	

图 4-216　颜色设置

在"净高设置"对话框中点击"构件类型设置"按钮，弹出"构件类型设置"对话框，选择需要检测的构件，点击"确定"按钮（图 4-217）。

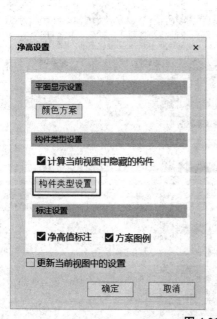

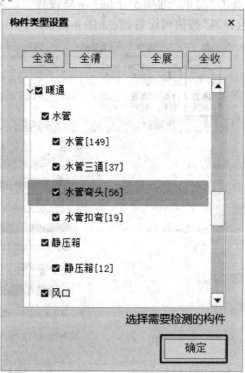

图 4-217　构件类型设置

7. 净高平面

点击"协同"选项卡下的"净高平面"工具（图 4-218），在弹出的"净高计算区域"对话框中选择"框选房间"，并点击"确定"按钮（图 4-219）。在绘图区域框选净高区域（图 4-220），点击"完成"按钮，框选房间即完成。

图 4-218　点击"净高平面"工具

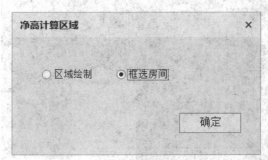

图 4-219　"净高计算区域"对话框

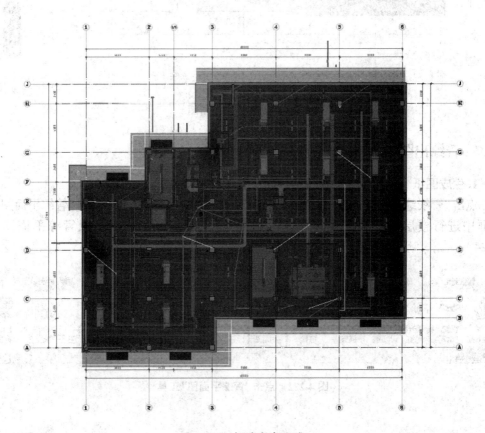

图 4-220　框选净高区域

输出净高分析图（图 4-221）。

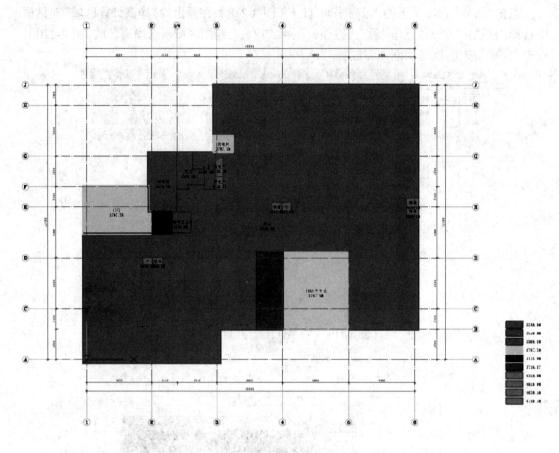

图 4-221　净高分析图

4.5.7　管综出图

1. 生成图纸

点击"管线综合"选项卡下的"管综平面图"工具（图 4-222），在弹出的"管综平面图"对话框中进行楼层选择和专业选择，点击"确定"按钮（图 4-223），生成管综平面图（图 4-224）。

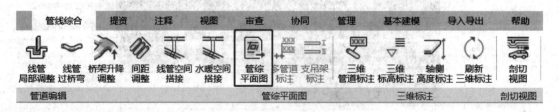

图 4-222　点击"管综平面图"工具

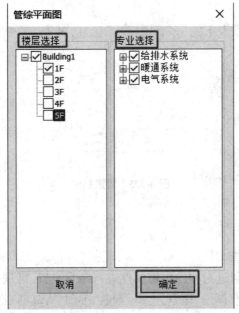

图 4-223　"管综平面图"对话框

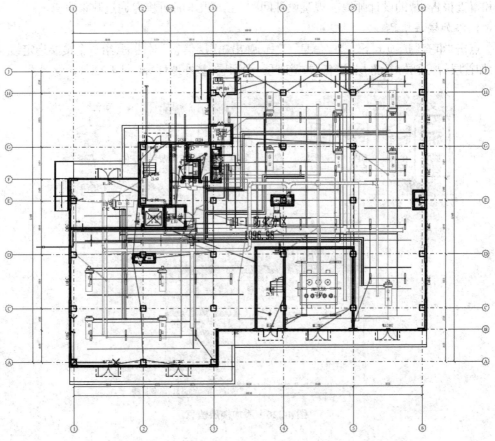

图 4-224　管综平面图

2. 图纸标注

点击"管线综合"选项卡下的"多管道标注"工具,对管综平面图中的管道进行标注(图4-225)。

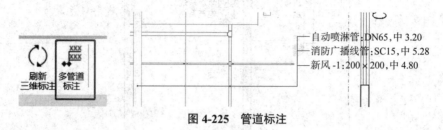

图 4-225　管道标注

4.5.8　智能审查

智能规范审查
应用

1. 建筑专业 BIM 审查

建筑专业 BIM 审查通过对构件报审属性进行参数设置,可进行建筑规范审查。可勾选审查广州、湖南、南京、上海、湖北、苏州、青岛、临沂、兰州等地区,或自定义审查规范条文,对不满足规范强制性条文(简称"强条")的情况进行审查,根据审查结果定位构件,并可对问题构件进行批量修改,导出各地区审查文件和审查报告,帮助设计师提前规避设计问题,正式报审时可快速通过政策审查。

1)添加楼层信息

点击"审查"选项卡下"楼层信息"工具,弹出"楼层信息"对话框,给每个楼层指定楼层类型,如首层、普通层 / 标准层、设备层、避难层、屋顶层、室外地坪等(图 4-226)。

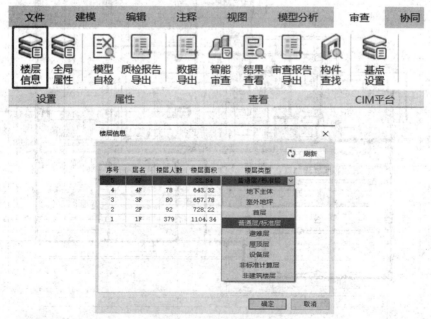

图 4-226　添加楼层信息

2）设置全局属性

点击"审查"选项卡下的"全局属性"工具,弹出"全局属性"对话框,可设置民用建筑分类、建筑级别、耐火等级、气候分区、地上层数、建筑高度以及车库、厂房、仓库、人民防空等信息,点击"确定"按钮完成设置(图 4-227)。

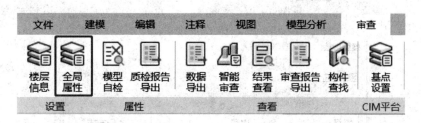

图 4-227　设置全局属性

3）模型自检

点击"审查"选项卡下的"模型自检"工具,弹出"模型自检"对话框,可检查出是否有属性缺失(图 4-228);在"模型自检"对话框中点击"属性赋值"按钮,弹出"构件属性赋值"对话框,可选择构件类型,在左侧表格中批量进行赋值(图 4-229)。

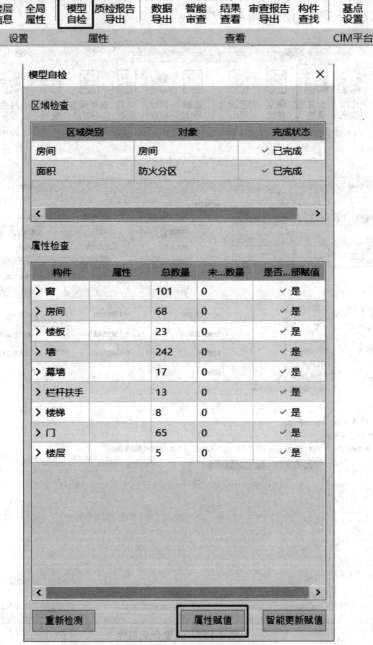

图 4-228　模型自检

4）智能审查

点击"审查"选项卡下的"智能审查"工具,弹出"规范选择"对话框,勾选审查地区及规范条文,点击"确定"按钮（图 4-230）,进行智能审查,审查过程中应保证计算机处于联网状态。

图 4-229　构件属性赋值

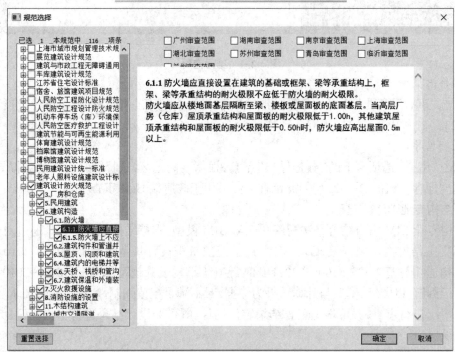

图 4-230　智能审查

5）结果查看

点击"审查"选项卡下的"结果查看"工具，查看审查结果，用鼠标左键双击构件列表中的问题构件，可自动定位模型中的问题构件（图 4-231）。

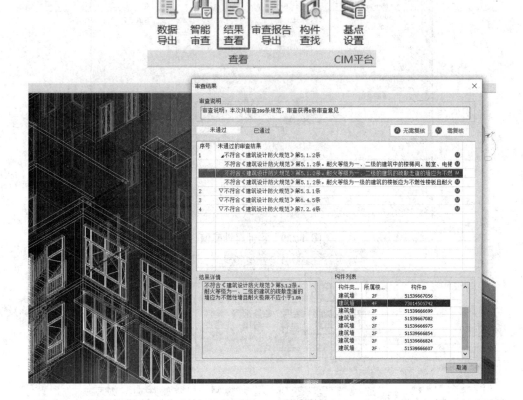

图 4-231　结果查看

6）导出报告

点击"审查"选项卡下的"审查报告导出"工具，指定审查报告的保存路径，进行保存（图 4-232）。

7）数据导出

点击"审查"选项卡下的"数据导出"工具，根据不同地区，选择各自对应的数据导出格式，点击"保存"按钮（图 4-233）。此审查文件可用于政府端 BIM 审查平台。

2. 结构专业 BIM 审查

结构专业 BIM 审查结合平法配筋图纸与 BIM 模型，支持结构规范审查。通过对《高层建筑混凝土结构技术规程》（JGJ 3—2010）、《建筑抗震设计规范》（GB 50011—2010）、《混凝土结构通用规范》（GB 55008—2021）和《混凝土结构设计规范》（GB 50010—2010）中的条文进行拆解，以图纸、模型与计算结果为依据，对不满足规范强制性条文、构造要求和计算结果的情况进行审查，并可根据审查结果定位构件，既可对设计结果进行自检，又可为正式报审提供保障。

图 4-232　审查报告导出

图 4-233　数据导出

1）图纸识别

点击"审查"选项卡下的"图纸识别"工具，选择工程所在文件夹（图 4-234），程序自动跳转至 BIM 云审查平台结构辅助工具模块。

图 4-234　选择文件夹

在弹出的"选择校审工程类别"对话框中，系统默认选择"DWG 图 +PKPM 模型"，点击"确定"按钮（图 4-235）。

2）梁图审查

在"梁图审查"选项卡下，点击"打开图纸"面板中的"打开梁图"工具，选择一张与工程模型相对应的梁配筋图纸打开（图 4-236）。程序自动进行图纸转换，用户可根据需要选择是否插入整张图纸，然后选择该施工图所对应的模型自然层，程序自动将模型与施工图对位，如果对位效果不理想，可通过移动图纸手动对位。

点击"图纸识别"面板中的"选择图层"工具，依次选择梁配筋图纸中梁轮廓线、标注等的图层（图 4-237）。

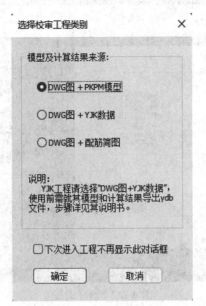

图 4-235　"选择校审工程类别"对话框

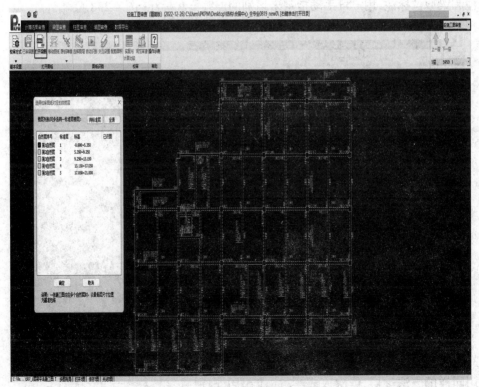

图 4-236　打开梁图

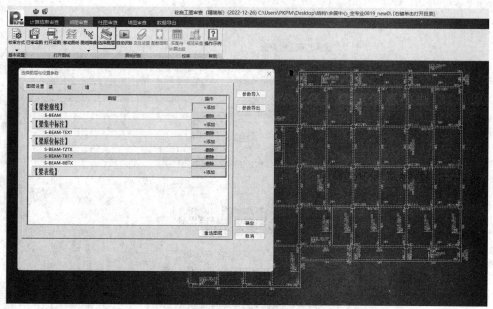

图 4-237　选择图层

点击"图纸识别"面板中的"自动识别"工具，程序将自动识别施工图中的连续梁、梁集中标注和梁原位标注，用户可手动指定未识别的连续梁和标注（图 4-238）。

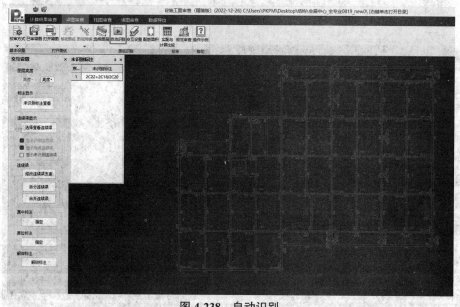

图 4-238　自动识别

3）数据导出

用同样的方法逐层、依次完成梁、柱、墙图纸识别后，在"数据导出"选项卡下点击"为 BIM 审查导出模型"工具，弹出"选择文件格式"对话框，可根据地区需要选择相应格式（图 4-239）。

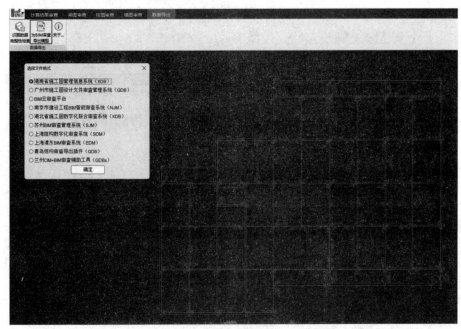

图 4-239　数据导出

4）智能审查

转换完毕，关闭混凝土施工图审查模块，系统将自动跳转到 PKPM-BIM 结构设计软件。

在 PKPM-BIM 结构模块下，点击"审查"选项卡下的"智能审查"工具，选择之前导出的模型文件格式（图 4-240）。

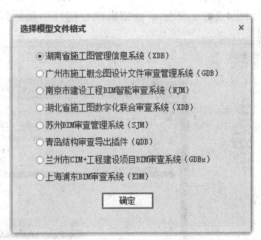

图 4-240　选择模型文件格式

可选择参与审查的规范条文，也可直接勾选项目所在地区审查范围，以完成当地审查要求规范的快速选择。点击"确定"按钮（图 4-241），程序会将审查内容上传至服务器并接收服务器返回的审查结果，该操作需要在联网的环境下完成。

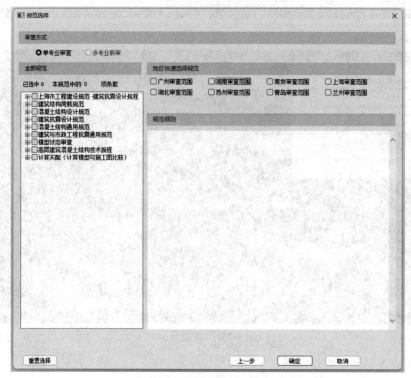

图 4-241　规范选择

5）结果查看

审查结束后即可查看审查意见数量和结果详情，双击构件列表中的构件可在模型中定位（图 4-242），依照审查结果调整构件后重新计算和审图，直至满足要求。

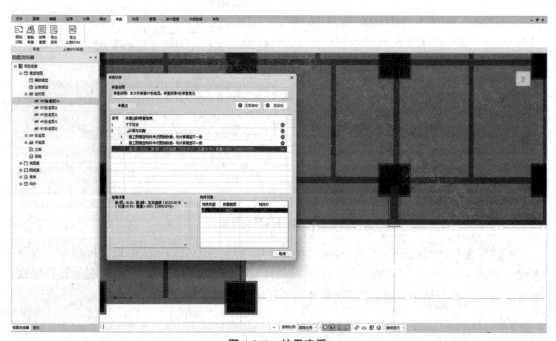

图 4-242　结果查看

3. 机电专业 BIM 审查

机电专业 BIM 审查通过对构件报审属性进行参数设置,可进行机电规范审查。可勾选审查广州、湖南、南京、上海、湖北、苏州、青岛、临沂、兰州等地区,或自定义审查规范条文,对不满足规范强制性条文的情况进行审查,根据审查结果定位构件,并可对问题构件进行批量修改,导出各地区审查文件和审查报告,帮助设计师提前规避设计问题,正式报审时可快速通过政策审查。

1)设置全局属性

点击"审查"选项卡下的"全局属性"工具,弹出"全局属性"对话框,首先确定建筑专业全局属性是否设置,然后进行给排水专业全局属性设置,点击"确定"按钮,完成设置(图4-243)。

图 4-243　设置全局属性

2)智能审查

点击"审查"选项卡下的"智能审查"工具,再次确认给排水专业全局属性,弹出"规范选择"对话框,勾选审查地区及规范条文,点击"确定"按钮(图 4-244),进行智能审查,审查过程中应保证计算机处于联网状态。

3)结果查看

点击"审查"选项卡下的"结果查看"工具,查看审查结果,用鼠标左键双击构件列表中的问题构件,可自动定位模型中的问题构件。

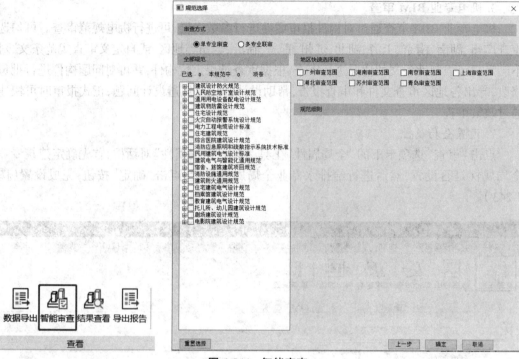

图 4-244　智能审查

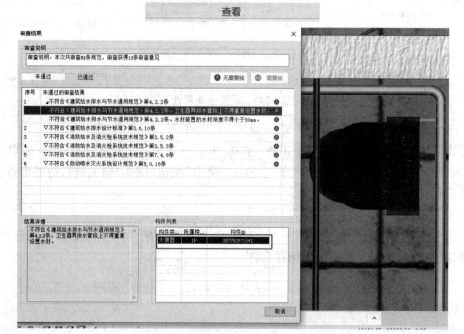

图 4-245　结果查看

4) 导出报告

点击"审查"选项卡下的"导出报告"工具,指定审查报告的保存路径,进行保存(图 4-246)。

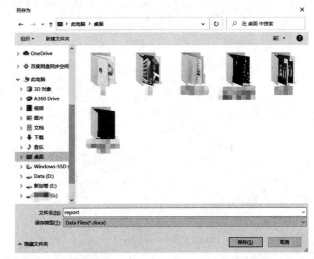

图 4-246　导出报告

5) 数据导出

点击"审查"选项卡下的"数据导出"工具,根据不同地区,选择各自对应的数据导出格式,点击"保存"按钮(图 4-247)。此审查文件可用于政府端 BIM 审查平台。

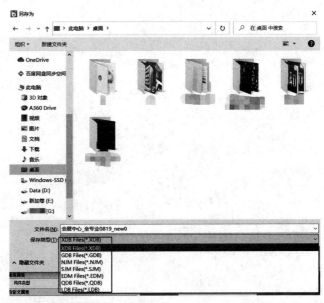

图 4-247　数据导出

第3篇 进 阶

第5章 BIM 与工程项目的结合

5.1 BIM 相关软件介绍

5.1.1 BIM 基础软件

BIM 基础软件主要指建筑建模工具软件,其主要用于三维设计,生成的模型是后续 BIM 应用的基础。

在传统二维设计中,建筑的平、立、剖面图是分开进行设计的,往往存在不一致的情况;同时,其设计结果是 AutoCAD 中的线条,计算机无法对其进行进一步的处理。

三维设计软件改变了这种情况,确保只存在一份模型,平、立、剖面图都是三维模型的视图,解决了平、立、剖面图不一致的问题;同时,其三维构件也可以通过三维数据交换标准被后续 BIM 应用软件应用。

BIM 基础软件具有以下特征。

(1)基于三维图形技术,支持对三维实体进行创建和编辑。

(2)支持常见建筑构件库。BIM 基础软件内置构件库包含梁、墙、板、柱、楼梯等建筑构件,用户可以应用这些内置构件库快速建模。

(3)支持三维数据交换标准。通过 BIM 基础软件建立的三维模型,可以通过 IFC 等标准输出,被其他 BIM 应用软件使用。

5.1.2 BIM 模型创建软件

1. BIM 概念设计软件

BIM 概念设计软件用于设计初期,在充分理解业主设计任务书和分析业主具体要求及方案意图的基础上,将业主设计任务书中基于数字的项目要求转化成基于几何形体的建筑方案。此方案用于业主和设计师之间的沟通和方案研究论证,论证后的成果可以转换到 BIM 核心建模软件中进行设计深化,并继续验证所设计的方案能否满足业主的要求。目前主要的 BIM 概念软件有 SketchUp Pro 和 Affinity 等。

SketchUp 是诞生于 2000 年的一款 3D 设计软件,其因上手快、操作简单而被誉为电子设计中的"铅笔"。2006 年 Sketch 被谷歌(Google)收购后推出了更为专业的版本——SketchUp Pro,它能够快速创建精确的 3D 建筑模型,为业主和设计师提供设计与施工验证和流线与角度分析,方便业主与设计师之间的交流协作。

Affinity 是一款注重建筑程序和原理图设计的 3D 设计软件,在设计初期通过 BIM 技术,将时间和空间相结合的设计理念融入建筑方案的每一个设计阶段,结合精确的 2D 绘图和灵活的 3D 模型技术,创建出令业主满意的建筑方案。

其他的概念设计软件还有 Tekla Structures 和 Vico Office(5D 概念设计软件)等。

2. BIM 核心建模软件

BIM 核心建模软件（BIM Authoring Software），是 BIM 应用的基础，也是在 BIM 的应用过程中碰到的第一类 BIM 软件，简称"BIM 建模软件"。

BIM 核心建模软件公司主要有 Autodesk、Bentley（奔特力）、Graphisoft/Nemetschek（内梅切克）AG、Gery Technology（格雷技术）等（表 5-1）。

表 5-1 BIM 核心建模软件公司及其产品

公司名称	Autodesk	Bentley	Graphisoft/Nemetschek AG	Gery Technology/Dassault
软件名称	Revit Architecture	Bentley Architecture	ArchiCAD	Digital Project
	Revit Structure	Bentley Structural	ALLPLAN	CATIA
	Revit MEP	Bentley Building Mechanical Systems	Vectorworks	—

（1）Autodesk 公司的 Revit 是运用不同的代码库、文件结构区别于 AutoCAD 的独立软件平台。Revit 采用全面创新的 BIM 概念，可进行自由形状建模和参数化设计，可以利用内置的工具进行复杂形状的概念澄清，为建造和施工准备模型。随着设计的持续推进，软件能够围绕最复杂的形状自动构建参数化框架，提供更强的创建控制能力和更高的精确性与灵活性。从概念模型到施工文档的整个设计流程都在一个直观环境中完成。该软件还包含绿色建筑可扩展标记语言（Green Building XML，gbXML）模式，为能耗模拟、荷载分析等提供工程分析工具，并且与结构分析软件 ROBOT、RISA 等具有互用性。与此同时，Revit 能利用其他概念设计软件（如 SketchUp）、建模软件等导出的 DXF 文件格式的模型或图纸输出 BIM 模型。

（2）Bentley 公司的 Bentley Architecture 是集直觉式用户体验交互界面、概念及方案设计功能、灵活便捷的 2D/3D 工作流建模及制图工具、宽泛的数据组及标准组件库定制技术于一身的 BIM 建模软件，是 BIM 应用程序集成套件的一部分，可针对设施的整个生命周期提供设计、工程管理、分析、施工与运营之间的无缝集成。在设计过程中，该软件不但能让建筑师直接使用工程业界的许多国际或地区性规范标准开展工作，更能通过简单的自定义或扩充，满足实际工作中不同项目的需求，让建筑师拥有设计项目、管理文件及展现设计所需的所有工具。该软件目前在一些大型复杂的建筑项目、基础设施项目和工业项目中应用广泛。

（3）ArchiCAD 是 Graphisoft 公司的产品，其基于全三维的模型设计，拥有强大的平、立、剖面施工图设计功能，参数计算等自动生成功能以及便捷的方案演示和图形渲染功能，为建筑师提供了一个无与伦比的"所见即所得"的图形设计工具。它的工作流是集中的，其他软件同样可以参与虚拟建筑数据的创建和分析。ArchiCAD 拥有开放的架构并支持 IFC 标准，它可以轻松地与多种软件连接并协同工作。以 ArchiCAD 为基础的建筑方案可以广泛地利用虚拟建筑数据并覆盖建筑工作流程的各个方面。作为一个面向全球市场的产品，ArchiCAD 可以说是最早的一个具有市场影响力的 BIM 核心建模软件。

ArchiCAD 软件对三维模型的修改比其他 BIM 软件更加方便、快捷。虽然 ArchiCAD 优点很多，但是在中国，由于 ArchiCAD 专业配套的功能（仅限于建筑专业）与多专业一体的设计院体制不匹配,很难实现业务突破,而且在曲面建模方面也没有当下的 Revit 方便。与 Revit 参数化建族不同,ArchiCAD 的参数化构件不叫族而叫对象,使用的是 Graphisoft 公司自己开发的参数化编程语言 GDL,虽然它足够简洁,但对于大多数建筑设计人员来说,比起学编程,还是 Revit 参数化建模简单得多。Vectorworks 是美国内梅切克公司的产品,其主要应用于美国,在其他国家很少使用。ALLPLAN 的主要市场在德语区,在中国的应用少之又少。

（4）Digital Project 是 Gery Technology 公司在 CATIA 基础上开发的一款面向工程建设行业的应用软件（二次开发软件）,它能够设计任何几何造型的模型且支持导入特制的复杂参数模型构件,如支持基于规则的设计复核的知识工程专家（Knowledge Expert）构件;根据所需功能要求优化参数设计的项目工程优化器（Project Engineering Optimizer）构件;跟踪管理模型的项目经理（Project Manager）构件。另外,数字项目（Digital Project）软件支持强大的应用程序接口;对于建立了本国建筑业建设工程项目编码体系的许多发达国家,如美国、加拿大等,可以将建设工程项目编码（如美国所采用的 Uniformat 和 Masterformat）体系导入 Digital Project 软件,以方便进行工程预算。

CATIA 是达索（Dassault）公司开发的一款三维核心建模软件,其在航空、机械制造、精密仪器、车辆等领域应用广泛,具有垄断的市场地位。相比于传统的核心建模软件,其在复杂形体精细化建模、复杂构件的变现力及管理能力等方面具有显著的优势。Digital Project 是 Gery Technology 公司的专业技术人员以 CATIA 为基础,通过二次开发所形成的一款应用于建筑行业的软件,其实质还是 CATIA,就跟天正实质上是 AutoCAD 一样。

Digital Project 可以处理海量的工程数据以及复杂的空间异型构件模型。另外, Digital Project 软件拥有自己的 API 端口,其使用者可以通过二次开发,开发出满足自身所需附加功能的插件。虽然 CATIA 和 Digital Project 有诸多优势,但 CATIA 和 Digital Project 软件价格极其昂贵,对电脑的硬件配置要求较高。对于初学者来说,需要花费大量的时间进行入门学习,因此相关专业人才很少。在土木工程基建领域,其并不能满足行业要求,因此应用并不广泛。

综上,对于一个项目或一家企业来说,BIM 核心建模软件技术路线的确定可以考虑如下基本原则。

（1）民用建筑可选用 Revit。

（2）工厂设计和基础设施可选用 Bentley。

（3）单专业建筑事务所可选择 ArchiCAD、Revit、Bentley。

（4）项目完全异型、预算比较充裕的可以选择 Digital Project。

5.1.3　BIM 建模软件选择

BIM 实施涉及许多相关软件,其中最基础、最核心的是 BIM 建模软件。建模软件是 BIM 实施中最重要的资源和应用条件,无论是项目型 BIM 应用或是企业 BIM 实施,选择 BIM 建模软件都是第一步重要工作。应当指出,不同时期,由于软件的技术特点、应用环境以及专业服务水平不同,选用的 BIM 建模软件有很大的差异。而软件投入又是一项投资大、技术性强、主观上难以判断的工作,因此在选用软件时应采取相应的方法和程序,以保证软件的选用满足项目或企业的需要。对具体建模软件进行分析和评估,一般经过初选、测试及评价、审核批准及正式应用、BIM 软件定制开发等阶段。

1. 初选

初选应考虑以下因素:

(1)建模软件是否符合企业的整体发展战略规划;

(2)建模软件对企业业务收益可能产生的影响;

(3)建模软件部署实施的成本和投资回报率估算;

(4)企业内部设计专业人员接受的意愿和学习难度等。

在此基础上,形成建模软件的分析报告。

2. 测试及评价

该阶段由信息管理部门负责召集相关专业人员参与,其在分析报告的基础上选定部分建模软件进行使用测试。测试的内容包括:

(1)建模软件的性能测试,通常由信息管理部门的专业人员负责;

(2)建模软件的功能测试,通常由抽调的部分设计专业人员进行;

(3)建模软件的全面测试,有条件的企业可选择部分试点项目进行全面测试,以保证测试的完整性和可靠性。

在上述测试工作的基础上,形成 BIM 应用软件的测试报告和备选软件方案。

在测试过程中,评价指标包括以下几个。

(1)功能性:软件是否能满足企业自身的业务需求,与现有资源的兼容情况进行比较。

(2)可靠性:软件系统的稳定性与在业内的成熟度进行比较。

(3)易用性:从易于理解、易于学习、易于操作等方面进行比较。

(4)效率:从资源利用率等方面进行比较。

(5)维护性:从软件系统是否易于维护,故障分析、配置变更是否方便等方面进行比较。

(6)可扩展性:应适应企业未来的发展战略规划。

(7)服务能力:包括软件厂家的服务质量、技术能力等。

3. 审核批准及正式应用

该阶段由企业的信息管理部门负责,其将 BIM 软件分析报告、测试报告、备选软件方案一并上报给企业的决策部门审核批准,经批准后列入企业的应用工具集,并全面部署。

4. BIM 软件定制开发

个别有条件的企业,可结合自身业务及项目特点,进行建模软件功能定制开发,提升建模软件的有效性。

5.1.4　常见的 BIM 工具软件

BIM 工具软件是 BIM 软件的重要组成部分,常见 BIM 工具软件分类及举例见表 5-2。

表 5-2　常见 BIM 工具软件分类及举例

BIM 工具软件类别	常见 BIM 工具软件	功能
BIM 方案设计软件	Onuma Planning System、Affinity	把业主设计任务书中基于数字的项目要求转化成基于几何形体的建筑方案

BIM 工具软件类别	常见 BIM 工具软件	功能
与 BIM 配套的几何造型软件	SketchUp、Rhino、Form Z	其成果可以输入 BIM 核心建模软件
可持续分析软件	Echotect、IES、Green Building Studio、PKPM	利用 BIM 提供的信息对项目进行日照、风环境、热工、噪声等方面的分析
机电分析软件	Designmaster、IES、Virtual Environment、Trane Trace	—
结构分析软件	ETABS、STAAD、Robot、PKPM	结构分析软件和 BIM 核心建模软件两者之间可以实现双向信息交换
可视化软件	3DS Max、Artlantis、AccuRender、Lightscape	减少建模工作量,提高精度和与设计(实物)的吻合度,可快速产生可视化效果
碰撞检查软件	Revit、Navisworks	检查冲突与碰撞
发布和审核软件	Autodesk Design Review、Adobe PDF、Adobe 3D PDF	把 BIM 成果发布成静态的、轻型的,供参与方进行审核或利用
模型检查软件	Solibri Model Checker	用来检查模型本身的质量和完整性
深化设计软件	Xsteel、Autodesk Navisworks、Bentley Projectwise、Navigator、Solibri Model Checker	检查冲突与碰撞,模拟、分析施工过程,评估建造是否可行,优化施工进度、三维漫游等
造价管理软件	Innovaya、Solibri、鲁班软件	利用 BIM 提供的信息进行工程量统计和造价分析
协同平台软件	Bentley ProjectWise、FTP Sites	对项目全寿命周期的所有信息进行集中、有效的管理,提升工作效率与生产力
运营管理软件	ArchiBUS	提高工作场所利用率,建立空间使用标准和基准,建立和谐的内部关系,减少纷争

5.1.5　工程实施各阶段的 BIM 工具软件应用

1. 招投标阶段的 BIM 工具软件应用

1)算量软件

招投标阶段的 BIM 工具软件主要是各个专业的算量软件。基于 BIM 技术的算量软件是在中国最早得到规模化应用的 BIM 应用软件,也是最成熟的 BIM 应用软件之一。

算量工作是招投标阶段最重要的工作之一,对建筑工程建设的投资方及承包方均具有重大意义。在算量软件出现之前,预算员按照当地计价规则进行手工列项,并依据图纸进行工程量统计及计算,工作量很大。人们总结出分区域、分层、分段、分构件类型、分轴线号等多种统计方法,但工程量统计工作依然效率低下,并且容易发生错误。

基于 BIM 技术的算量软件能够自动按照各地清单、定额规则,利用三维图形技术,进行工程量统计、扣减计算,并进行报表统计,大幅度提高了预算员的工作效率。

按照技术实现方式,基于 BIM 技术的算量软件分为两类:基于独立图形平台的软件和基于 BIM 基础软件进行二次开发的软件。这两类软件的操作习惯有较大的区别,但都具有以下特征。

(1)基于三维模型进行工程量计算。在算量软件发展的前期,曾经出现基于平面及高度的 2.5 维计算方式,其目前已经逐步被三维图形算法替代。值得注意的是,为了快速建立三维模型,并且与之前的用户习惯保持一致,多数算量软件依然以平面为主要视图进行模型的构建,同时使用三维图形算法,可以处理复杂的三维构件计算问题。

（2）支持按计算规则自动算量。其他的 BIM 应用软件,包括基于 BIM 技术的设计软件,往往也具备简单的汇总、统计功能,基于 BIM 技术的算量软件与其他 BIM 应用软件的主要区别在于,是否可以自动处理工程量计算规则。计算规则即各地清单、定额规范中规定的工程量统计规则,比如小于一定规格的墙洞将不列入墙工程量统计,再如对墙、梁、柱等各种不同构件之间重叠部分的工程量如何进行扣减及归类,全国各地甚至各个企业均有可能采取不同的规则。计算规则的处理是算量工作中最为烦琐的内容,目前专业的算量软件一般都能比较好地自动处理计算规则,并且大多内置了各种计算规则库。同时,算量软件一般还提供工程量计算结果的计算表达式反查、与模型对应确认等专业功能,让用户复核计算规则的处理结果,这是基础的 BIM 应用软件不能提供的。

（3）支持三维模型数据交换标准。算量软件以前只作为一个独立的应用软件,包含建立三维模型、进行工程量统计、输出报表等功能。随着 BIM 技术的日益普及,算量软件可导入上游设计软件建立三维模型,并将所建立的三维模型及工程量信息输出到施工阶段的应用软件,进行信息共享以减少重复工作。

算量软件的主要功能如下。

（1）设置工程基本信息及计算规则。计算规则按梁、墙、板、柱等建筑构件进行设置。算量软件内置全国各地的清单及定额规则库,用户一般情况下可以直接选择地区进行设置。

（2）建立三维模型。建立三维模型包括手工建模、CAD 识别建模、从 BIM 设计模型导入等多种模式。

（3）进行工程量统计及报表输出。目前多数算量软件已经实现工程量自动统计,并且预设了报表模板,用户只需要按照模板输出报表。

目前,国内招投标阶段的 BIM 工具软件主要包括广联达、鲁班、神机妙算、斯维尔等公司的产品,见表 5-3。

表 5-3　国内招投标阶段常用的 BIM 工具软件

序号	软件类别	说明	软件名称
1	土建算量软件	统计工程项目的混凝土、模板、砌体、门窗的建筑及结构部分的工程量	广联达土建算量软件（GCL） 鲁班土建算量软件（LubanAR） 斯维尔三维算量软件（THS-3DA） 神机妙算算量软件 筑业四维算量软件
2	钢筋算量软件	由于钢筋算量的特殊性,钢筋算量一般单独统计。国内的钢筋算量软件普遍支持平法表达,能够快速建立钢筋模型	广联达钢筋算量软件（GGJ） 鲁班钢筋算量软件（LubanST） 斯维尔三维算量软件（THS-3DA） 筑业四维算量软件 神机妙算算量软件钢筋模块
3	安装算量软件	统计工程项目的机电工程量	广联达安装算量软件（GQI） 鲁班安装算量软件（LubanMEP） 斯维尔安装算量软件（THS-3DM） 品茗安装算量软件（ZWCAD）

序号	软件类别	说明	软件名称
4	精装算量软件	统计工程项目室内装修(包括墙面、地面、天花板等装饰)的工程量	广联达精装算量软件(GDQ) 筑业四维算量软件
5	钢构算量软件	统计钢结构部分的工程量	鲁班钢结构算量软件(YC) 广联达钢结构算量软件 京蓝钢结构算量软件

2)造价软件

国内主流的造价软件主要分为计价和算量两类。其中计价软件主要有广联达、鲁班、斯维尔、神机妙算和品茗等公司的产品,由于计价软件需要遵循各地的定额规范,鲜有国外软件竞争。国内算量软件大部分基于自主开发平台,如广联达算量软件、斯维尔算量软件;有的基于 AutoCAD 平台,如鲁班算量软件、神机妙算算量软件。这些软件均基于三维技术,可以自动处理算量规则,但在与设计类软件及其他类软件的数据接口方面普遍处于起步阶段,大多数属于准 BIM 应用软件范畴。

2. 深化设计阶段的 BIM 工具软件应用

深化设计是在工程施工过程中,在设计院提供的施工图设计基础上进行详细设计以满足施工要求的设计活动。因为 BIM 技术具有直观形象的空间表达能力,能够很好地满足深化设计关注细部设计、精度要求高的需求,所以基于 BIM 技术的深化设计软件得到越来越广泛的应用,这也是 BIM 技术应用最成功的领域之一。基于 BIM 技术的深化设计软件包括机电深化设计软件、钢结构(简称"钢构")深化设计软件、模板脚手架深化设计软件、幕墙深化设计软件、碰撞检查软件等。

1)机电深化设计软件

机电深化设计是在机电施工图的基础上进行二次深化设计,以满足实际施工要求。国内外常用 Mechanical, Electrical & Plumbing(MEP),即机械、电气、管道,作为机电专业的简称。

机电深化设计主要包括专业深化设计与建模、管线综合、多方案比较、设备机房深化设计、预留预埋设计、综合支吊架设计、设备参数复核计算等。

机电深化设计的难点在于复杂的空间关系,特别是在地下室、机房及周边管线密集区域,处理起来尤其困难。传统的二维设计在处理这些问题时严重依赖工程师的空间想象能力和经验,经常由于设计不到位、管线发生碰撞而导致返工,造成人力、物力的浪费,工程质量的降低及工期的拖延。

基于 BIM 技术的机电深化设计软件的主要特征包括以下方面。

(1)基于三维图形技术。很多机电深化设计软件,如 AutoCAD MEP、MagiCAD 等,为了兼顾用户过去的使用习惯,同时具有二维及三维的建模能力,内部完全应用三维图形技术。

(2)可以建立机电(包括通风空调、给排水、电气、消防)等多个专业的管线、通头、末端等构件。多数机电深化设计软件,如 AutoCAD MEP、MagiCAD,支持以参数化方式建立常见机电构件;Revit MEP 还提供了族库等功能,供用户扩展系统内置构件库,能够处理内置构件库不能满足需要的情况。

(3)设备库的维护。常见的机电设备种类繁多,具有庞大的数量,选择机电设备,并确定其规格、型号、性能参数，是机电深化设计的重要内容之一。优秀的机电深化设计软件往往提供可扩展的机电设备库，并允许用户对机电设备库进行维护。

（4）支持三维数据交换标准。机电深化设计软件需要从建筑设计软件导入建筑模型以辅助建模；同时，也需要将深化设计结果导出到模型浏览、碰撞检查等其他 BIM 应用软件中。

（5）内置碰撞检查功能。在建筑项目设计过程中，大部分冲突及碰撞发生在机电专业。越来越多的机电深化设计软件内置碰撞检查功能，将管线综合的碰撞检查、整改及优化的整个流程在同一个机电深化设计软件中实现，使用户的工作流程更加流畅。

（6）绘制出图。国内目前的设计依据还是二维图纸，深化设计的结果必须表达为二维图纸，现场施工工人也习惯于参考图纸进行施工，因此，深化设计软件需要具备绘制二维图纸的功能。

（7）机电设计校验计算。在机电深化设计过程中，往往需要移动设备、线路、管道和风管等的位置或对其长度进行调整，这会导致运行时电气线路压降、管道阻力、风管的风量损失与阻力损失等发生变化。机电深化设计软件应该提供校验计算功能，核算设备能力能否满足要求，如果设备能力不能满足要求或能力有富余，则需对原有设计选型的设备规格中的某些参数进行调整，例如，管道工程中水泵的扬程、空调工程中风机的风量、电气工程中电缆的截面面积等。

目前，国内应用的基于 BIM 技术的机电深化设计软件主要包括国外的 MagiCAD、Revit MEP、AutoCAD MEP 以及国内的天正、鸿业、理正、PKPM 等 MEP 软件，见表 5-4。

表 5-4 常用的基于 BIM 技术的机电深化设计软件

序号	软件名称	说明
1	MagiCAD	基于 AutoCAD 和 Revit 双平台运行；MagiCAD 软件专业性很强，功能全面，提供风系统、水系统、电气系统、电气回路、系统原理图设计、房间建模、舒适度及能耗分析、管道综合支吊架设计等模块，提供剖面、立面出图功能，并在系统中内置了超过 100 万个设备信息
2	Revit MEP	在 Revit 平台基础上开发；主要包含暖通风道及管道系统、电力照明、给排水等专业。与 Revit 平台操作一致，并且与建筑专业 Revit Architecture 数据可以互联互通
3	AutoCAD MEP	在 AutoCAD 平台基础上开发；操作习惯与 AutoCAD 保持一致，并提供剖面、立面出图功能
4	天正给排水系统（T-WT） 天正暖通系统（T-HVAC）	基于 AutoCAD 平台研发；包含给排水和暖通两个专业，具备管件设计、材料统计、负荷计算、水利计算等功能
5	理正电气 理正给排水 理正暖通	基于 AutoCAD 平台研发；包含电气、给排水、暖通等专业，具备建模、生成统计表、负荷计算等功能。但是，理正 MEP 软件目前并不支持 IFC 标准
6	鸿业给排水系列软件 鸿业暖通空调设计软件	基于 AutoCAD 平台研发；鸿业软件专业区分比较细，分为多个软件，包含给排水、暖通空调等专业
7	PKPM 设备系列软件	基于自主图形平台研发；专业划分比较细，分为多个专业软件，主要包括给排水绘图软件（WPM）、室外给排水设计软件（WNET）、建筑采暖设计软件（HPM）、室外热网设计软件（HNET）、建筑电气设计软件（EPM）、建筑通风空调设计软件（CPM）等

这些软件均基于三维技术，其中 MagiCAD、Revit MEP、AutoCAD MEP 等软件支持 IFC

文件的导入、导出,支持模型与其他专业以及其他软件进行数据交换,而天正、理正、鸿业、PKPM 设备等 MEP 软件在支持 IFC 数据标准和模型数据交换能力方面有待进一步加强。

2)钢结构深化设计软件

钢结构深化设计的目的主要体现在以下方面。

(1)通过深化设计计算杆件的实际应力比,对原设计截面进行改进,以减少结构的整体用钢量。

(2)通过深化设计对结构的整体安全性和重要节点的受力进行验算,确保所有的杆件和节点满足设计要求,确保结构使用安全。

(3)通过深化设计对杆件和节点进行构造的施工优化,使杆件和节点在实际的加工制作和安装过程中变得更加合理,提高加工效率和加工安装精度。

(4)通过深化设计,对栓接接缝处连接板进行优化、归类、统一,减少品种、规格,对杆件和节点进行归类编号,形成流水加工,大大加快加工进度。

因为钢结构深化设计具有突出的空间几何造型特性,平面设计软件很难满足其要求。BIM 应用软件出现后,在钢结构深化设计领域得到快速的应用。

基于 BIM 技术的钢结构深化设计软件的主要特征包括以下方面。

(1)基于三维图形技术。钢结构构件具有显著的空间布置特点,钢结构深化设计软件需要基于三维图形进行建模及计算,并且,与其他基于平面视图建模且基于 BIM 技术的设计软件不同,多数钢结构深化设计都基于空间进行建模。

(2)支持参数化建模。可以用参数化方式建立钢结构的杆件、节点、螺栓。如杆件截面形状包括工字形、L 形、口字形等多种形状,用户只需要选择截面形状并且设置截面长度、宽度等参数信息就可以确定构件的几何形状,而不需要处理杆件的每个零件。

(3)支持节点库。节点设计是钢结构设计中比较烦琐的工作。优秀的钢结构设计软件,如 Tekla,内置支持常见节点的连接方式,用户只需要选择需要连接的杆件并设置节点连接的方式及参数,系统就可以自动建立节点板、螺栓,大量节省用户的建模时间。

(4)支持三维数据交换标准。钢结构深化设计软件需要从建筑设计软件导入其他专业模型以辅助建模;同时,也需要将深化设计结果导出到模型浏览、碰撞检测等其他 BIM 应用软件中。

(5)绘制出图。

目前常用的钢结构深化设计软件多为国外软件,国内软件很少,见表 5-5。

表 5-5　常用的钢结构深化设计软件

软件名称	国家	主要功能
BoCAD	德国	三维模型与图纸相关联,可以进行较为复杂的节点、构件的建模
Tekla(Xsteel)	芬兰	可以自动生成构件详图、零件详图,以及各构件参数和施工详图,并具备校正检查的功能
StruCad	英国	三维参数化实体建模,可进行节点深化设计,自动生成精确的工程图纸,并提供内嵌的绘图工具以支持团队协作
SDS/2	美国	支持钢结构连接设计和详图绘制,设计流程自动化,具有详细的详图绘制功能以满足不同的设计需求
STS	中国	是建筑结构设计软件 PKPM 系列的一个功能模块,具有全面的设计和分析功能、高效的计算能力、多种类型结构的设计能力、截面优化功能、强大的节点设计功能、丰富的型钢库、多种建模方式以及与其他软件的接口功能等

以 Tekla 为例,钢结构深化设计的主要步骤如下。

（1）确定结构整体定位轴线。建立结构的所有重要定位轴线,以帮助后续的构件建模进行快速定位。同一工程所有的深化设计必须使用同一个定位轴线。

（2）建立构件模型。在截面库中选取钢柱或钢梁截面,进行钢柱、钢梁等构件的建模。

（3）进行节点设计。钢梁及钢柱创建好后,在节点库中选择钢结构常用节点,采用软件参数化节点能快速、准确建立构件节点。当节点库中无该类型节点,而在该工程中又存在大量的该类型节点时,可在软件中创建人工智能参数化节点,以达到设计要求。

（4）进行构件编号。软件可以自动根据预先给定的构件编号规则,按照构件的不同截面类型对各构件及节点进行整体编号、命名及组合,相同构件及板件所命名称相同。

（5）出构件深化图纸。软件能根据所建的三维实体模型导出图纸,图纸与三维模型保持一致,当模型中的构件有变更时,图纸将自动进行调整,保证了图纸的正确性。

3）幕墙深化设计软件

幕墙深化设计主要是对建筑的幕墙进行细化补充设计及优化设计,如幕墙收口部位设计、预埋件设计、材料用量优化、局部的不安全及不合理做法的优化等。幕墙设计非常烦琐,深化设计人员对基于 BIM 技术的设计软件呼声很高,市场需求较大。

4）碰撞检查软件

碰撞检查也叫多专业协同、模型检测,是一个多专业协同检查过程,将不同专业的模型集成在同一平台中并进行专业之间的碰撞检查及协调。碰撞检查主要用于机电的各个专业之间,机电与结构的预留预埋、机电与幕墙、机电与钢筋之间的碰撞是碰撞检查的重点及难点内容。在传统的碰撞检查中,用户将多个专业的平面图纸叠加,并绘制负责部位的剖面图,判断是否发生碰撞。这种方式效率低下,很难进行完整的检查,往往在设计中遗留大量的多专业碰撞及冲突问题,造成工程施工过程中的返工。基于 BIM 技术的碰撞检查具有显著的空间能力,可以大幅度提升工作效率,是 BIM 技术的成功应用点之一。

基于 BIM 技术的碰撞检查软件主要具有以下特征。

（1）基于三维图形技术。碰撞检查软件基于三维图形技术,能够应对二维技术难以处理的空间维度冲突,这是其能显著提升碰撞检查效率的主要原因。

（2）支持三维模型的导入。碰撞检查软件自身并不建立模型,需要从其他三维设计软件（如 Revit、ArchiCAD、MagiCAD、Tekla、Bentley 等建模软件）导入三维模型,因此广泛支持三维数据交换格式是碰撞检查软件的关键能力。

（3）支持不同的碰撞检查规则,既可以实现当前项目与链接文件的碰撞检查,也可以实现不同链接文件间的碰撞检查,确定参与碰撞的构件的类型等。碰撞检查规则可以帮助用户精细控制碰撞检查的范围。

（4）具有高效的模型浏览效率。碰撞检查软件集成了各个专业的模型,比单专业的设计软件需要支持的模型更多,对模型的显示效率及功能要求更高。

（5）具有与设计软件交互的能力。碰撞检查的结果如何返回到设计软件中,帮助用户快速定位发生碰撞的问题并进行修改,是用户关注的焦点问题。目前,碰撞检查软件与设计软件的互动分为两种方式:①通过软件之间的通信,在同一台计算机上的碰撞检查软件与设计软件进行直接通信,在设计软件中定位发生碰撞的构件;②通过碰撞结果文件,碰撞检查的结果导出为结果文件,在设计软件中可以加载该结果文件,定位发生碰撞的构件。目前,常见的碰撞检查软件包括 Autodesk 公司的 Navisworks、美国天宝公司的 Tekla BIMSight、芬兰的 Solibri 等,见表 5-6。国内软件包括广联达公司的 BIM 审图软件及鲁班 BIM 解决方案中的碰撞检查模块等。目前,多数的机电深化设计软件也包含碰撞检查模块,比如 Magi-CAD、Revit MEP 等。

表 5-6　常用的基于 BIM 技术的碰撞检查软件

序号	软件名称	说明
1	Navisworks	支持市面上常见的 BIM 建模工具,包括 Revit、Bentley、ArchiCAD、MagiCAD、Tekla 等。"硬碰撞"效率高,应用成熟
2	Solibri	与 ArchiCAD、Tekla、MagiCAD 接口良好,也可以导入支持 IFC 的建模工具。Solibri 具有灵活的规则设置,可以通过扩展规则检查模型的合法性及部分的建筑规范,如无障碍设计规范等
3	Tekla BIMSight	与 Tekla Structures 接口良好,也可以通过 IFC 导入其他建模工具生成的模型
4	广联达 BIM 审图软件	与广联达算量软件接口良好,与 Revit 有专用插件接口,支持 IFC 标准,可以导入 ArchiCAD、MagiCAD、Tekla 等软件的模型数据。除了"硬碰撞",还支持模型合法性检测等"软碰撞"功能
5	鲁班碰撞检查模块	是鲁班 BIM 解决方案中的一个功能模块,支持鲁班算量建模结果
6	MagiCAD 碰撞检查模块	是 MagiCAD 的一个功能模块,将碰撞检查与调整优化集成在同一个软件中,处理机电系统内部碰撞效率很高
7	Revit MEP 碰撞检查模块	是 Revit 的一个功能模块,将碰撞检查与调整优化集成在同一个软件中,处理机电系统内部碰撞效率很高

碰撞检查软件用于判断实体之间的碰撞(即"硬碰撞"),也有部分软件可以检测模型是否符合规范、是否符合施工要求(即"软碰撞"),比如芬兰的 Solibri 在"软碰撞"方面功能丰富,能提供缺陷检测、建筑与结构的一致性检测、部分建筑规范(如无障碍规范)的检测等功能。目前,"软碰撞"检查不如"硬碰撞"检查成熟,但其是将来发展的重点。

3. 施工阶段的 BIM 工具软件应用

施工阶段的 BIM 工具软件是新兴的领域,主要包括施工场地布置软件、模板脚手架设计、钢筋翻样软件、变更计量软件、5D 施工管理软件等。

1)施工场地布置软件

施工场地布置是施工组织设计的重要内容,在工程红线内,通过合理划分施工区域,减少各项施工的相互干扰,使得场地布置紧凑合理,运输更加方便,能够满足安全防火、防盗的要求。

施工场地布置软件基于 BIM 技术提供内置的构件库,用户可以用这些构件快速建模,并且可以进行分析及用料统计。施工场地布置软件具有以下特征。

(1)基于三维建模技术。

(2)提供内置的、可扩展的构件库。基于 BIM 技术的施工场地布置软件提供施工现场的场地、道路、料场、施工机械等内置的构件库,用户可以像使用工程实体设计软件一样,使用这些构件库在场地上布置并设置参数,快速建立模型。

(3)支持三维数据交换标准。施工场地布置软件可以通过三维数据交换导入拟建工程实体,也可以将场地布置模型导出到后续的 BIM 工具软件中。

目前国内已经发布的施工场地布置软件包括广联达三维场地布置软件（3D-GCP）、PKPM 三维现场平面图软件等,见表 5-7。

表 5-7　常用的施工场地布置软件

序号	软件名称	说明
1	广联达三维场地布置软件（3D-GCP）	支持二维图纸识别建模,内置施工现场常用构件,如板房、料场、塔吊、施工电梯、道路、大门、围栏、标语牌、旗杆等,建模效率高
2	斯维尔平面图制作系统	基于 CAD 平台开发,属于二维平面图绘制工具,不是严格意义上的 BIM 工具软件
3	PKPM 三维现场平面图软件	支持二维图纸识别建模,内置施工现场常用构件和图库,可以通过拉伸、翻样支持较复杂的现场形状（如复杂基坑）的建模,还提供贴图、视频制作功能

施工场地布置软件的主要操作流程如下。

（1）导入二维场地布置图。本步骤为可选步骤,导入二维场地布置图有助于快速精准地定位构件,可以大幅度提高工作效率。

（2）利用内置构件库快速生成三维现场布置模型。内置的场地布置模型包括场地布置模型、道路布置模型、施工机械布置模型、临水临电布置模型等。

（3）进行合理性检查,包括塔吊冲突分析、违规提醒等。

（4）输出临时设施工程量统计。通过软件可以快速统计施工场地中临时设施的工程量并输出。

2）模板脚手架设计软件

模板、脚手架设计细节繁多,一般施工单位难以对其进行精细设计。基于 BIM 技术的模板脚手架设计软件在三维图形技术基础上,进行模板、脚手架高效设计及验算,提供准确用量统计,与传统方式相比,大幅度提高了工作效率。图 5-1 所示是利用广联达模板脚手架设计软件完成的一个典型例子。

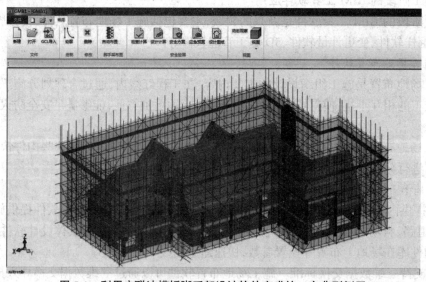

图 5-1　利用广联达模板脚手架设计软件完成的一个典型例子

基于 BIM 技术的模板脚手架设计软件具有以下特征。

（1）基于三维建模技术。

（2）支持三维数据交换标准。工程实体模型需要通过三维数据交换标准从其他设计软件导入。

（3）支持模板、脚手架自动排布。

（4）支持模板、脚手架的自动验算及材料自动统计。

目前，常见的模板脚手架设计软件包括广联达模板脚手架设计软件，PKPM 模板脚手架设计软件，筑业脚手架工程安全计算软件，恒智天成安全设施软件等，见表 5-8。

表 5-8　常用的模板脚手架设计软件

序号	软件名称	说　明
1	广联达模板脚手架设计软件	支持二维图纸识别建模，也可以导入广联达算量软件产生的实体模型辅助建模。具有自动生成模架、设计验算及生成计算书等功能
2	PKPM 模板脚手架设计软件	脚手架设计软件可建立多种形状及组合形式的脚手架三维模型，生成脚手架立面图、施工图和节点详图；可生成用量统计表；可进行多种脚手架形式的规范计算；提供多种脚手架施工方案模板。模板设计软件适用于大模板、组合模板、胶合板和木模板的墙、梁、柱、楼板的设计、布置及计算，能够完成各种模板的配板设计、支撑系统计算、配板详图、统计用表，提供丰富的节点构造详图
3	筑业脚手架工程安全计算软件	汇集了常用的施工现场安全设施的类型，能进行常用的计算，并提供常用数据参考。脚手架工程包含落地式、悬挑式、满堂式等多种脚手架搭设形式和钢管扣件式、碗扣式、承插式等多种类型脚手架，并能进行相应模板支架的计算。模板工程包括梁、板、墙、柱模板及多种支撑架计算（含大型桥梁模板支架计算）
4	恒智天成安全设施软件	能计算、设计多种常用形式的脚手架，如落地式、悬挑式、附着式等；能计算、设计常用类型的模板，如大模板、梁、墙、柱模板等；能编制安全设施计算书、安全专项方案书；能同步生成安全方案报审表、安全技术交底；能编制施工安全应急预案；能进行建筑施工技术领域的计算

3）5D 施工管理软件

基于 BIM 技术的 5D 施工管理软件需要支持场地、施工措施、施工机械的建模及布置，主要具有如下特征。

（1）支持施工流水段及工作面的划分。工程项目比较复杂，为了保证有效利用劳动力，施工现场往往划分为多个流水段或施工段，以确保有充足的施工工作面，使得施工劳动力能充分展开。支持流水段划分是基于 BIM 技术的 5D 施工管理软件的关键能力。

（2）支持进度与模型的关联。基于 BIM 技术的 5D 施工管理软件需要将工程项目实体模型与施工计划进行关联，从而确定不同时间节点施工模型的布置情况。

（3）可以进行施工模拟。基于 BIM 技术的 5D 施工管理软件可以对施工过程进行模拟，让用户在施工之前能够发现问题并进行施工方案的优化。施工模拟包括随着时间增长对实体工程进展情况的模拟，对不同时间节点（工况）下大型施工措施及场地布置情况的模拟，对不同时间段流水段及工作面安排的模拟，对各个时间段（如每月、每周）的施工内容、施工计划、资金、劳动力及物资需求的分析。

（4）支持对施工过程结果（如施工进度、施工日报、质量、安全情况）的跟踪和记录。

目前,基于 BIM 技术的 5D 施工管理软件主要有表 5-9 中所列的几个。

表 5-9　常用的 5D 施工管理软件

序号	软件名称	说明
1	广联达 BIM 5D 软件	具有流水段划分,浏览任意时间点施工工况,提供各个施工期间的施工模型、进度计划、资源消耗量等功能;支持建造过程模拟,包括资金及主要资源模拟;可以跟踪过程并进行进度、质量、安全问题记录,支持 Revit 等软件
2	RIB iTWO	旨在建立 BIM 工具软件与管理软件 ERP 之间的桥梁,将基于 BIM 技术的算量、计价、施工过程成本管理融为一体,支持 Revit 等软件
3	Vico 办公室套装	具有流水段划分、流线图进度管理等特色功能;支持 Revit、ArchiCAD、MagiCAD、Tekla 等软件
4	易达 5D-BIM 软件	可以按照进度浏览构件的基础属性、工程量等信息;支持 IFC 标准

以下为利用 5D 施工管理软件进行工程管理的一般流程。

(1)设置工程基本信息,包括楼层标高、机电系统设置等。

(2)导入所建立的三维工程实体模型。

(3)将实体模型与进度计划进行关联。

(4)按照工程进度计划设置各个阶段的施工场地、布置大型施工机械和大型设施。

(5)为现场施工输出每月、每周的施工计划、施工内容及所需的人工、材料、机械,指导每个阶段的施工准备工作。

(6)记录实际施工进度、质量、安全问题。

(7)在项目周例会上进行进度偏差分析,并确定调整措施。

(8)持续执行直到项目结束。

4)钢筋翻样软件

钢筋翻样软件是基于 BIM 技术,利用平法对钢筋进行精细布置及优化,帮助用户进行翻样的软件,能够显著提高翻样人员的工作效率。

基于 BIM 技术的钢筋翻样软件的主要特征如下。

(1)支持建立钢筋结构模型,或者通过三维数据交换标准导入结构模型。钢筋翻样是在结构模型的基础上进行钢筋的详细设计,结构模型可以从其他软件(包括结构设计软件)或者算量模型导入。部分钢筋翻样软件可以识别 CAD 图纸直接建模。

(2)支持钢筋平法。钢筋平法已经在国内设计领域得到广泛的应用,能够大幅度地简化设计结果的表达。钢筋翻样软件支持钢筋平法,工程翻样人员可以高效地输入钢筋信息。

(3)支持钢筋优化断料。钢筋翻样需要考虑如何合理利用钢筋原材料,减少钢筋的废料、余料,降低损耗。钢筋翻样软件通过设置模数、提供多套原材料长度自动优化方案,最终达到废料、余料最少,节省钢筋用量的目的。

(4)支持料表输出。钢筋翻样工程普遍接受钢筋料表,将其作为钢筋加工的依据。钢筋翻样软件支持料单输出、生成钢筋需求计划等。

当前,基于 BIM 技术的钢筋翻样软件主要包括广联达施工翻样软件(GFY)、鲁班钢筋软件(下料版)等,也有用户通用平台 Revit、Tekla 土建模块等国外软件进行翻样。

5）变更计量软件

基于 BIM 技术的变更计量软件具有以下特征。

（1）支持三维模型数据交换标准。变更计量软件可以导入其他 BIM 应用软件的模型，特别是基于 BIM 技术的算量软件建立的算量模型。理论上，BIM 模型可以使用不同的软件建立，但多数情况下由同一软件公司的算量软件建立。

（2）支持变更工程量自动统计。变更工程量计算可以细化到单构件，由用户根据施工进展情况判断变更工程量如何进行统计，包括对已经施工部分、已经下料部分、未施工部分的变更分别进行处理。

（3）支持变更清单汇总统计。变更计量软件需要支持按照清单的口径进行变更清单的汇总输出，也可以直接输出工程量到计价软件中进行处理，形成变更清单。

5.1.6　BIM 平台软件

BIM 平台软件是最近出现的一个概念，其基于网络及数据库技术，将不同的 BIM 工具软件连接到一起，以满足用户对协同工作的需求。从技术角度讲，BIM 平台软件将模型数据存储于统一的数据库中，并且为不同的应用软件提供访问接口，从而实现不同软件的协同工作。从某种意义上讲，BIM 平台软件是在后台进行服务的软件，与一般终端用户并不一定直接交互。

BIM 平台软件的特性如下。

（1）支持工程项目模型文件管理，包括模型文件上传、下载，用户及权限管理；有的 BIM 平台软件支持将一个项目分成多个子项目，整个项目的每个专业或部分都属于其中的子项目，子项目包含相应的用户和授权。另外，BIM 平台软件可以将所有的子项目无缝集成到主项目中。

（2）支持模型数据的签入、签出及版本管理。不同专业模型数据在每次更新后，能立即合并到主项目中。软件能检测到模型数据的更新并进行版本管理。签出功能可以跟踪哪个用户正在进行模型的哪部分工作。如果此时其他用户上传了更新的数据，系统会自动发出警告。也就是说，软件支持协同工作。

（3）支持模型文件的在线浏览功能。这个特性不是必需的，但多数模型服务器软件均会提供模型在线浏览功能。

（4）支持模型数据的远程网络访问。BIM 工具软件可以通过数据接口来访问 BIM 平台软件中的数据，进行查询、修改、增加等操作。BIM 平台软件为数据的在线访问提供权限控制。

BIM 平台软件支持的文件格式如下。

（1）内部私有格式。各家厂商均支持通过内部私有格式，将文件存储到 BIM 平台软件，如用 Autodesk 公司的 Revit 软件将文件存储到 BIM360 以及 Vualt 软件中。

（2）公开格式，包括 IFC、IFCXML、CityGML、COLLADA 等。

常见的 BIM 平台软件包括 Autodesk BIM360、Vualt、Buzzsaw，Bentley 公司的 Projectwise，Graphisoft 公司的 BIMServer 等。这些软件一般用于公司内部的软件之间的数据交互及协同工作。

5.1.7 BIM 应用软件的数据交换

BIM 技术应用涉及专业软件工具,不同软件工具之间的数据交换减少了客户重复建模的工作量,对减少错误、提高效率有重大意义。

按照数据交换格式的公开与否,BIM 应用软件数据交换方式可以分为以下两种。

(1)基于公开的国际标准的数据交换方式。这种方式适用于所有的支持公开标准的软件,包括不同专业、不同阶段的不同软件,适用性广,也是最推荐的方式。由于公开数据标准自身的完善程度、不同厂商对标准的支持力度不同,基于国际标准的数据交换往往取决于采用的标准及厂商的支持程度,支持及响应时间往往比较长。公有的 BIM 数据交换格式包括 IFC、COBIE 等多种格式。

(2)基于私有文件格式的数据交换方式。这种方式只能支持同一公司内部 BIM 应用软件之间的数据交换。在目前 BIM 应用软件专业性强、无法做到一家软件公司提供完整解决方案的情况下,基于私有文件格式的数据交换往往只能在个别软件之间进行。基于私有文件格式的数据交换方式是公有文件格式数据交换的补充,适用于公有文件格式不能满足要求而又需要快速推进业务的情况。私有文件格式包括 Autodesk 公司的 DWG、NWC,广联达公司的 GFC、IGMS 等。

常见的公有 BIM 数据交换格式如下。

(1)IFC 标准。IFC 标准是 IAI 组织制定的面向建筑工程领域的公开和开放的数据交换标准,可以很好地用于异质系统交换和共享数据。IFC 标准也是当前建筑业公认的国际标准,在全球得到了广泛应用和支持。目前,多数 BIM 应用软件支持 IFC 格式。IFC 标准的变种包括 IFCXML 等格式。

(2)COBIE 标准。COBIE(Construction Operations Building Information Exchange,施工运营建筑信息交换)是一个从施工交付到运维的文件格式, 2011 年 12 月,成为美国国家 BIM 标准(NBIMS-US)。COBIE 格式包括设备列表、软件数据列表、软件保证单、维修计划等在内的资产运营和维护所需的关键信息,它采用几种具体文件格式(包括 Excel、IFC、IF-CXML)作为具体承载数据的标准。2013 年, buildingSMART 组织也发布了一个轻量级的 XML 格式来支持 COBIE,即 COBieLite。

5.1.8 BIM 应用软件与管理系统的集成

BIM 应用软件为项目管理系统提供了有效的数据支撑,解决了项目管理系统数据来源不准确、不及时的问题。图 5-2 所示为 BIM 应用软件与项目管理系统的集成应用框架,该框架分基础层、服务层、应用层和表现层,其中应用层包括进度管理、合同管理、成本管理、劳务管理、图纸管理、变更管理等应用。下面着重介绍其中的一部分。

1. 基于 BIM 技术的进度管理

传统的项目计划管理一般是计划人员编制工序级计划后,生产部门根据计划执行,而其他各部门(技术、商务、工程、物资、质量、安全等部门)则根据计划自行展开相关配套工作。各工作相对孤立,步调不一致,前后关系不直观,信息传递效率极低,协调工作量大。

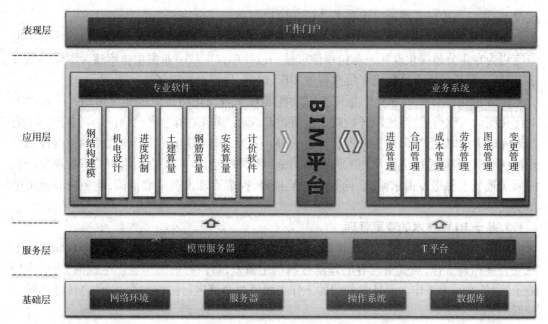

图 5-2　BIM 应用软件与项目管理系统的集成应用框架

基于 BIM 技术的进度管理软件为进度管理提供人、材、机消耗量的估算,为物料准备以及劳动力估算提供了充足的依据;同时可以提前查看各任务项所对应的模型,便于项目人员准确、形象地了解施工内容,便于施工交底。另外,利用 BIM 技术应用的配套工作与工序级计划任务的关联,可以实现项目各个部门各项进度相关配套工作的全面推进,提高进度执行的效率,加大进度执行的力度,及时发现并提醒滞后环节,及时制定对应的措施,实时调整。

2. 基于 BIM 技术的图纸管理

传统的项目图纸管理采用简单的管理模式,由技术人员对项目进行定期的图纸交底。当前大型项目建筑设计日趋复杂,设计工期紧,业主方因进度要求客观上采用了边施工边变更的方式,当传统的项目图纸管理模式遇到了海量变更时,立即暴露出效率低、出错率高的弊病。

基于 BIM 技术的图纸管理软件实现了对多专业海量图纸的清晰管理,实现了相关人员任意时间均可获得所需的全部图纸信息的目标。基于 BIM 技术的图纸管理软件具有如下特点。

(1)图纸信息与模型信息一一对应。这表现为任意一次图纸修改都对应模型修改,任意一种模型状态都能找到定义该状态的全部图纸信息。

(2)软件内的图纸信息更新是最及时的。根据工作流程,施工单位收到设计图纸后,由模型维护组成员先录入图纸信息,并完成对模型的修改调整,再推送至其他部门,包括现场施工部门及分包队伍,用于指导施工,避免出现用错图、旧版图施工的情况。

(3)系统中记录的全部图纸的更新替代关系明确。不同于简单的图纸版本替换,全部的图纸发放时间、录入时间都是记录在系统内的,必要时可供调用(如办理签证索赔等)。

(4)图纸管理是面向全专业的。以往各专业图纸分布在不同的职能部门(技术部、机电部、钢构部),查阅图纸十分不便。图纸管理软件要求各专业都按统一的要求录入图纸并修改模型,在模型中可直观地显示各专业设计信息。

另外,传统的深化图纸报审依靠深化人员根据总进度计划编制深化图纸报审计划。报审流程为专业分包深化设计→总包单位审核→设计单位审核→业主单位审核。深化图纸过多、审核流程长的特点易造成审批过程中积压、遗漏,最终影响现场施工进度。

BIM 应用软件中的深化图审追踪功能实现了对深化图报审的实时追踪。一份报审的深化图录入软件后,系统即开始对其进行追踪,确定其当期所在审批单位。当审批单位逾期未完成审批时,系统即对管理人员推送提醒。另外,深化图报审计划与软件的进度计划管理模块联动,根据总体进度计划的调整而调整,当系统统计发现深化图报审及审批速度严重滞后于现场工程进度需求时,会向管理人员报警,提醒管理人员采取措施,避免现场施工进度受此影响。

3. 基于 BIM 技术的变更管理

以前,当设计变更发生时,设计变更指令分别下发到各部门,各部门根据各自职责分工独立开展相关工作,对变更内容的理解容易产生偏差,对内容的阅读会产生疏漏,影响现场施工、商务索赔等工作。而且各部门的工作主要通过会议进行协调和沟通,信息传递的效率较低。

利用 BIM 应用软件,将变更录入模型,首先直观地形成变更前后的模型对比,并快速生成工程量变化信息。通过模型,变更内容准确快速地被传达至各个领导和各个部门,实现了变更内容的快速传递,避免了内容理解的偏差。根据模型中的变更提醒,现场生产部、技术部、商务部等各部门迅速开展方案编制、材料申请、商务索赔等一系列的工作,并且通过系统实现实时的信息共享,极大地提高了变更相关工作的实施效率和信息传递的效率。

4. 基于 BIM 技术的合同管理

以往合同查询需从头逐条查询,以防止疏漏,要求每位工作人员都熟读合同。合同查询的困难也导致非商务类工作人员在工作中干脆不使用合同,甚至违反合同条款,导致总承包方的利益受损。

现在,基于 BIM 技术的合同管理,将合同条款、招标文件、回标答疑及澄清、工料规范、图纸设计说明等相关内容进行拆分、归集,便于从线到面的全面查询及风险管控(便于施工部门、技术部门、商务部门、安全部门、质量部门、管理部门清晰掌握合同约定范围、约定标准、工作界面及责任划分等)。可对业主对应合同条款、分包合同条款、总承包合同三方合同条款、供货商合同条款,进行竖向到底的关联查询、责任追踪(付款及结算、工期要求、验收要求、安全要求、供货要求、设计要求、变更要求、签证要求)。

5.1.9 当前其他常用 BIM 软件

随着 BIM 应用在国内的迅速发展,BIM 相关软件也得到了较快的发展,表 5-10 介绍了当前其他常用 BIM 软件的情况。

表 5-10　当前其他常用 BIM 软件

软件类别	举例	功能
Revit 插件软件	鸿业 BIMSpace	基于 Revit 平台,涵盖建筑、给排水、暖通等专业常用功能;基于 Auto-CAD 平台,向用户提供完整的施工图解决方案
	橄榄山软件	将现在产业链中的工程语言——施工 DWG 图直接转换成 Revit BIM 模型
	MagiCAD	为机电专业的 BIM 深化设计软件,运用于工程前期的设计阶段、项目招投标阶段、机电施工过程深化设计阶段、竣工交付阶段、后期运维管理阶段
	isBIM	用于建筑、结构、水电暖通、装饰装修等专业中,提高了用户创建模型的效率,同时提高了建模的精度和标准化水平
鸿业 Civil 行业 BIM 软件	—	可以直接通过模型生成施工图及工程量,为暴雨模拟及海绵城市计算分析提供地形,为排水低影响措施等提供数据,与 iTWO-5D 等施工阶段 BIM 软件进行衔接,支持市场上主流的 3D-GIS 平台
Trimble 系列工具软件	SketchUp	将平面的图形立起来,先进行体块的研究,再不断推敲深化一直到建筑的每个细部
	Tekla	提供交互式建模、结构分析、自动创建图纸等功能
	Vico Office	用一个软件对项目进行全过程控制,进而实现提高效率、缩短工期、节约成本的目标
	Field Link	为总承包商提供施工放样解决方案
	Real Works	利用空间成像传感器导入丰富的数据,并将其转换为夺目的三维成果
达索软件	—	为建筑行业的项目全过程管理提供整体解决方案,提供实时跟踪功能、精益建造方法、模块化施工、智能物流和价值流映射,从而帮助减少浪费并确保按时交付工程
盈建科软件	盈建科建筑结构计算软件（YJK-A）	集成化建筑结构辅助设计系统,立足于解决当前设计应用中的难点、热点问题,为减少配筋量、节省工程造价做了大量改进
	盈建科基础设计软件（YJK-F）	
	盈建科砌体结构设计软件（YJK-M）	
	盈建科结构施工图辅助设计软件（YJK-D）	
BIM 协同平台软件	iTWO	运用设计和建造阶段的 BIM 模型及信息数据,将 BIM 模型及全生命周期的信息数据完美结合,利用虚拟模型进行智能管控
	广联达 BIM5D	为项目的进度、成本管控、物料管理等提供数据支撑,协助管理人员有效决策和精细管理
	鲁班 BIM 软件	适应建筑业移动办公特性强的特点,实现了施工项目管理的协同,实现了模型信息的集成,授权机制实现了企业级管控、项目级管理协同

5.2　BIM 技术与工程项目

　　BIM 技术一出现就迅速覆盖建筑的各个领域。《建筑业信息化发展纲要》提出要促进建筑业软件产业化,提升企业管理水平和核心竞争能力;"十四五"时期,我国信息化发展面临复杂的国际国内形势,发展机遇与挑战并存。信息化技术可弥补现有项目管理的不足,而BIM技术可以轻松地实现集成化管理,如图5-3所示。可见BIM技术与项目管理的结合不仅符合政策的导向,而且是发展的必然趋势。

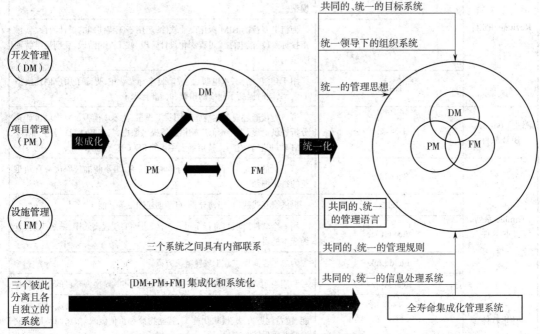

图 5-3　基于 BIM 技术的集成化管理

　　传统的项目管理模式即"设计—招投标—建造"模式,将设计、施工分别委托不同单位承担。设计基本完成后通过招标选择承包商,业主和承包商签订工程施工合同和设备供应合同,由承包商与分包商和供应商单独订立分包及材料的供应合同并组织实施。业主单位一般指派业主代表负责有关的项目管理工作。施工阶段的质量控制和安全控制等工作一般授权监理工程师进行。

　　引入 BIM 技术后,将从建设工程项目的组织、管理方法和手段等多个方面进行系统的变革,实现理想的建设工程信息积累,从根本上消除信息的流失和信息交流的障碍。理想的建设工程信息积累变化如图 5-4 所示。

　　BIM 含有大量的工程相关信息,可为工程提供数据后台的巨大支撑,可以使业主、设计院、顾问公司、施工总承包单位、专业分包单位、材料供应商等众多单位在同一个平台上实现数据共享,使沟通更为便捷、协作更为紧密、管理更为有效,它革新了传统的项目管理模式。BIM 引入后的工作模式如图 5-5 所示。

　　基于 BIM 的管理模式是创建信息、管理信息、共享信息的数字化方式,其具有很多优势,具体如下。

　　(1)通过建立 BIM 模型,能够在设计中最大程度地满足业主对设计成果的细节要求(业主可在线从任何一个角度观看设计产品的构造,甚至是小到一个插座的位置、规格、颜色),业主在设计过程中可在线随时提出修改意见,从而使精细化设计成为可能。

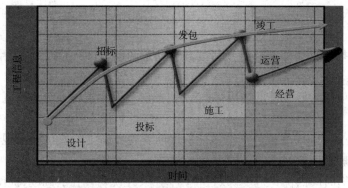

图 5-4　理想的建设工程信息积累变化

（弧线表示引入 BIM 的信息保留；折线表示传统模式的信息保留）

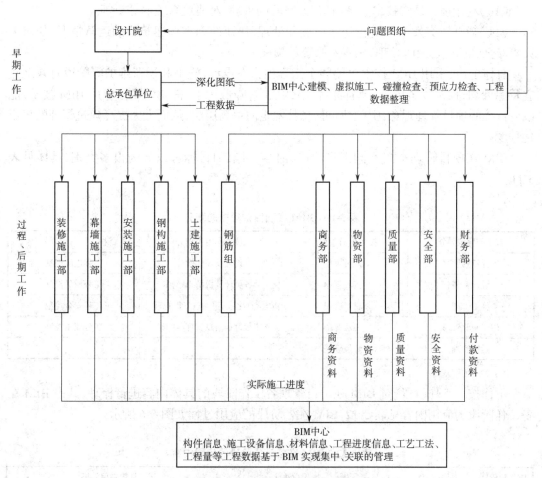

图 5-5　引入 BIM 后的项目管理工作模式

（2）工程基础数据（如量、价等数据）可以提高准确性、透明度，可以实现数据的共享，能完全实现短周期、全过程对资金风险以及盈利目标的控制。

（3）能够对投标书、进度审核预算书、结算书进行统一管理，并形成数据对比。

（4）能够对施工合同、支付凭证、施工变更等工程附件进行统一管理,并对成本测算、招投标、签证管理、支付等全过程造价进行管理。

（5）BIM数据模型能够保证各项目的数据动态调整,方便追溯各个项目的现金流和资金状况。

（6）根据各项目的形象进度进行筛选汇总,能够为领导层更充分地调配资源、进行决策创造有利条件。

（7）基于BIM的4D虚拟建造技术能够提前发现在施工阶段可能出现的问题,并逐一修改,提前制定应对措施。

（8）能够在短时间内优化进度计划和施工方案,并说明存在的问题,提出相应的方案用于指导实际项目施工。

（9）能够使标准操作流程可视化,随时查询物料及产品质量等信息。

（10）利用虚拟现实技术实现对资产、空间的管理,对建筑系统的分析等。

（11）能够对突发事件进行快速应变和处理,快速准确掌握建筑物的运营情况,如对火灾等安全隐患进行及时处理,减少不必要的损失。

总体上讲,采用BIM技术可使整个工程项目在设计、施工和运营维护等阶段有效地建立资源计划,控制资金风险,节省能源,节约成本,降低污染,提高效率。应用BIM技术,能改变传统的项目管理理念,引领建筑信息技术走向更高层次,从而大大提高建筑管理的集成化程度。

BIM在项目管理中按不同工作阶段、内容、对象和目标可以分为很多类别,具体见表5-11。

表5-11　BIM在项目管理中的划分

按工作阶段划分	按工作对象划分	按工作内容划分	按工作目标划分
投标签约管理	人员管理	设计及深化设计	工程进度控制
设计管理	机具管理	各类计算机仿真模拟	工程质量控制
施工管理	材料管理	信息化施工、动态工程管理	工程安全控制
竣工验收管理	工法管理	工程过程信息管理与归纳	工程成本控制
运维管理	环境管理		

下面按照工作阶段,对BIM在项目管理各工作阶段的具体内容进行梳理,其中BIM在各工作阶段的应用内容见表5-12,BIM在各阶段的应用过程如图5-6所示。

表5-12　BIM在各工作阶段的应用内容

工作阶段	具体应用点	操作方法	具体应用效果
投标签约管理	场区规划模拟	建立三维场地模型,对施工过程中的各个阶段进行模拟,并模拟塔吊碰撞	三维的规划图更加清晰直观,塔吊模型与实际模型的比例为1:1,直接显示实际的工作方式
	通过动画或虚拟现实技术展示施工方案	根据针对项目提出的不同施工方案建立相应动画,或建立集成多方案的交互平台	以动画的形式或交互平台的方式描述施工方案,方案对比更明显,更容易展示技术实力

续表

工作阶段	具体应用点	操作方法	具体应用效果
设计管理	建立 3D 信息模型	建立三维几何模型,并把大量的设计相关信息(如构件尺寸、材料、配筋信息等)录入信息模型中	取代了传统的平面图或效果图,生动地表现出设计成果,让业主形象地全方位了解设计方案;业主及监理方可随时统计实体工程量,以方便前期的造价控制、质量跟踪控制
	可视化设计交底	设计人员通过模型实现向施工方的可视化设计交底	能够让施工方清楚了解设计意图,了解设计中的每一个细节
施工管理	建立 4D 施工信息模型	把大量的工程相关信息(如构件和设备的技术参数、供方信息、状态信息)录入信息模型中,将 3D 模型与施工进度相链接,并与施工资源和场地布置信息集成一体,建立 4D 施工信息模型	4D 施工信息模型是实现建设项目施工阶段工程进度、人力、材料、设备、成本和场地布置的动态集成管理及施工过程的可视化模拟的基础;在运营过程中可以随时更新模型,并对这些信息进行快速、准确的筛选、调阅,为项目的后期运营带来很大便利
	碰撞检查	把建立好的各个 BIM 模型在碰撞检查软件中进行软硬碰撞检查,并出具碰撞报告	能够彻底消除硬碰撞、软碰撞,优化工程设计,减少在建筑施工阶段可能存在的错误损失和返工的可能性;能够优化净空,优化管线排布方案
	构件工厂化生产	基于 BIM 设计模型对构件进行分解,绘制其二维图纸,在工厂加工好后到现场进行组装	精准度高,失误率低
	钢结构预拼装	大型钢结构施工过程中变形较大,传统的施工方法要在工厂进行预拼装后再拆circunstance卸,到现场进行拼装。采用 BIM 技术后就可以对现场已安装的钢结构进行精确测量,在计算机中建立与实际情况相符的模型,实现虚拟预拼装	为技术方案论证提供全新的技术依据,减少方案变更
	虚拟施工	在计算机上执行建造过程,模拟施工场地布置、施工工艺、施工流程等,形象地反映出工程实体的实况	能够在实际建造之前对工程项目的功能及可建造性等潜在问题进行预测,包括施工方法实验、施工过程模拟及施工方案优化等;利用 BIM 模型的虚拟性与可视化,提前反映施工难点,避免返工
	工程量统计	基于模型对各步工作的分解,精确统计出各步工作工程量,结合工作面情况和资源供应情况分析后可精确地组织施工资源,进行实体的修建	实现真正的定额领料并合理安排运输
	进度款管理	根据三维图形分楼层、区域、构件类型、时间节点等进行"框图出价"	能够快速、准确地进行月度产值审核,实现过程"三算"(即设计概算、施工图概算、竣工结算)对比,对进度款的拨付做到游刃有余;工程造价管理人员可及时、准确地筛选和调用工程基础数据
	材料领取控制	利用 BIM 模型的 4D 关联数据库,对项目的施工材料几何信息、功能属性等资料进行集成分析,辅助决策	随时为采购计划中制订限额领料制度提供及时、准确的数据支撑,为现场管理情况提供审核基础
	可视化技术交底	通过模型进行技术交底	直观地让工人了解自身任务及技术要求
	BIM 模型维护与更新	根据变更单、签证单、工程联系单、技术核定单等相关资料派人员进驻现场配合,对 BIM 模型进行维护与更新	为项目管理提供最及时、准确的工程数据

续表

工作阶段	具体应用点	操作方法	具体应用效果
竣工验收管理	工程文档管理	将文档(勘察报告、设计图纸、设计变更、会议记录、施工声像及照片、签证和技术核定单、设备相关信息、各种施工记录、其他建筑技术和造价资料相关信息等)通过手工操作和 BIM 模型中相应部位进行链接	可以快速搜索、查阅、定位文档,充分提高数据检索的直观性,提高工程相关资料的利用率
	BIM 模型的提交	汇总施工相关资料,建立最终的全专业 BIM 模型,将工程结算电子数据、工程电子资料、指标统计分析资料保存在服务器中,并刻录成光盘备份保存	可以快速、准确地对工程各种资料进行定位;大量的数据留存,经过服务器相应处理形成建筑企业的数据库,日积月累,为企业的进一步发展提供强大的数据支持
运维管理	三维动画渲染和漫游	在现有 BIM 模型的基础上,建立项目完成后的真实动画	让业主在进行销售或建筑宣传展示的时候给人以真实感和直接的视觉冲击
全生命周期管理	网络协同工作	项目各参与方共享信息,基于网络实现文档、图档和视档的提交、审核、审批及利用	建造过程中无论是施工方、监理方,还是非工程行业出身的业主方,都对工程项目的各种问题和情况了如指掌
	项目基础数据全过程服务	在项目过程中依据变更单、技术核定单、工程联系单、签证单等工程相关资料实时维护与更新 BIM 数据,并将其及时上传至 BIM 云数据中心的服务器,管理人员即可通过 BIM 浏览器随时随地看到最新的数据	客户可以得到从图纸到 BIM 数据的实时服务,大幅提升利用 BIM 数据的实时性、便利性,实现最新数据的自助服务

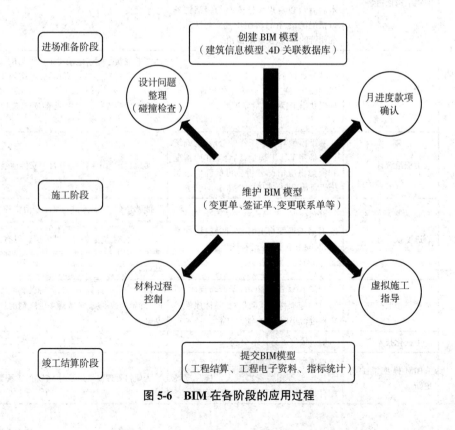

图 5-6 BIM 在各阶段的应用过程

5.3　工程项目各阶段的 BIM 应用

5.3.1　方案策划阶段

方案策划指的是在确定建设意图之后,项目管理者需要收集各类项目资料,对各类情况进行调查,研究项目的组织、管理、经济和技术等,进而得出科学、合理的项目方案,为项目建设指明正确的方向和目标。

在方案策划阶段,信息是否准确、信息量是否充足是管理者能否做出正确决策的关键。BIM 技术的引入,使方案策划阶段所遇到的问题得到了有效的解决。其在方案策划阶段的应用内容主要包括现状建模、成本核算、场地分析和总体规划。

1. 现状建模

利用 BIM 技术可为管理者提供概要的现状模型,以方便对建设项目方案进行分析、模拟,从而使整个项目的建设成本降低、工期缩短、质量提高。例如在对周边环境进行建模(包括周边道路、已建和规划的建筑物、园林景观等)之后,将项目的概要模型放入环境模型中,以便对项目进行场地分析和性能分析等工作。

2. 成本核算

项目成本核算是通过一定的方式、方法对项目施工过程中发生的各种费用、成本进行逐一统计考核的一种科学管理活动。

目前,市场上主流的工程量计算软件在逼真性及效率方面还存在一些不足,如用户需要将施工蓝图通过数据形式重新输入计算机,相当于人工在计算机上重新绘制一遍工程图纸。这种做法不仅增加了前期工作量,而且没有共享设计过程中的产品设计信息。

BIM 技术提供的参数更改能够将针对建筑设计或文档任何部分所做的更改自动反映到其他位置,从而帮助工程师提高工作效率、协同效率以及工作质量。BIM 技术具有强大的信息集成能力和三维可视化图形展示能力,利用 BIM 技术建立起的三维模型可以全面地加入工程建设的所有信息。根据模型能够自动生成符合国家工程量清单计价规范的工程量清单及报表,快速统计和查询各专业工程量,对材料计划、使用做精细化控制,避免材料浪费,如利用 BIM 信息化特征可以准确提取整个项目中防火门的数量、样式、安装日期、出厂型号、尺寸等,甚至可以统计防火门的把手等细节。同时,基于 BIM 技术生成的工程量不是简单的长度和面积的统计,专业的 BIM 造价软件可以进行精确的 3D 布尔运算和实体减扣,从而获得更符合实际的工程量数据,并且可以自动形成电子文档进行交换、共享、远程传递和永久存档。BIM 技术在准确率和速度方面都较传统统计方法有很大的提高,有效降低了造价工程师的工作强度,提高了工程师的工作效率。

3. 场地分析

场地分析是对建筑物的定位,建筑物的空间方位及外观,建筑物和周边环境的关系,建筑物中的车流、物流、人流等各方面的因素进行集成数据分析的综合过程。在方案策划阶段,景观规划、环境现状、施工配套及建成后交通流量等与场地的地貌、植被、气候条件等因素关系较大,传统的场地分析存在定量分析不足、受主观因素影响较大、无法处理大量数据信息等弊端，通过 BIM 结合 GIS（地理信息系统）进行场地分析模拟，可以得到较好的分析数据，能够为设计单位后期设计提供最理想的场地规划、交通流线组织关系、建筑布局等。如图 5-7 所示，利用相关软件对某项目地形条件和日照阴影情况进行模拟分析，可帮助管理者更好做出决策。

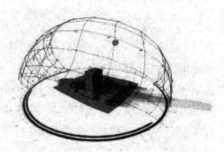

图 5-7　某项目地形分析及日照阴影分析

4. 总体规划

通过 BIM 建立模型能够更好地对项目做出总体规划，并得出大量的直观数据作为方案决策的支撑。例如，在可行性研究阶段，管理者需要确定建设项目方案在满足类型、质量、功能等要求下是否具有技术与经济可行性，而 BIM 有助于提高技术与经济可行性论证结果的准确性和可靠性。通过对项目与周边环境的关系、朝向可视度、形体、色彩、经济指标等进行分析对比，化解功能与投资之间的矛盾，使策划方案更加合理，为下一步的方案与设计提供直观的、有数据支撑的依据。

5.3.2　招投标阶段

1. 传统工程招投标阶段的主要问题

对于甲方而言，现在的工程招投标项目时间紧、任务重，甚至还有边勘测、边设计、边施工的工程，甲方招标清单的编制质量难以得到保障，而施工过程中的过程支付以及施工结算都以合同清单为准，这直接导致了施工过程中变更难以控制，结算费用一超再超。为了有效地解决施工过程中变更多、索赔多、结算超预算等问题，关键是要把控招标清单的完整性、清单工程量的准确性以及合同清单价格的合理性。

对于乙方而言，由于投标时间比较紧张，投标方需要高效、精确地完成工程量计算。这些单靠手工是很难按时、保质、保量完成的。而且随着现代建筑造型趋于复杂化，人工计算工程量的难度越来越大，快速、准确地形成工程量清单成为招投标阶段工作的难点和瓶颈。这些关键工作的完成迫切需要信息化手段来支撑。

2. BIM 在招投标中的应用

BIM 技术的推广与应用，极大地提高了招投标管理的精细化程度和管理水平。在招投标过程中，招标方根据 BIM 模型可以编制准确的工程量清单，做到清单完整、快速算量、精确算量，有效地避免漏项和错算等情况，最大限度地减少施工阶段因工程量问题而引起的纠纷。投标方根据 BIM 模型可以快速获取准确的工程量信息，与招标文件的工程量清单进行比较，从而制定更好的投标策略。

1）BIM 在招标控制中的应用

在招标控制环节,准确和全面的工程量清单是关键。工程量计算是招投标阶段耗费时间和精力最多的重要工作。而 BIM 是一个富含工程信息的数据库,可以提供工程量计算所需要的物理和空间信息。借助这些信息,计算机可以快速对各种构件进行统计分析,从而大大减少根据图纸统计工程量带来的烦琐的人工操作和潜在错误,效率和准确性得到显著提高。

2）BIM 在投标过程中的应用

首先是基于 BIM 的施工方案模拟。基于 BIM 模型,对施工组织设计方案进行论证,就施工中的重要环节进行可视化模拟分析,按时间进度进行施工安装方案的模拟和优化。对一些重要的施工环节或采用新施工工艺的关键部位、施工现场平面布置等施工指导措施进行模拟和分析,以提高计划的可行性。在投标过程中,可将模拟的施工方案直观、形象地展示给甲方。

然后是基于 BIM 的 4D 进度模拟。通过将 BIM 与施工进度计划相关联,将空间信息与时间信息整合在一个可视的 4D 模型中,可以直观、精确地反映整个建筑的施工过程和虚拟形象进度。借助 4D 模型,施工企业在工程项目投标中将获得竞标优势,BIM 可以让业主直观地了解投标单位对投标项目主要施工的控制方法是否科学,施工安排是否均衡,总体计划是否基本合理等,从而对投标单位的施工经验和实力做出有效评估。

最后是基于 BIM 的资源优化与资金计划。利用 BIM 可以方便、快捷地进行施工进度模拟、资源优化、产值预计和资金计划编制。通过进度计划与模型的关联,以及造价数据与进度的关联,可以实现不同维度(空间、时间、流水段)的造价管理与分析。通过对 BIM 模型的流水段划分,可以自动关联并快速计算出资源需用量,不但有助于投标单位制订合理的施工方案,还能形象地将方案展示给甲方。

总之,利用 BIM 技术可以提高招投标的质量和效率,保障工程量清单全面、精确,投标报价科学、合理,提高招投标管理的精细化水平,减少风险,进一步促进招投标市场的规范化、市场化、标准化。

5.3.3　设计阶段

建设项目的设计阶段是整个生命周期内最为重要的环节之一,它直接影响着建筑安装成本以及运维成本,与工程质量、工程投资、工程进度以及建成后的使用效果、经济效益等方面都有着直接的联系。设计阶段可分为方案阶段、初步设计阶段和施工图设计阶段。从初步设计到施工图设计是一个变化的过程,是建设产品从粗糙到细致的过程,在这个过程中需要对设计进行必要的管理,从性能、质量、功能、成本到设计标准、规程,都需要管控。

BIM 技术在设计阶段的应用主要体现在以下方面。

1. 可视化设计交流

可视化设计交流是指采用直观的 3D 图形或图像,在设计方、业主、审批方、咨询专家、施工单位等项目参与方之间,针对设计意图或设计成果进行更有效的沟通,从而使设计人员充分理解业主的建设意图,使设计结果最贴近业主的建设需求,最终使业主能及时看到他们所希望的设计成果,使审批方能清晰地认知他们所审批的设计是否满足审批要求。

可视化设计交流贯穿整个设计过程,典型的应用包括三维设计、效果图及动画展示。

1)三维设计

三维设计是新一代数字化、虚拟化、智能化设计平台的基础。它是建立在平面和二维设计基础上,让设计目标更立体化、更形象化的一种新兴设计方法。

当前,二维图纸是我国建筑设计行业最终交付的设计成果,生产流程的组织与管理也均围绕着二维图纸来进行。然而,二维设计对复杂建筑几何形态的表达效率较低。同时,为了解决兼容问题和应付各种错漏问题,二维设计往往在结构和表现方面处理得非常复杂,导致效率较低。

BIM技术的参数化设计理念,极大地减少了设计本身的工作量,同时其继承了初代三维设计的形体表现技术,将设计带入一个全新的领域。信息的集成使得三维设计的设计成品(即三维模型)具备更多的可供读取的信息,为后期的生产(即建筑的施工阶段)提供更大的支持。基于BIM的三维设计能够精确表达建筑的几何特征,相对于二维绘图,三维设计不存在几何表达障碍,对任意复杂的建筑造型均能准确表现。通过进一步将非几何信息(如材料特征、物理特征、力学参数、设计属性、价格参数、厂商信息等)集成到三维构件中,可使建筑构件成为智能实体,三维模型升级为BIM模型。BIM模型可以通过图形运算并考虑专业出图规则自动获得二维图纸,也可以提取其他的文档,如工程量统计表等,还可以将模型用于建筑能耗分析、日照分析、结构分析、照明分析、声学分析、客流物流分析等诸多方面。某工程的BIM三维模型如图5-8所示。

图5-8 BIM三维模型

2）效果图及动画展示

BIM 系列软件具有强大的建模、渲染和动画功能,通过 BIM 可以将专业、抽象的二维建筑通俗化、三维直观化,使得业主等非专业人员对项目功能性的判断更为明确、高效,决策更为准确。

基于 BIM 技术和虚拟现实技术对真实建筑及环境进行模拟,可同时出具高度仿真的效果图,设计者可以完全按照自己的构思去构建、装饰"虚拟"的房间,并可以任意变换自己在房间中的位置,去观察设计的效果,直到满意为止。这样就使设计者的设计意图能够更加直观、真实、详尽地展现出来,既能为建筑的投资方提供直观的感受,也能为后面的施工提供很好的依据。

另外,如果设计意图或者使用功能发生改变,基于已有 BIM 模型,可以在短时间内修改完毕,效果图和动画也能及时更新。而且,基于 BIM 能够进行预演,方便业主和设计方进行场地分析、建筑性能预测和成本估算,对不合理或不健全的方案进行及时的更新和补充。例如,某行政服务中心的 BIM 规划方案如图 5-9 所示。

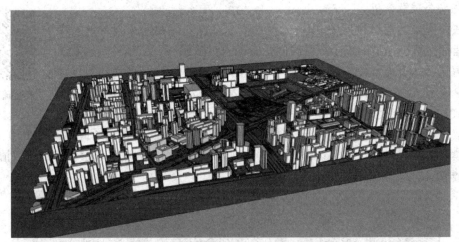

图 5-9　某行政服务中心的 BIM 规划方案

2. 设计分析

设计分析是初步设计阶段主要的工作内容。一般情况下,当初步设计展开之后,每个专业都有各自的设计分析工作,设计分析主要包括结构分析、能耗分析、光照分析、安全疏散分析等。在 BIM 概念出现之前,设计分析就是设计的重要工作之一,BIM 的出现使得设计分析更加准确、快捷与全面,例如针对大型公共设施的安全疏散分析,就是在 BIM 概念出现之后逐步被设计方采用的设计分析内容。

1）结构分析

最早使用计算机进行结构分析包括三个步骤,分别是前处理、内力分析、后处理。其中,前处理是通过人机交互方式输入结构简图、荷载、材料参数以及其他结构分析参数的过程,也是整个结构分析中的关键步骤,所以该过程比较耗费设计时间;内力分析是结构分析软件自动执行的过程,其性能取决于软件和硬件,内力分析过程的结果是结构构件在不同工况下的位移和内力值;后处理是将内力值与材料的抗力值进行对比产生安全提示,或者按照相应的设计规范计算出满足内力承载能力要求的钢筋配置数据,这个过程人工干预程度也较低,

主要由软件自动执行。在 BIM 模型支持下，结构分析的前处理过程也实现了自动化：BIM
软件可以自动将真实的构件关联关系简化成结构分析所需的简化关联关系，能依据构件的
属性自动区分结构构件和非结构构件，并将非结构构件转化成加载于结构构件上的荷载，从
而实现结构分析前处理的自动化。

2）节能分析

节能设计通过两种途径实现节能：一种途径是改善建筑围护结构的保温和隔热性能，降
低室内外空间的能量交换效率；另一种途径是提高暖通、照明、机电设备及其系统的能效，有
效地降低暖通空调、照明以及其他机电设备的总能耗。

建设项目的景观可视度、日照、风环境、热环境、声环境等性能指标在开发前期就已经基
本确定，但是由于缺少合适的技术手段，一般项目很难有时间和费用对上述各种性能指标进
行多方案分析模拟，BIM 技术为建筑性能分析的普及和应用提供了可能性。基于 BIM 的建
筑性能分析包含室外风环境模拟分析、自然采光模拟分析、室内自然通风模拟分析、小区热
环境模拟分析和建筑环境噪声模拟分析。

3）安全疏散分析

在大型公共建筑设计中，室内人员的安全疏散时间是防火设计的一项
重要指标。室内人员的安全疏散时间受室内人员数量、密度、年龄结构及疏
散通道宽度等多方面因素影响，简单的计算方法已不能满足现代建筑设计
的安全要求，需要进行安全疏散模拟。基于人的行为模拟人员疏散过程，统

安全疏散模拟

计疏散时间，这个模拟过程需要数字化的真实空间环境支持，BIM 模型为安
全疏散计算和模拟提供了支持，这种技术已在许多大型项目上得到了应用。图 5-10 是对某
公共建筑楼梯间人员安全疏散分析结果的动画模拟，画面中为观察多层楼梯的疏散情况，隐
藏了楼梯间的封闭墙。

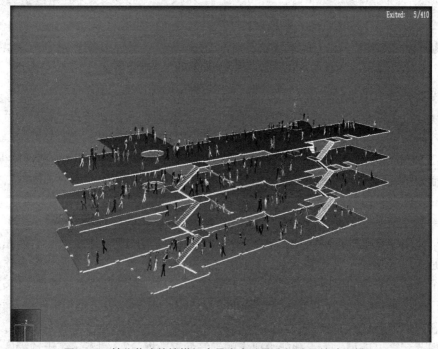

图 5-10　某公共建筑楼梯间人员安全疏散分析结果的动画模拟

3. 协同设计与冲突检查

在传统的设计项目中,各专业设计人员分别负责其专业内的设计工作,设计项目一般通过专业协调会议以及相互提交设计资料实现专业设计之间的协调。在许多工程项目中,专业之间因协调不足出现冲突是非常突出的问题。这种协调不足造成了在施工过程中冲突不断、变更不断。

BIM 为工程设计的专业协调提供了两种途径:一种是在设计过程中通过有效的、适时的专业间协同工作避免产生大量的专业冲突问题,即协同设计;另一种是对 3D 模型的冲突进行检查、查找并修改,即冲突检查。实践证明,BIM 的冲突检查已取得良好的效果。

1)协同设计

传统意义上的协同设计是指基于网络的一种设计沟通交流手段以及设计流程的组织管理形式,包括借助于 CAD 文件、视频会议、网络资源库、网络管理软件等等。

基于 BIM 技术的协同设计是指建立统一的设计标准,包括图层、颜色、线型、打印样式等,在此基础上,所有专业设计人员在一个统一的平台上进行设计,从而减少现行各专业之间(以及专业内部)由于沟通不畅或沟通不及时导致的错、漏、碰、缺问题,真正实现所有图纸信息元的单一性,实现修改一处其他处自动修改,提升设计效率和设计质量。协同设计可以降低成本,更快地完成设计,同时也对设计项目的规范化管理起到重要作用。

协同设计由流程、协作和管理三大模块构成。设计、校审和管理等不同角色的人员利用该平台中的相关功能完成各自的工作。

2)碰撞检测

二维图纸不能用于空间表达,使得图纸中存在许多意想不到的碰撞盲区。并且,目前的设计方式多为"隔断式"设计,各专业分工作业,依赖人工协调项目内容和分段,这导致设计往往存在专业间碰撞。同时,在机电设备和管道线路的安装方面还存在软碰撞的问题(实际设备、管线间不存在实际的碰撞,但在安装方面会造成安装人员、机具不能到达安装位置的问题)。

基于 BIM 技术可将两个不同专业的模型集成为一个模型,通过软件提供的空间冲突检查功能查找两个专业构件之间的空间冲突可疑点,软件可以在发现可疑点时向操作者报警,经人工确认该冲突。冲突检查一般从初步设计后期开始进行,随着设计的进行,反复进行"冲突检查—确认修改—更新模型"的 BIM 设计过程,直到所有冲突都被检查出来并修正,最后一次检查所发现的冲突数为零,则标志着设计已达到 100% 的协调。一般情况下,由于不同专业是分别设计、分别建模的,所以任何两个专业之间都可能产生冲突,因此冲突检查的工作将覆盖任何两个专业之间的冲突关系,如:建筑与结构专业,标高、剪力墙、柱等位置不一致,或梁与门冲突;结构与设备专业,设备管道与梁柱冲突;设备内部各专业,各专业与管线冲突;设备与室内装修专业,管线末端与室内吊顶冲突。冲突检查过程是需要计划与组织管理的过程,冲突检查人员也被称作"BIM 协调工程师",他们负责对检查结果进行记录、提交、跟踪提醒与覆盖确认。

4. 设计阶段造价控制

设计阶段是控制造价的关键阶段,在方案设计阶段,设计活动对工程造价影响较大。理论上,我国建设项目在设计阶段的造价控制主要是方案设计阶段的设计估算和初步设计阶段的设计概算,而实际上大量的工程并不重视估算和概算,而将造价控制的重点放在施工阶段,错失了造价控制的有利时机。基于 BIM 模型进行设计过程的造价控制具有较高的可实施性。由于 BIM 模型不仅包括建筑空间和建筑构件的几何信息,还包括构件的材料属性,可以将这些信息传递到专业化的工程量统计软件中,由工程量统计软件自动产生符合相应规则的构件工程量。这一过程基于对 BIM 模型的充分利用,避免了在工程量统计软件中为计算工程量而专门建模的工作,可以及时反映与设计对应的工程造价水平,为限额设计和价值工程在优化设计上的应用奠定了必要的基础,使适时的造价控制成为可能。

5. 施工图生成

设计成果最重要的表现形式就是施工图,它是含有大量技术标注的图纸,在建筑工程的施工方法仍然以人工操作为主的技术条件下, 2D 施工图有其不可替代的作用。但是,传统的 CAD 方式存在的不足也是非常明显的:当产生了施工图之后,如果工程的某个局部发生设计更新,则会同时影响与该局部相关的多张图纸,如一个柱子的断面尺寸发生变化,则含有该柱的结构平面布置图、柱配筋图、建筑平面图、建筑详图等都需要再次修改,这种问题在一定程度上影响了设计质量的提高。

BIM 模型是完整描述建筑空间与构件的 3D 模型,基于 BIM 模型自动生成 2D 图纸是一种理想的 2D 图纸产出方法。理论上,基于唯一的 BIM 模型数据源,任何对工程设计的实质性修改都将反映在 BIM 模型中,软件可以依据 3D 模型的修改信息自动更新所有与该修改相关的 2D 图纸,由 3D 模型到 2D 图纸的自动更新将为设计人员节省大量的图纸修改时间。

5.3.4　施工阶段

施工阶段是实施贯彻设计意图的过程,是建设工程的重要环节,也是周期最长的环节。这一阶段的工作任务是保质、保量、按期完成建设任务。

BIM 技术在施工阶段的具体应用主要体现在以下几方面。

1. 预制加工管理

BIM 技术在预制加工管理方面的应用主要体现在钢筋准确下料、构件详细信息查询及构件加工详图出具方面,具体内容如下。

1）钢筋准确下料

在以往工程中,由工作面大、现场工人多、工程交底困难而导致的质量问题非常常见,而通过 BIM 技术能够优化断料组合加工表,将损耗减至最低。例如,某工程通过建立钢筋 BIM 模型,出具钢筋排列图来确保钢筋准确下料,如图 5-11 和图 5-12 所示。

2）构件详细信息查询

构件的检查和验收信息被完整地保存在 BIM 模型中,相关单位可快捷地对任意构件进行信息查询和统计分析,在保证施工质量的同时,能使质量信息在运维期有据可循。例如,某工程利用 BIM 模型查询构件详细信息,如图 5-13 所示。

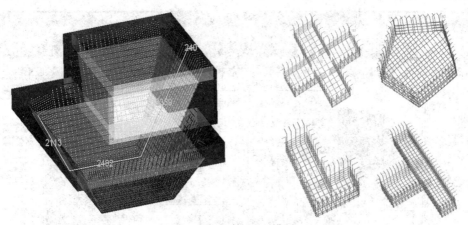

图 5-11　钢筋 BIM 模型

序号	构件名称	肢数	规格	每肢根数	简图	简图说明	搭接说明	单长(mm)	总根数	总长(m)	总重(kg)	备注	构件小计(kg)
1	KZ32	1	Φ32	2	2 720⊥100			2 756	2	5.512	34.7	基础插筋弯锚 1,15	194.8
2			Φ28	4	1 600⊥100			1 644	4	6.576	31.7	基础插筋弯锚 2,14,16,18	
3			Φ25	3	2 720⊥100			2 770	3	8.310	32.0	基础插筋弯锚 3,13,17	
4			Φ32	2	1 600⊥100			1 636	2	3.272	20.6	基础插筋弯锚 6,10	
5			Φ25	3	1 600⊥100			1 650	3	4.949	19.0	基础插筋弯锚 4,8,12	
6			Φ28	4	2 720⊥100			2 764	4	11.056	53.4	基础插筋弯锚 5,7,9,11	
7			Φ10	2	560⊿760			2 818	2	5.636	3.4	插筋内定位箍	

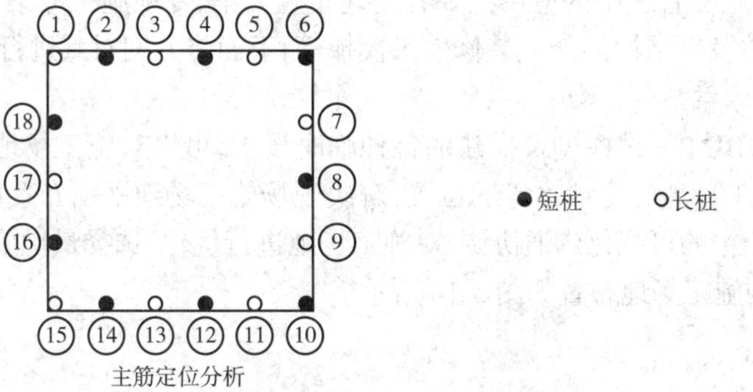

主筋定位分析

●短桩　○长桩

图 5-12　钢筋排列图

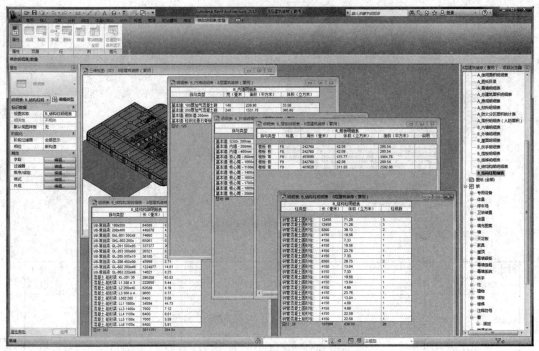

图 5-13　利用 BIM 模型查询构件详细信息

3)构件加工详图出具

BIM 模型可以完成构件加工、制作图纸的深化设计。如利用 Tekla Structures 等深化设计软件进行结构深化设计,通过软件自带功能对所有加工详图(包括布置图、构件图、零件图等)利用三视图原理进行投影、剖面,生成深化图纸,图纸上的所有尺寸(包括杆件长度、断面尺寸、杆件相交角度)均是在杆件模型上直接投影产生的,通过深化设计产生的加工数据清单,可直接导入精密数控加工设备进行加工,保证了构件加工的精密性及安装精度。

2. 虚拟施工管理

结合施工方案、施工模拟和现场视频监测进行基于 BIM 技术的虚拟施工,可以看到并了解施工的过程和结果,有效降低返工成本、管理成本和风险,增强管理者对施工过程的控制能力。

BIM 在虚拟施工管理中的应用主要有场地布置方案、专项施工方案、关键工艺展示、施工模拟(土建主体及钢结构部分)、装修效果模拟等,下面将分别对其进行介绍。

1)场地布置方案

基于建立的 BIM 三维模型及搭建的各种临时设施,可以对施工场地进行布置,合理安排塔吊、库房、加工厂地和生活区等的位置,解决现场施工场地平面布置问题和现场场地划分问题;通过与业主的可视化沟通协调,对施工场地进行优化,选择最优施工路线。

基于 BIM 的施工场地布置如图 5-14 所示。

图 5-14　基于 BIM 的施工场地布置

2）专项施工方案

以 BIM 技术指导专项施工方案编制，可以直观地对复杂工序进行分析，将复杂部位简单化、透明化，提前模拟方案编制后的现场施工状态，对现场可能存在的危险源、安全隐患、消防隐患等进行提前排查，对专项方案的施工工序进行合理排布，有利于方案的专项性和合理性。

基于 BIM 的专项施工方案如图 5-15 所示。

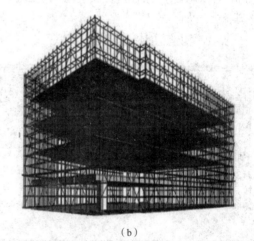

（a）　　　　　　　　　　　　　　　　　　　　　　　（b）

图 5-15　专项施工方案
（a）某工程测量方案演示模拟　（b）某工程施工脚手架方案验证模拟

3）关键工艺展示

基于 BIM 技术，能够提前对重要部位的安装进行动态展示，提供施工方案讨论和技术交流的虚拟现实信息，从而帮助施工人员选择合理的安装方案，同时可视化的动态展示有利于安装人员之间的沟通及协调。

某工程基于 BIM 的关键施工信息工艺展示如图 5-16 所示。

后浇带施工
节点模拟

图 5-16 某关键节点安装方案演示动画截图

4）土建主体结构施工模拟

某项目土建主体结构施工模拟

根据拟定的最优施工现场布置和最优施工方案，将由项目管理软件（如 Project）编制的施工进度计划与施工现场 3D 模型集成一体，引入时间维度，能够完成对工程主体结构施工过程的 4D 施工模拟。通过 4D 施工模拟，可以使设备材料进场、劳动力配置、机械排班等各项工作安排得更加经济合理，从而加强对施工进度、施工质量的控制。针对主体结构施工过程，利用已完成的 BIM 模型进行动态施工方案模拟，展示重要施工环节动画，对比分析不同施工方案的可行性，能够对施工方案进行分析，并根据甲方指令对施工方案进行动态调整。

某工程土建主体结构施工模拟如图 5-17 所示。

（a）   （b）

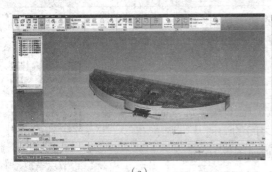
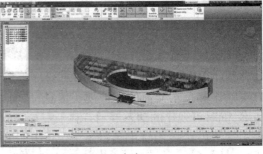

（c）   （d）

图 5-17 某工程土建主体结构施工模拟
（a）一层施工前 （b）一层施工后 （c）二层施工前 （d）二层施工后

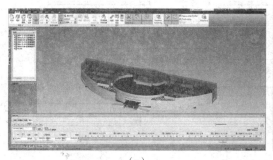
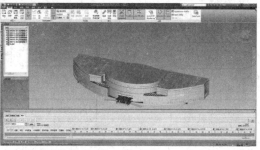

（e）　　　　　　　　　　　　　（f）

图 5-17　某工程土建主体结构施工模拟（续）

（e）顶层施工前　（f）顶层施工完成

5）装修效果模拟

　　针对工程技术重难点、样板间、精装修等,基于 BIM 模型,完成对窗帘盒、吊顶、木门、地面砖等基础模型的搭建,对施工工序的搭接,新型、复杂施工工艺进行模拟,对灯光环境等进行分析,综合考虑相关影响因素,利用三维效果预演的方式有效解决各方协同管理的难题。

　　某工程室内装修模拟如图 5-18 所示。

基于 BIM 的
装修效果模拟

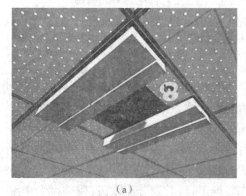
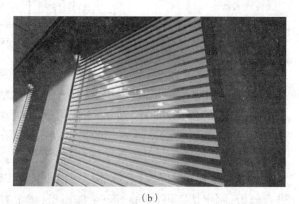

（a）　　　　　　　　　　　　　（b）

图 5-18　某工程室内装修模拟

（a）灯具效果展示　（b）百叶窗效果展示

3. 施工进度管理

　　在传统的项目进度管理过程中,事故频发,根本原因在于传统的进度管理模式存在一定的缺陷,如二维设计图形象性差,不方便各专业之间的协调沟通,网络计划抽象、难以理解和执行等。BIM 技术的引入,可以突破二维的限制,给项目进度控制带来不同的体验,如可减少变更和返工造成的进度损失、加快生产计划及采购计划编制、加快竣工交付资料准备,从而提升全过程的协同效率。

　　利用 BIM 技术对项目进行进度控制的流程如图 5-19 所示。

　　BIM 在工程项目进度管理中的应用主要体现在以下五个方面。

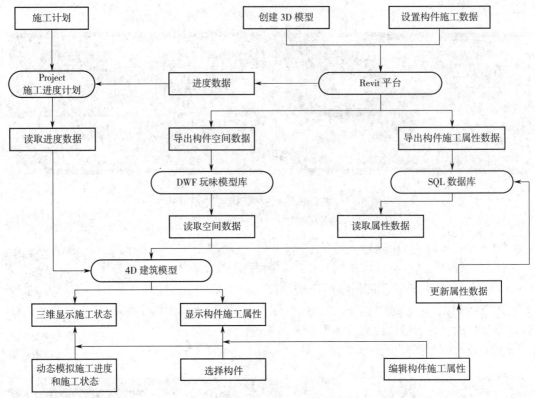

图 5-19　基于 BIM 的项目进度控制流程

1）BIM 施工进度模拟

通过将 BIM 与施工进度计划链接，使空间信息与时间信息整合在一个可视的 4D（3D+时间）模型中，不仅可以直观、精确地反映整个建筑的施工过程，还能够实时追踪当前的进度状态，分析影响进度的因素，协调各专业，制定应对措施，以缩短工期，降低成本，提高质量。

4D 施工进度模拟

通过 4D 施工进度模拟，能够完成以下内容：基于 BIM 模型，对工程重点和难点的部位进行分析，制定切实可行的对策；依据模型，确定方案，拟定计划，划分流水段；用季度卡来编制施工进度计划；将周和月结合在一起，假设后期需要任何时间段的计划，只需在这个计划中过滤一下即可自动生成；做到对现场的施工进度进行每日管理。

某工程链接施工进度计划的 4D 施工进度模拟如图 5-20 所示，在该图中可以看出某一天某一刻的施工进度情况，并与施工现场进行对比，对施工进度进行调控。

2）BIM 施工安全与冲突分析系统

BIM 施工安全与冲突分析系统应用主要体现在以下方面。

（1）时变结构和支撑体系的安全分析：通过模型数据转换机制，自动由 4D 施工信息模型生成结构分析模型，进行施工期时变结构与支撑体系任意时间点的力学分析计算和安全性能评估。

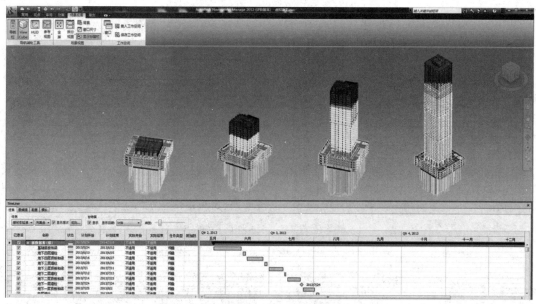

图 5-20　4D 施工进度模拟

（2）施工过程进度 / 资源 / 成本的冲突分析：通过动态展现各施工段的实际进度与计划的对比关系，实现进度偏差和冲突分析及预警；指定任意日期，自动计算所需人力、材料、机械、成本，进行资源对比分析和预警；根据清单计价和实际进度计算实际费用，动态分析任意时间点的成本及其影响关系。

（3）场地碰撞检测：基于施工现场 4D 时空模型和碰撞检测算法，可对构件与管线、设施与结构进行动态碰撞检测和分析。

某工程三维碰撞优化处理前后对比如图 5-21 所示。

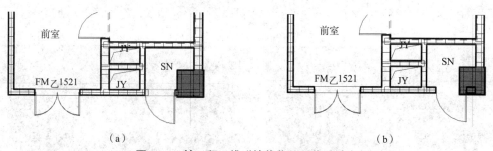

（a）　　　　　　　　　　　　　（b）

图 5-21　某工程三维碰撞优化处理前后对比

（a）处理前　（b）处理后

3）BIM 建筑施工优化系统

BIM 建筑施工优化系统应用主要体现在以下方面。

（1）基于 BIM 和离散事件模拟的施工优化通过对各项工序的模拟计算，得出工序工期、人力、机械、场地等资源的占用情况，对施工工期、资源配置以及场地布置进行优化，实现多个施工方案的比选。

（2）基于过程优化的 4D 施工过程模拟将 4D 施工管理与施工优化进行数据集成，实现了基于过程优化的 4D 施工可视化模拟。

某工程基于 BIM 的建筑施工优化模拟如图 5-22 所示。

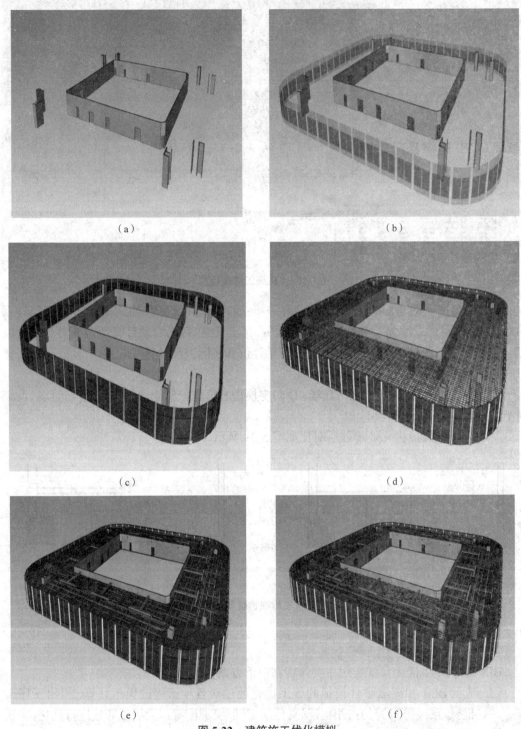

图 5-22　建筑施工优化模拟

（a）步骤 1　（b）步骤 2　（c）步骤 3　（d）步骤 4　（e）步骤 5　（f）步骤 6

4)三维技术交底及安装指导

三维技术交底即通过三维模型让工人直观地了解自己的工作范围及技术要求,主要方法有两种:一种是将虚拟施工和实际工程照片进行对比;另一种是对整个三维模型进行打印输出,用于指导现场的施工,方便现场的施工管理人员拿图纸进行施工指导和现场管理。

某工程特殊工艺三维技术交底图如图 5-23 所示。

图 5-23　特殊工艺三维技术交底图

5)移动终端现场管理

采用无线移动终端、Web 及射频识别(RFID)等技术,全过程与 BIM 模型集成,可实现数据库化、可视化管理,避免任何一个环节出现问题给施工和进度质量带来影响。

4. 施工质量管理

基于 BIM 的工程项目质量管理包括产品质量管理和技术质量管理。

产品质量管理:BIM 模型储存了大量的建筑构件、设备信息。通过软件平台,可快速查找所需的材料及构配件信息、规格、材质、尺寸要求等,并可根据 BIM 设计模型,对现场施工作业产品进行追踪、记录、分析,掌握现场施工的不确定因素,避免不良后果的出现,监控施工质量。

技术质量管理:通过 BIM 的软件平台动态模拟施工技术流程,再由施工人员按照仿真施工流程施工,确保施工技术信息的传递不会出现偏差,避免实际做法和计划做法不一样的情况出现,减少不可预见情况的发生,监控施工质量。

下面仅对 BIM 在工程项目质量管理中的关键应用点进行具体介绍。

1)建模前期协同设计

建模前期协同设计即在建模前期,建筑专业和结构专业的设计人员大致确定吊顶高度及结构梁高度,对于净高要求严格的区域,提前告知机电专业,各专业针对空间狭小、管线复杂的区域,协调出二维局部剖面图。建模前期协同设计的目的是在建模前期就解决部分潜在的管线碰撞问题,对潜在质量问题提前防范。

2)碰撞检测

基于 BIM 可视化技术,施工设计人员在建造之前就可以对项目进行碰撞检测,彻底消除硬碰撞、软碰撞,优化工程设计,减少在建筑施工阶段可能存在的错误,减小返工的可能性,以及对净空和管线排布方案进行优化。最后施工人员可以利用碰撞优化后的三维方案,进行施工交底、施工模拟,提高施工质量,同时也提高与业主沟通的能力。

某工程碰撞检测及碰撞点显示如图 5-24 所示。

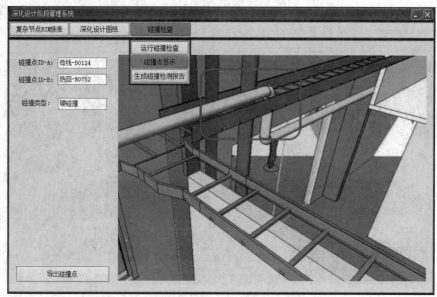

图 5-24　某工程碰撞检测及碰撞点显示

3)大体积混凝土测温

使用自动化监测管理软件进行大体积混凝土温度的监测,将测温数据无线传输汇总到分析平台上,通过对各个测温点的分析,形成动态监测管理。电子传感器按照测温点布置要求,自动将温度变化情况输入到计算机中,形成温度变化曲线图,随时可以远程动态监测基础大体积混凝土的温度变化,根据温度变化情况,随时加强养护措施,确保大体积混凝土的施工质量,避免在工程基础筏板混凝土浇筑后出现由于温度变化剧烈引起的温度裂缝。图 5-25 所示为利用基于 BIM 的温度数据分析平台对大体积混凝土进行温度检测。

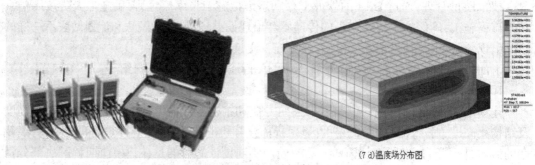

图 5-25　基于 BIM 的大体积混凝土温度检测

4)施工工序管理

工序质量控制就是对工序活动条件(工序活动投入的质量、工序活动效果的质量及分项工程质量)的控制。利用 BIM 技术进行工序质量控制主要体现在以下几方面。

（1）利用 BIM 技术能够更好地确定工序质量控制工作计划。

（2）利用 BIM 技术能够主动控制工序活动条件的质量。

（3）利用 BIM 技术能够及时检验工序活动效果的质量。

（4）利用 BIM 技术能够设置工序质量控制点（工序管理点），实行重点控制。

5. 施工安全管理

利用 BIM 技术可使整个工程项目在设计、施工和运营维护等阶段都能够有效地控制资金风险，实现安全生产。下面对 BIM 技术在工程项目安全管理中的具体应用进行介绍。

1）施工准备阶段安全控制

在施工准备阶段，利用 BIM 进行与实践相关的安全分析，能够降低施工安全事故发生的可能性，如：4D 模拟与管理和安全表现参数的计算可以在施工准备阶段排除很多建筑安全风险；利用 BIM 虚拟环境划分施工空间，排除安全隐患，如图 5-26 所示；基于 BIM 及相关信息技术的安全规划可以在施工前的虚拟环境中发现潜在的安全隐患并予以排除；采用 BIM 模型结合有限元分析平台，进行力学计算，保障施工安全；通过模型发现施工过程中的重大危险源并实现水平洞口危险源自动识别，如图 5-27 所示。

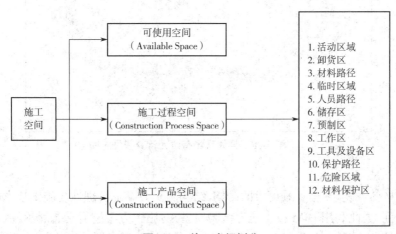

图 5-26　施工空间划分

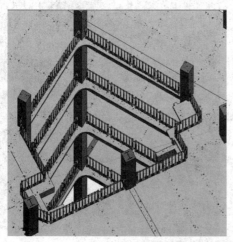

图 5-27　利用模型对危险源进行辨识后自动防护

2）施工过程仿真模拟

仿真分析技术能够模拟建筑结构在施工过程中不同时段的力学性能和变形状态，为结构安全施工提供保障。在 BIM 模型的基础上，开发相应的有限元软件接口，实现三维模型的传递，再附加材料属性、边界条件和荷载条件，结合先进的时变结构分析方法，便可以将 BIM、4D 技术和时变结构分析方法结合起来，实现基于 BIM 的施工过程结构安全分析，能有效捕捉施工过程中可能存在的危险状态，指导安全维护措施的编制和执行，防止发生安全事故。某体育场 BIM 模型导入有限元分析软件后的计算模型如图 5-28 所示。

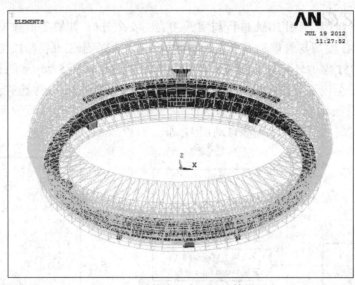

图 5-28　某体育场有限元计算模型

3）模型试验

对于结构体系复杂、施工难度大的结构，结构施工方案的合理性与施工技术的安全可靠性都需要验证，为此利用 BIM 技术建立试验模型，对施工方案进行动态展示，从而为试验提供模型基础信息。某体育场的 BIM 缩尺模型与模型试验现场照片对比如图 5-29 所示。

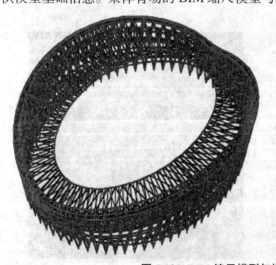

图 5-29　BIM 缩尺模型与模型试验现场照片对比

4）施工动态监测

对施工过程（特别是重要部位和关键工序）进行实时监测，可以及时了解施工过程中结构的受力和运行状态。三维可视化动态监测技术与传统的监测手段相比，具有可视化的特点，可以人为操作在三维虚拟环境下的漫游来直观、形象地提前发现现场的各类潜在危险源，提供更便捷的方式查看监测位置的应力、应变状态，当某一监测点的应力或应变超过拟定的范围时，系统将自动报警。某工程某时刻某环索的应力监测如图 5-30 所示。

图 5-30　某时刻某环索的应力监测

5）防坠落管理

坠落危险源包括尚未建造的楼梯井和天窗等，通过对 BIM 模型中的危险源存在部位建立坠落防护栏杆构件模型，研究人员能够清楚地识别多个坠落风险，可以向承包商提供完整且详细的信息，包括安装或拆卸栏杆的地点和日期等。

6）塔吊安全管理

在整体 BIM 施工模型中布置不同型号的塔吊，能够确保其同电源线和附近建筑物的安全距离，确定哪些员工在哪些时候会使用塔吊。在整体施工模型中，用不同颜色的色块来表明塔吊的回转半径和影响区域，并进行碰撞检测来生成塔吊回转半径范围内的任何非钢安装活动的安全分析报告。某工程基于 BIM 的塔吊安全管理如图 5-31 所示，图中说明了塔吊管理计划中钢桁架的布置，灰色块状表示塔吊的摆动臂在某个特定的时间可能达到的范围。

7）灾害应急管理

利用 BIM 及相应的灾害分析模拟软件，可以在灾害发生前模拟灾害发生的过程，分析灾害发生的原因，制定避免灾害发生的措施以及发生灾害后人员疏散、救援支持的应急预案，在意外发生时减少损失并赢得宝贵时间。BIM 能够模拟人员疏散时间、疏散距离、有毒气体扩散时间、建筑材料耐燃烧极限、消防作业面等，其 4D 模拟、3D 漫游和 3D 渲染能够标识各种危险，且 BIM 中生成的 3D 动画、渲染能够用来同工人沟通应急预案计划方案。某工程火灾疏散模拟如图 5-32 所示。

图 5-31   基于 BIM 的塔吊安全管理

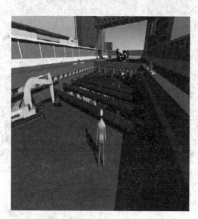

图 5-32   某工程火灾疏散模拟

6. 施工成本管理

基于 BIM 技术，建立成本的 5D（3D 实体＋时间＋工序）关系数据库，以各 WBS（工作分解结构）单位工程量人机料单价为主要数据，能够快速进行多维度（时间、空间、WBS）成本分析，从而对项目成本进行动态控制。

下面对 BIM 技术在工程项目成本控制中的应用进行介绍。

1）快速精确的成本核算

BIM 是一个强大的工程信息数据库。BIM 模型包含了二维图纸的所有位置、长度等信息，也包含了二维图纸不包含的材料等信息，计算机通过识别模型中的不同构件及模型的几何物理信息（时间维度、空间维度等），对各种构件的数量进行汇总统计，这种基于 BIM 的算量方法，将算量工作大幅度简化，减少了人为原因造成的计算错误，节约了人员的工作量和花费的时间。

2）预算工程量动态查询与统计

基于 BIM 技术，模型可直接生成所需材料的名称、数量和尺寸等信息，而且这些信息始终与设计保持一致，在设计出现变更时，该变更将自动反映到所有相关的材料明细表中，预算工程量动态查询与计价工程师使用的所有构件信息也会随之变化。在基本信息模型的基础上增加工程预算信息,即形成了具有资源和成本信息的预算信息模型。

某工程采用 BIM 模型所生成的不同构件的信息如图 5-33 所示。

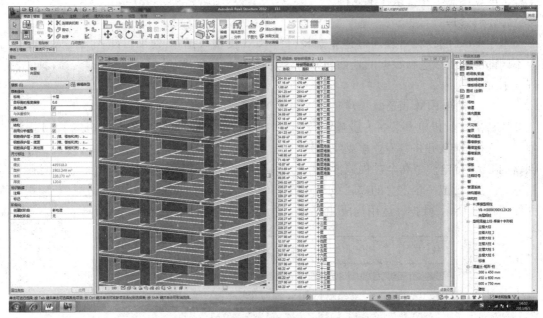

图 5-33　采用 BIM 模型生成的构件数据

系统根据计划进度和实际进度信息,动态计算任意 WBS 节点任意时间段内的每日计划工程量、计划工程量累计、每日实际工程量、实际工程量累计,帮助施工管理者实时掌握工程量的计划完工和实际完工情况。在分期结算过程中,每期实际工程量累计数据是结算的重要参考,系统动态计算实际工程量,可以为施工阶段工程款结算提供数据支持。

3)限额领料与进度款支付管理

基于 BIM 软件管理多专业和多系统数据,能够采用系统分类和构件类型等方式对整个项目数据进行管理,为视图显示和材料统计提供规则。例如,给排水、电气、暖通专业可以根据设备的型号、外观及各种参数分别显示设备,方便计算材料用量,如图 5-34 所示。

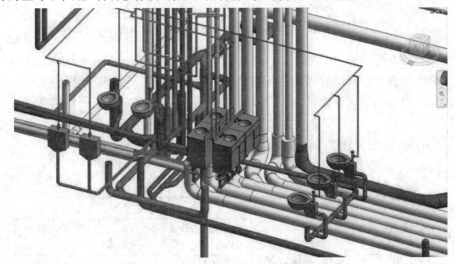

图 5-34　暖通、给排水及消防局部综合模型

　　传统模式下,工程进度款申请和支付结算工作较为烦琐,基于 BIM 能够快速准确地统计出各类构件的数量,减少预算的工作量,且能形象、快速地完成工程量拆分和重新汇总,为工程进度款结算工作提供技术支持。

7. 物料管理

　　基于 BIM 的物料管理通过建立安装材料 BIM 模型数据库,使项目部各岗位人员及企业不同部门都可以进行数据的查询和分析,为项目部材料管理和决策提供数据支撑,具体表现如下。

　　1）安装材料 BIM 模型数据库

　　项目部拿到机电安装各专业施工蓝图后,由 BIM 项目经理组织各专业机电 BIM 工程师进行三维建模,并将各专业模型组合到一起,形成安装材料 BIM 模型数据库,该数据库以创建的 BIM 机电模型和全过程造价数据为基础,把原来分散在安装各专业的工程信息模型汇总到一起,形成一个汇总的项目级基础数据库。安装材料 BIM 模型数据库建立与应用流程如图 5-35 所示,数据库运用构成如图 5-36 所示。

图 5-35　安装材料 BIM 模型数据库建立与应用流程

图 5-36　安装材料 BIM 模型数据库运用构成

　　2）安装材料分类控制

　　材料的合理分类是材料管理的一项重要基础工作。安装材料 BIM 模型数据库的最大优势是包含材料的全部属性信息。在建模时,各专业建模人员对施工所使用的各种材料属性,按其需用量的大小、占用资金多少及重要程度进行星级分类和科学合理的控制。根据安装工程材料的特点,安装材料属性分类及管理原则见表 5-13。

表 5-13　安装材料属性分类及管理原则

等级	安装材料	管理原则
★★★	需用量大、占用资金多、专用或备料难度大的材料	严格按照设计施工图及 BIM 机电模型,逐项进行认真仔细的审核,做到规格、型号、数量完全准确

等级	安装材料	管理原则
★★	管道、阀门等通用主材	根据 BIM 模型提供的数据,精确控制材料及使用数量
★	资金占用少、需用量小、比较次要的辅助材料	采用一般常规的计算公式及预算定额含量确定

3)用料交底

建立设备专业 BIM 模型后进行碰撞检测, BIM 项目经理组织各专业 BIM 项目工程师进行综合优化,提前消除施工过程中各专业可能遇到的碰撞,以 BIM 三维图、CAD 图纸或者表格下料单等书面形式做好用料交底,防止班组"长料短用、整料零用",做到物尽其用,减少浪费及边角料,把材料消耗降到最低。

4)物资材料管理

运用 BIM 模型,结合施工程序及工程形象进度周密安排材料采购计划,不仅能保证工期与施工的连续性,而且能用好用活流动资金,降低库存,减少材料二次搬运。同时,材料员根据工程实际进度可方便地提取施工各阶段所需材料,在下达的施工任务书中,附上完成该项施工任务的限额领料单,作为发料部门的控制依据,对各班组限额发料,防止错发、多发、漏发等无计划用料,从源头上做到材料的"有的放矢",减少施工班组对材料的浪费。

5)材料变更清单

BIM 模型在动态维护过程中,可以及时地对变更图纸进行三维建模,将变更发生的材料、人工等费用准确、及时地计算出来,便于办理变更签证手续,保证工程变更签证的有效性。

8.绿色施工管理

绿色施工管理指以绿色为目的,以 BIM 技术为手段,用绿色的观念和方式进行建筑的规划、设计,采用 BIM 技术在施工和运营阶段促进绿色指标的落实,进一步促进整个行业的资源优化整合。

下面介绍施工阶段的节地、节水、节材、节能管理。

1)节地与室外环境

节地主要体现在建筑设计前期的场地分析、运营管理中的空间管理以及施工用地的合理利用。BIM 在施工节地中的主要应用有场地分析、土方量计算、施工用地管理及空间管理等。

2)节水与水资源利用

BIM 技术在节水方面的应用主要体现在协助土方量计算、模拟土地沉降、进行场地排水设计、分析建筑的消防作业面、设置最经济合理的消防器材、设计规划每层排水地漏位置等。

3)节材与材料资源利用

基于 BIM 技术,重点从钢材、混凝土、木材、模板、围护材料、装饰装修材料及生活办公用品材料七个主要方面进行施工节材与材料资源利用控制,通过 5D BIM 实现材料采购合理化,建筑垃圾减量化,可循环材料的多次利用,钢筋配料,钢构件下料以及安装工程的预留、预埋、管线路径的优化等;同时根据设计的要求,通过施工模拟,达到节约材料的目的。

BIM 在施工节材中的主要应用有管线综合设计、复杂工程预加工预拼装、物料跟踪等。

　　4）节能与能源利用

　　在方案论证阶段，项目投资方可以使用 BIM 来评估设计方案的布局、视野、照明、安全，在人体工程学、声学、纹理、色彩方面的合理性及规范的遵守情况。BIM 甚至可以做到建筑局部的细节推敲，迅速分析设计和施工中可能需要应对的问题。例如，某工程运用 BIM 技术进行日照分析，如图 5-37 所示。

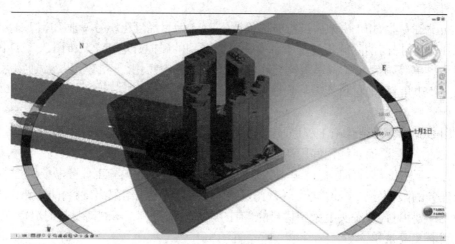

图 5-37　日照分析

　　5）减排措施

　　利用 BIM 技术可以对施工场地废弃物的排放、放置进行模拟，以达到减排的目的。

5.3.5　竣工交付阶段

　　竣工验收与移交是建设阶段的最后一道工序。目前，在竣工阶段主要存在着以下问题：一是验收人员仅仅从质量方面进行验收，对使用功能方面的验收关注不够；二是验收过程中对整体项目的把控力度不大，譬如整体管线的排布是否满足设计、施工规范要求，是否美观，是否便于后期检修等，缺少直观的依据；三是竣工图纸难以反映现场的实际情况，给后期运维管理带来各种不可预见性，增加运营维护管理的难度。

　　将完整的、有数据支撑的可视化竣工 BIM 模型与现场实际建成的建筑进行对比，可以较好地解决以上问题。BIM 技术在竣工阶段的具体应用如下。

　　1. 检查结算依据

　　竣工结算的依据一般包含以下几个方面。

　　（1）《建设工程工程量清单计价规范》（GB 50500—2013）。

　　（2）施工合同（工程合同）。

　　（3）工程竣工图纸及资料。

　　（4）双方确认的工程量。

　　（5）双方确认追加（减）的工程价款。

　　（6）双方确认的索赔、现场签证事项及价款。

（7）投标文件。

（8）招标文件。

（9）其他依据。

在竣工结算阶段，对于设计变更，传统的办法是从项目开始对所有的变更等依据时间顺序编号成表，各专业修改做好相关记录，它的缺陷在于：

（1）无法快速、形象地知道每一张变更单究竟修改了工程项目对应的哪些部位；

（2）结算工程量是否包含设计变更只是依据表格记录，复核费时；

（3）结算审计往往要随身携带大量的资料。

BIM 的出现克服了传统方法的弊端，基于 BIM 平台的文档资料存储可以有效地进行变更资料的积累，并且将技术核定单等原始资料电子化，将资料与 BIM 模型有机关联，通过 BIM 系统，工程项目变更的位置一览无余，各变更位置对应的原始技术资料随时可从云端调取，方便查阅资料，对照模型三维尺寸、属性等。在某项目集成于 BIM 系统的含变更的结算模型中，BIM 模型高亮显示部位就是变更位置，结算人员只需要单击高亮显示位置，相应的变更原始资料即可以调阅。

2. 核对工程数量

在结算阶段，核对工程量是最主要、最核心、最敏感的工作，工程量核对形式依据先后顺序主要分为四种。

1）分区核对

分区核对处于核对数据的第一阶段，主要用于总量比对。一般预算员、BIM 工程师按照项目施工段的划分将主要工程量分区列出，形成对比分析表，如预算员采用手工计算则核对速度较慢，碰到参数的改动，往往需要一小时甚至更长的时间才可以完成，但是对于 BIM 工程师来讲，可能只需几分钟即可完成计算，重新得出相关数据。施工实际用量的数据也是结算工程量的一个重要参考依据，但是对于历史数据来说，分区统计往往存在误差，所以只对核对总量有价值，特别是钢筋数据。某项目结算工程量分区对比分析见表 5-14。

表 5-14　结算工程量分区对比分析

序号	施工阶段	BIM 数据	预算数据	计算偏差		BIM 模型扣除钢筋占体积（m³）	实际用量（m³）	BIM 模型与现场量差		备注
				数值	百分率（%）			数值	百分率（%）	
1	B-4-1	4 281.98	4 291.40	-9.42	-0.22	4 166.37	4 050.34	116.03	2.78	
2	B-4-2	3 852.83	3 852.40	0.43	0.01	3 748.80	3 675.30	73.50	1.96	
3	B-4-3	3 108.18	3 141.30	-33.12	-1.07	3 024.26	3 075.20	-50.94	-1.68	
4	B-4-4	3 201.98	3 185.30	16.68	0.52	3 115.53	3 183.80	-68.27	-2.19	
合计		14 444.97	14 470.40	-25.43	-0.18	14 054.96	13 984.64	70.32	0.50	

2）分部分项核对

分部分项核对工程量是在分区核对完成以后，在确保主要工程量数据在总量上差异较小的前提下进行的。

如果需要比对 BIM 数据和手工数据，可通过 BIM 建模软件导入外部数据，在 BIM 建模软件中快速形成对比分析表，通过设置偏差百分率警戒值，系统可自动根据偏差百分率排序，迅速对数据偏差较大的分部分项工程项目进行锁定，再通过 BIM 软件的"反查"定位功能，对所对应的区域构件进行综合分析，确定项目最终划分，从而得出较合理的分部分项子目。通过对比分析表还可以对漏项进行对比检查。

3）BIM 模型综合应用查漏

目前，在项目承包管理模式（土建与机电往往不是同一家单位）和传统手工计量模式下，缺少对专业与专业之间相互影响的考虑，这给实际结算工程量造成一定的偏差，或者由于相关工作人员专业知识的局限性，造成结算数据的偏差。

通过各专业 BIM 模型的综合应用，可大大减少以前由于计算能力不足、预算员施工经验不足造成的经济损失。

4）大数据核对

大数据核对是在前三个阶段完成后进行的最后一道核对程序。项目的高层管理人员依据一份大数据对比分析报告，可对项目结算报告做出分析，得出初步结论。大数据核对完成后，可直接在云服务器上自动检索高度相似的工程进行云指标对比，查找漏项和偏差较大的项目。

3. 其他方面

BIM 在竣工阶段的应用除工程数量核对以外，还包括以下方面。

（1）验收人员根据设计、施工阶段的模型，直观、可视化地掌握整个工程的情况，包括建筑、结构、水、暖、电等各专业的设计情况，既有利于对使用功能、整体质量进行把关，又可以对局部进行细致的检查验收。

（2）验收过程可以借助 BIM 模型对现场实际施工情况进行校核，譬如管线位置是否满足要求、是否有利于后期检修等。

（3）通过竣工模型的搭建，可以将建设项目的设计、经济、管理等信息融入一个模型中，既便于更好、更快地检索到建设项目的各类信息，也便于后期的运维管理单位使用，为运维管理提供有力保障。

5.3.6　运维阶段

目前，传统的运营管理存在的问题主要有：一是竣工图纸、材料设备信息、合同信息、管理信息分离，设备信息往往以不同格式和形式存在于不同位置，信息的凌乱给运营管理带来难度；二是设备管理维护没有计划性，仅仅是根据经验不定期进行维护保养，难以避免设备故障发生带来的损失，属于被动式管理维护；三是资产运营缺少合理的工具支撑，没有对资产进行统筹管理统计，造成很多资产的闲置浪费。

BIM 技术具有建筑产品信息创建便捷、信息存储高效、信息错误率低、信息传递过程精度高等特点，可以解决传统运营管理过程中最严重的两大问题（数据之间的"信息孤岛"和运营阶段与前期的"信息断流"问题），整合设计阶段和施工阶段的关联基础数据，形成完整的信息数据库，方便运维信息的管理、修改、查询和调用，同时结合可视化技术，使得项目的运维管理更具操作性和可控性。

BIM 在运维阶段应用的四大优势如下。

（1）数据存储借鉴。利用 BIM 模型，使信息和模型相结合，不仅将运维前期的建筑信息传递到运维阶段，更保证了运维阶段新数据的存储和运转。BIM 模型储存的建筑物信息，不仅包含建筑物的几何信息，还包含大量的建筑性能信息。

（2）设备维护高效。利用 BIM 模型可以储存并同步建筑物设备信息，在设备管理子系统中，有设备档案资料，便于用户了解各设备使用年限和性能；有设备运行记录，便于用户了解设备已运行时间和运行状态；有设备故障记录，便于用户及时处理设备故障并对故障信息进行记录；有设备维护维修记录，便于用户确定故障设备及时报修，保障设备巡检计划的执行。同时还可利用 BIM 可视化技术对建筑设施设备进行定点查询，让用户直观地了解项目的全部信息。

（3）物流信息丰富。采用 BIM 模型的空间规划和物资管理系统，可以随时获取最新的 3D 设计数据，以帮助协同作业。在数字空间模拟现实的物流情况，可显著提升庞大物流管理的直观性和可靠性，使服务者了解庞大的物流管理活动，有效降低服务者进行物流管理时的操作难度。

（4）数据关联同步。BIM 模型的关联性构建和自动化统计特性，对维护运营管理信息的一致性和数据统计的便捷化做出了贡献。

运维管理的范畴主要包括以下五个方面：空间管理、资产管理、维护管理、公共安全管理和能耗管理（图 5-38）。

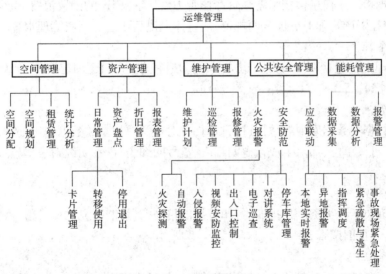

图 5-38　运维管理范畴

1. 空间管理

空间管理主要满足组织在空间方面的各种分析及管理需求，更好地响应组织内各部门对于空间分配的请求，高效处理日常相关事务，计算空间相关成本，执行成本分摊等内部核算，增强企业各部门控制非经营性成本的意识，提高企业收益。

1）空间分配

创建空间分配基准，根据部门功能，确定空间场所类型和面积，使用客观的空间分配方法,消除员工对所分配空间场所的疑虑,同时快速地为新员工分配可用空间。

2）空间规划

将数据库和 BIM 模型整合在一起的智能系统跟踪空间的使用情况,提供收集和组织空间信息的灵活方法,根据实际需要、成本分摊比率、配套设施和座位容量等参考信息,使用预定空间,进一步优化空间使用效率;并且基于人数、功能用途及后勤服务预测空间占用成本,生成报表、制订空间发展规划。

3）租赁管理

大型商业地产对空间的有效利用和租售是业主实现经济效益的有效手段,也充分体现了商业地产的经济价值。业主可应用 BIM 技术对空间进行可视化管理,分析空间使用状态、收益、成本及租赁情况,通过三维模型直观地查询、定位到每个租户的空间位置以及租户的信息,如租户名称、建筑面积、租约区间、租金情况、物业管理情况。此外,BIM 为业主提供租户信息提醒功能;同时根据租户信息的变化,实现对数据的及时调整和更新,从而判断影响不动产财务状况的周期性变化及发展趋势,帮助业主提高空间的投资回报率,抓住出现的机会及规避潜在的风险。

4）统计分析

开发成本分摊比例表、成本详细分析、人均标准占用面积、组织占用报表、组别标准分析等报表,方便获取准确的面积和使用情况信息,满足内外部报表需求。

2. 资产管理

资产管理指运用信息化技术增强资产监管力度,减少资产的闲置浪费,减少和避免资产流失,使业主在资产管理上更加全面规范,从整体上提高业主的资产管理水平。

1）日常管理

日常管理主要包括新增、修改、退出、转移、删除、借用、归还固定资产,计算固定资产折旧率及残值率等。

2）资产盘点

将盘点数据与数据库中的数据进行核对,并对正常或异常的数据做出处理,得出资产的实际情况,并可按单位、部门生成盘盈明细表、盘亏明细表、盘亏明细附表、盘点汇总表、盘点汇总附表。

3）折旧管理

折旧管理包括计提资产月折旧、打印月折旧报表、对折旧信息进行备份、恢复折旧工作、折旧手工录入、折旧调整。

4）报表管理

通过报表管理可以对单条或一批资产的情况进行查询,查询条件包括资产卡片、保管情况、有效资产信息、部门资产统计、退出资产、转移资产、历史资产、名称规格、起始及结束日期、单位或部门。

3. 维护管理

维护管理包括:建立设施设备基本信息库与台账,定义设施设备保养周期等属性信息,制订设施设备维护计划;对设施设备运行状态进行巡检管理并生成运行记录、故障记录等信息,根据生成的保养计划自动提示到期需保养的设施设备;对出现故障的设备从维修申请、到派工、维修、完工验收等实现过程化管理。

4. 公共安全管理

公共安全管理包括对社会中潜在危险因素的识别和评估、对公共设施的安全保障、对危机事件的应对和处理等各个环节。BIM 可存储大量具有空间性质的应急管理所需数据,可以协助应急响应人员定位和识别潜在的突发事件,并且通过图形界面准确确定危险发生的位置。BIM 模型中的空间信息也可以用于识别疏散线路和环境危险之间的隐藏关系,从而降低应急决策制定的不确定性。另外,BIM 还可以作为一个模拟工具,评估突发事件导致的损失,并且对响应计划进行讨论和测试。

5. 能耗管理

有效地进行能源的运行管理是业主在运营管理中提高收益的一个主要方面。基于能源管理系统,通过 BIM 模型可以更方便地对租户的能源使用情况进行监控与管理,赋予每个能源使用记录表以传感功能,在管理系统中及时做好信息的收集与处理,通过能源管理系统对能源消耗情况自动进行统计分析,并且可以对异常使用情况进行警告。

5.4　BIM 工程师的岗位与职责

5.4.1　BIM 工程师的岗位分类

1. 根据应用领域分类

根据应用领域,可将 BIM 工程师分为 BIM 标准管理类、BIM 工具研发类、BIM 工程应用类及 BIM 教育类等,如图 5-39 所示。

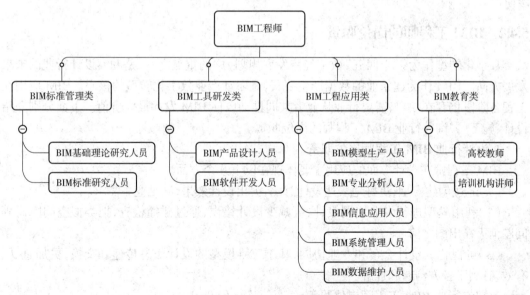

图 5-39　BIM 工程师分类

(1)BIM 标准管理类:主要负责 BIM 标准研究管理的相关工作人员,可分为 BIM 基础理论研究人员和 BIM 标准研究人员等。

(2)BIM 工具研发类:主要负责 BIM 工具设计和开发的工作人员,可分为 BIM 产品设计人员和 BIM 软件开发人员等。

（3）BIM 工程应用类：应用 BIM 支持和完成工程项目生命周期过程中各种专业任务的专业人员，包括业主和开发商中的设计、施工、成本、采购、营销管理人员；设计机构中的建筑、结构、给排水、暖通空调、电气、消防、技术经济等设计人员；施工企业中的项目管理、施工计划、施工技术、工程造价人员；物业运维机构中的运营、维护人员，以及各类相关组织中的专业 BIM 应用人员等。BIM 工程应用类人员又可分为 BIM 模型生产人员、BIM 专业分析人员、BIM 信息应用人员、BIM 系统管理人员、BIM 数据维护人员等。

（4）BIM 教育类：在高校或培训机构从事 BIM 教育及培训工作的相关人员，主要可分为高校教师和培训机构讲师等。

2. 根据应用程度分类

根据 BIM 应用程度，可将 BIM 工程师分为 BIM 操作人员、BIM 技术主管、BIM 项目经理、BIM 战略总监等。

（1）BIM 操作人员：进行实际 BIM 建模及分析的人员，属于 BIM 工程师职业发展的初级阶段。

（2）BIM 技术主管：在 BIM 项目实施过程中负责技术指导及监督的人员，属于 BIM 工程师职业发展的中级阶段。

（3）BIM 项目经理：负责 BIM 项目实施管理的人员，属于项目级的职位，是 BIM 工程师职业发展的高级阶段。

（4）BIM 战略总监：负责 BIM 发展及应用战略制定的人员，属于企业级的职位，可以是部门或专业级的 BIM 专业应用人才或企业各类技术主管等，是 BIM 工程师职业发展的高级阶段。

5.4.2　BIM 工程师的岗位职责

数字化转型作为《"十四五"数字经济发展规划》中的重点之一，是勘察设计行业的未来发展方向。BIM 作为建筑业的数据产生要素，是驱动产业数字化转型的核心。BIM 应用在工程各阶段仍存在缺口，需要行业从业者共同推动以使 BIM 发挥最大价值。下面分别介绍设计、施工、咨询等行业 BIM 工程师的岗位职责。

1. 设计行业 BIM 工程师岗位职责

BIM 工程师在设计方面的应用主要体现在以下几个方面。

（1）通过创建模型，更好地表达设计意图，突出设计效果，满足业主需求。

（2）利用模型进行专业协同设计，可减少设计错误，通过碰撞检查，把类似空间障碍等问题消灭在出图之前。

（3）可视化的设计会审和专业协同，基于三维模型的设计信息传递和交换，更加直观、有效，有利于各方沟通和理解。

2. 咨询行业 BIM 工程师岗位职责

BIM 工程师在招投标管理方面的应用主要体现在以下几个方面。

（1）数据共享。BIM 模型的可视化能够让投标方深入了解招标方所提出的条件，避免"信息孤岛"的产生，保证数据的共通、共享及可追溯性。

（2）经济指标的控制。控制经济指标的精确性与准确性,避免建筑面积与限高的造假。

（3）无纸化招投标。可实现无纸化招投标,从而节约大量纸张和装订费用,真正做到绿色低碳、环保。

（4）削减招投标成本。可实现跨区域、低成本、高效率、透明化、现代化的招投标,大幅度削减招投标的人力成本。

（5）整合投标文件。整合所有招标文件,量化各项指标,对比论证各投标人的总价、综合单价及单价构成的合理性。

（6）评标管理。基于 BIM 技术能够记录评标过程并生成数据库,对操作员的操作进行实时的监督,评标过程可事后查询,最大限度地减少暗箱操作、虚假招标、权钱交易,有利于规范市场秩序,防止权力寻租与腐败,有效推动招投标工作的公开化、法制化,使得招投标工作更加公正、透明。

BIM 工程师在造价方面的应用主要体现在以下几个方面。

（1）在项目计划阶段,对工程造价进行预估,应用 BIM 技术提供各设计阶段准确的工程量、设计参数和工程参数,将工程量和参数与技术经济指标结合,以计算出准确的估算、概算值,再运用价值工程和限额设计等手段对设计成果进行优化。

（2）在合同管理阶段,通过对细部工程造价信息的抽取、分析和控制,控制整个项目的总造价。

3. 施工运维行业 BIM 工程师岗位职责

BIM 工程师在施工中的应用主要体现在以下几个方面。

（1）利用模型进行直观的"预施工",预知施工难点,最大限度地消除施工的不确定性和不可预见性,降低施工风险,保证施工技术措施的可行、安全、合理和优化。

（2）在设计方提供的模型基础上进行施工深化设计,解决设计信息中没有体现的细节问题和施工细部做法,更直观、更切合实际地对现场施工工人进行技术交底。

（3）为构件加工提供最详细的加工详图,减少现场作业,保证质量。

（4）利用模型进行施工过程荷载验算、进度物料控制、施工质量检查等。

BIM 工程师在运维方面的应用主要体现在以下几个方面。

（1）数据集成与共享化运维管理:把成堆的图纸、报价单、采购单、工期图等统筹在一起,呈现出直观、实用的数据信息,基于这些信息进行运维管理。

（2）可视化运维管理:基于 BIM 三维模型对建筑运维阶段进行直观的、可视化的管理。

（3）应急管理决策与模拟:提供实时的数据访问,在没有获取足够信息的情况下,做出应急响应决策。

5.4.3　Revit 常用快捷键

（1）建模与绘图工具常用快捷键见表 5-15。

表 5-15　建模与绘图工具常用快捷键

命令	快捷键	命令	快捷键
墙	WA	轴线	GR
门	DR	文字	TX
窗	WN	对齐标注	DI
放置构件	CM	标高	LL
房间	RM	高程点标注	EL
房间标记	RT	绘制参照平面	RP
模型线	LI	按类别标记	TG

（2）编辑修改工具常用快捷键见表 5-16。

表 5-16　编辑修改工具常用快捷键

命令	快捷键	命令	快捷键
删除	DE	镜像 - 拾取轴	MM
移动	MV	锁定位置	PP
复制	CO	解锁位置	UP
旋转	RO	拆分图元	SL
阵列	AR	修剪 / 延伸	TR
对齐	AL	偏移	OF
填色	PT	拆分区域	SF

（3）捕捉替代常用快捷键见表 5-17。

表 5-17　捕捉替代常用快捷键

命令	快捷键	命令	快捷键
捕捉远距离对象	SR	垂足	SP
最近点	SN	中点	SM
切点	ST	关闭替换	SS
形状闭合	SZ	关闭捕捉	SO
捕捉到远点	PC	工作平面网格	SW

（4）视图控制常用快捷键见表 5-18。

表 5-18　视图控制常用快捷键

命令	快捷键	命令	快捷键
缩放匹配	ZF	区域放大	ZR
上一次缩放	ZP	动态视图	F8
线框显示模式	WF	隐藏线显示模式	HL
带边框着色显示模式	SD	细线显示模式	TL
视图图元属性	VP	可见性图形	VV
临时隐藏图元	HH	临时隔离图元	HI
临时隐藏类别	HC	临时隔离类别	IC
重设临时隐藏	HR	隐藏图元	EH
隐藏类别	VH	取消隐藏图元	EU
取消隐藏类别	VU	渲染	RR
视图窗口平铺	WT	视图窗口层叠	WC

第 6 章　国产数字化云平台介绍

6.1　基于 BIM+AI 智慧审查平台

　　基于 BIM+AI 智慧审查平台,使用行业通用、开放的标准数据格式,无须安装客户端,利用云端引擎与 AI 引擎对设计说明、设计成果、国标规范文件进行智能学习识别,提取设计信息,形成数据知识图谱及档案,在网页端进行模型浏览与智能审查。在 BIM 模型中添加各专业的审查属性,并导出 XDB 格式审查文件上传至平台,利用 BIM 技术和三维模型的先天优势,快、全、准、省地智能检查出 BIM 设计模型违反重难点规范条文的部分。

　　AI 智慧审查平台的主要功能有:①支持多地政府 BIM 施工图审查规范条文审查,包括湖南、广州、南京、苏州、湖北、青岛等地;②智能审查范围包含房屋建筑领域建筑、结构、机电、消防、人防、节能、装配式等各专业国家规范强制性条文与审查要点;③可对内置的规范条文进行检索和管理,自定义勾选审查条文和地区;④规范审查未通过条文对应的构件可直接在模型中定位,方便快速查找问题构件;⑤审查平台支持三维模型和二维图纸分屏联动查看,三维模型支持剖切、测量、查询、隐藏、漫游等操作;⑥审查完毕可生成审查报告,人工复核有争议的结果,并可手动添加审查意见(图 6-1)。

图 6-1　AI 智慧审查平台的主要功能

6.2　企业知识平台

　　企业知识平台是将国家规范、国标图集、地方标准、设计图纸、工程模型、专家经验等建筑行业知识利用人工智能技术翻译成结构化、立体化的计算机可理解的语言，实现知识的精准查询、语音问答、智能推荐、专家解答等，为规划、设计、审查、运维全生命周期服务，助力建筑行业由"数据管理"向"数智管理"升级。

企业知识平台的主要功能有：①以知识图谱梳理国家规范知识体系，可帮助用户梳理和系统学习知识；②知识图谱支持节点搜索，可以定位到节点并展示相关的节点关联；③知识图谱节点详情界面关联到的规范条文，支持强条、非强条、专业的筛选功能；④提供规范分类查看，分类为建筑专业、结构专业、消防专业、装配式专业、暖通专业、给排水专业、电气专业等；⑤可在专业分类区查找所需专业，浏览规范库中规范名录，输入规范名称关键词或编号进行搜索，支持按发布时间排序；⑥自定义校审规则可沉淀入知识平台，校审库数据驱动 AI智慧审查（图 6-2）。

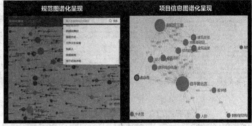

图 6-2　企业知识平台的主要功能

6.3　智能建造平台

智能建造平台

智能建造平台帮助政策侧建立装配式建筑全流程标准化体系，并与企业侧项目数据联通，通过统一标准、统一平台和统一管理，依托 BIM 技术和新一代信息技术，打通装配式建筑项目设计、生产、运输、施工、运维、监管全过程，实现装配式建筑产业"标准化、产业化、集成化、智能化"目标，助推装配式建筑产业高质量发展。

智能建造平台的主要功能有：①通过通用部品部件库大力推行成熟度高的标准构件；②提供《装配式建筑信息模型交付标准》《装配式建筑部品部件分类编码标准》以及《装配式建筑预制构件标准化图集》；③企业侧与政府侧互联互通，装配式项目多阶段互联互通；④对装配式项目全过程的原材料、模具、构件成品进行质量追溯和安全监管；⑤通过装配式工厂和工地的摄像头接入进行实时监控；⑥利用产业大数据对行业工厂、项目、工人分工进行分析；⑦提供公共服务平台，发布最新产业资讯和相关政策（图 6-3）。

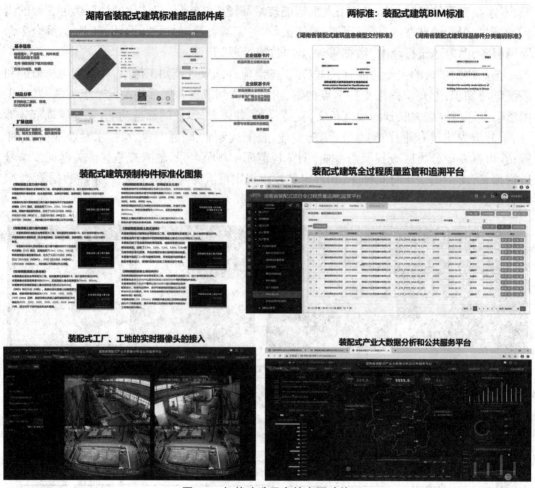

图 6-3 智能建造平台的主要功能

6.4 协同管理平台

协同管理平台

EPC（设计、采购、施工）协同管理平台以工程项目为核心，业务从项目前期策划向后端延伸，逐步涵盖工程可行性研究、评估、造价、勘察设计、项目管理、项目运维、后评价等工程建设全过程多业务管控，通过信息化平台对全过程多业务进行有效的一体化整合应用，实现项目建设全周期的数据交互和数据共享。平台基于 BIM 技术，通过多方参与，实现协同管理、设计管理、图档管理、BIM 管理、采购管理、合同管理、工程管理、进度管理、监理管理、开发管理的一体化综合管控，从而提升项目质量，降低成本，提高项目综合效益（图 6-4）。

EPC协同管控平台功能架构

| 风险驾驶舱 | 项目驾驶舱 | 设计驾驶舱 | 采购驾驶舱 | 施工驾驶舱 |

| 协同管理 | 设计管理 | 图档管理 | BIM管理 | 采购管理 | 合同管理 | 工程管理 | 进度管理 | 监理管理 | 开发管理 |

会议管理	方案设计管理	图纸树管理	BIM模型列表	物资需求计划	招标管理	质量管理	项目报告	监理资料管理	各阶段报建填报
工作督办	施工图设计管理	图档列表	BIM模型批注		合同管理	安全管理	监控管理	监理月报	
项目公告	现场服务管理	更新管理	进度模拟	物资进场签收	变更管理	技术管理	进度预警	监理工程小结或建议	报建查询
协同审批			形象进度						
表单协同	设计变更	图纸过程管理	BIM文件	供应商管理	资金管理	竣工管理	进度管理	监理重大问题通报及信息反馈等	

| 权限管理 | 组织管理 | 流程管理 | 用户管理 | 消息机制 | 其他 |

| EPC项目协同管控平台 |

图 6-4　协同管理平台

参考文献

[1] 卫涛,李容,刘依莲,等. 基于 BIM 的 Revit 建筑与结构设计案例实战 [M]. 北京:清华大学出版社,2017.

[2] 王岩,计凌峰. BIM 建模基础与应用 [M]. 北京:北京理工大学出版社,2019.

[3] 徐照,李启明. BIM 技术理论与实践 [M]. 北京:机械工业出版社,2020.

[4] 张泳. BIM 技术原理及应用 [M]. 北京:北京大学出版社,2020.

[5] 李明,殷乾亮,李鑫. BIM 技术应用基础 [M]. 北京:机械工业出版社,2022.

[6] 孙仲健. BIM 技术应用:Revit 建模基础 [M]. 2 版. 北京:清华大学出版社,2022.